高等职业技术教育电子电工类系列教材

模拟电子技术

（第五版）

主　编　周　雪
副主编　张慧玲
参　编　阮黎君　吕红娟　肖志锋
主　审　江晓安　张俊峰

西安电子科技大学出版社

内 容 简 介

本书依据《国务院关于大力推进职业教育改革与发展的决定》精神，历经了2002年第一版、2005年第二版、2012年第三版和2017年第四版，现根据高等职业教育发展需要，弃旧扬新，再次修订出版。全书在内容的安排上以“半导体器件的认识和应用”为主线，以“管为路用”为基准，以“培养学生的技术应用能力”为目的，以“必需”和“够用”为度，以讲清概念、强化应用为重点，大量削减分立元件的介绍，突出集成电路的特性及应用，在讲解基本理论的基础上增加了新器件、新知识内容。

全书共分10章，内容包括：半导体二极管及其应用电路、半导体三极管及其放大电路、场效应管及其应用、集成运算放大器、负反馈放大器、集成运算放大器的基本应用、波形发生电路、功率放大器、直流稳压电源、晶闸管及其应用电路。书中有大量的思考题和习题，供读者思考和练习。

本书在每个章节都给出了知识点和技能点，以方便教师教学和学生学习。

本书通过贯穿全书的教学演示，突出了电子技术的应用性、实践性，强化了对学生实际应用能力的培养。

本书内容覆盖面广，安排灵活，可作为五年制、三年制、二年制高等职业教育电子、通信、计算机、自控、电气等专业的教材，也可作为中等专业学校有关专业的提高教材，还可作为自学考试、网络教育、函授教育、在职培训或电子技术工程人员的学习用书。

图书在版编目(CIP)数据

模拟电子技术/周雪主编. —5版. —西安：西安电子科技大学出版社，2021.12(2025.8重印)
ISBN 978-7-5606-6271-8

Ⅰ. ①模… Ⅱ. ①周… Ⅲ. ①模拟电路—电子技术—高等职业教育—教材 Ⅳ. ①TN710.4

中国版本图书馆CIP数据核字(2021)第245747号

责任编辑 阎 彬 黄薇谚
出版发行 西安电子科技大学出版社(西安市太白南路2号)
电 话 (029)88202421 88201467 邮 编 710071
网 址 www.xduph.com 电子邮箱 xdupfxb001@163.com
经 销 新华书店
印刷单位 陕西天意印务有限责任公司
版 次 2021年12月第5版 2025年8月第4次印刷
开 本 787毫米×1092毫米 1/16 印张 16.25
字 数 374千字
定 价 36.00元
ISBN 978-7-5606-6271-8

XDUP 6573005-4

前　　言

随着高等职业技术教育的改革发展，教学内容、教学方法、教学模式、教学管理机制都在不断创新。教材是承载教学内容的载体，不仅要适应改革和发展的需要，同时也要为教师提供系统的教学资料，为学生提供学习阅读的基本知识和范例。为适应不断发展的教学改革对教材的要求，本书对第四版教材进行了修订。

本教材内容在选取时遵循实用性原则，以符合高等职业教育培养高素质、高技能型专门人才的目标。

本次修订的内容如下：

(1) 修改了部分内容。

(2) 增加了课程内容与实践结合的生活实例。

(3) 增加了部分思考题，特别是增加了观察电子设备实例的思考题，让学生从认识生活中的电子设备开始学习，提高学习电子技术的兴趣。

(4) 调整了第4章内容的先后顺序，使之更符合学生学习认知的需要。

本教材中有部分选修内容，以“*”作为标记。

本教材自出版以来，得到了众多老师的关注、支持和认可。在本次教材的修订过程中，西安铁路职业技术学院讲师刘银红根据教学的实际要求，提出了中肯的意见及建议，西安铁路职业技术学院教授程民利、副教授吕红娟都对教材的再版付出了辛勤劳动。在此，对他们表示衷心的感谢。同时还要感谢一直关心和使用本教材的老师、学生。

在本教材的出版过程中，西安电子科技大学出版社以严谨的态度对教材进行编辑、审核、校对，最大限度地降低了教材的差错率，保证了教材的质量。在此，向出版社相关人员表示感谢。

由于作者水平有限，书中难免有不妥之处，恳请读者批评指正。

编　者

2021年7月

第一版前言

本书是依据1999年8月教育部高教司制定的《高职高专教育基础课程教学基本要求》和《高职高专教育专业人才培养目标及规格》的精神，参照陕西省职业技术教育学会电子电工教学委员会组织讨论并确定的高等职业院校电子电工类专业“模拟电子技术”教学大纲编写的。

本书可作为高等职业教育电子、通信、计算机、自控、电气等专业的教材，也可作为中等专业学校有关专业的提高教材，还可作为自学考试人员或电子技术工程人员的学习用书。

本书在编写过程中，认真分析了现行模拟电子技术的教学内容，摈弃了陈旧知识，补充了电子新技术，在内容取材及安排上，与现有一些模拟电子技术教材相比，具有以下特点：

1. 削减分立，突出集成。例如，负反馈一章全部讲集成运放组成的负反馈放大器，对于分立元件反馈放大电路只是出现在习题练习中。

2. 增加了新器件、新型电子电路。例如，新器件有红外发射二极管、激光二极管、双基极二极管、双向触发晶闸管等；新型电子电路有由集成运放组成的压控振荡器、集成函数发生器8038等。

3. 增加了“集成模拟乘法器在频率变换电路中的应用”一章。利用集成模拟乘法器的应用，将调制与解调、倍频、分频等高频电子电路中的内容作了介绍，供需要学习高频电子电路的专业选用。我们认为这样处理基本满足这些专业的要求，且用时少、内容新。

4. 全书贯穿了教学演示，突出了电子技术的应用性、实践性，强化了实际应用能力的培养。

5. 为突出学生实际动手能力的培养，对每一种器件都有管脚测试及质量检测的方法。

6. 在电路图中对关键元器件的作用进行了标注说明，使读者更简单、更直观地了解电路的性能。

7. 为方便各学校、各专业的使用，本书分必修及选修内容，其中，选修内容以“*”作为标记。

8. 在三极管放大电路部分具有自己独特的处理方式。采用了“先直流偏置后交流输入，先放大条件后放大对象”的方法，具体表现在：先介绍直流偏置方式，保证三极管起放大作用；在此基础上介绍交流信号在三极管上的输入、输出方式，由于公共端的不同，构成了共e、共c、共b电路，并逐步分析其交流性能，因为不管是共e、共b、共c电路，其直流偏置方式可以是相同的，这样做可以避免传统模式上的每种电路的直流偏置方式都进行分析的重复现象。教材经这样处理后，概念清楚，方法简单，所用学时少，且易学易懂。

全书内容共分11章，按照理论教学100学时左右编写，每小节有思考题，每章有习题，供读者思考及练习。

本书由周雪担任主编，张慧玲担任副主编；第1、9章由贺歆昉执笔，第2章由张慧玲执笔，第3、8章由肖志锋执笔，第5章由吕红娟执笔，第6、7章由阮黎君执笔，绪论及第4、10、11章由周雪执笔。周雪对全书做了统稿及修改。

扉页参编人员署名按姓氏笔画排序。

本书承蒙西安电子科技大学江晓安教授审稿，并提供了详尽的修改意见，在此表示衷心的感谢。

为了方便教学，本书配有电子教案，任课教师可与西安电子科技大学出版社发行部联系，免费索取，联系电话：(029)8202945。

由于作者水平有限，书中难免有错漏和不妥之处，恳请读者批评指正。

编　者

2001年9月

常用符号一览表

1. 器件(分立元件)

1）器件名称

V　　二极管、三极管、晶闸管、场效应管

A　　放大器

S　　开关

T　　变压器

RP　　电位器

2）器件管脚名称

本书采用小写英文字母表示各管脚名称(个别除外)

b　　三极管基极

c　　三极管集电极

e　　三极管发射极，单结晶体管发射极

g(G)　　场效应管栅极，晶闸管控制极

d(D)　　场效应管漏极

s(S)　　场效应管源极

a　　晶闸管阳极

k　　晶闸管阴极

b_1、b_2　　单结管第一基极、第二基极

2. 电压与电流

1）电源电压

(1) 符号规定

用大写的英文字母 U 表示，其下标采用大写的英文字母并双写。

(2) 符号使用

U_{BB}　　晶体三极管基极电源电压，单结晶体管的电源电压

U_{CC}　　晶体三极管集电极电源电压

U_{EE}　　晶体三极管发射极电源电压

U_{GG}　　场效应管栅极电源电压，晶闸管控制极电源电压

U_{DD}　　场效应管漏极电源电压

U_{AA}　　晶闸管阳极电源电压

2）电压与电流

(1) 符号规定

英文小写字母 u 和 i，若其下标为英文小写字母，则表示交流电压和电流的瞬时值(例

如，u_o 表示输出交流电压瞬时值）；若其下标为英文大写字母，则表示含有直流的电压和电流的瞬时值（例如，u_O 表示含有直流的输出电压瞬时值）。

英文大写字母 U 和 I，若其下标为英文小写字母，则表示正弦电压和电流的有效值或幅值（例如，U_o 表示输出正弦电压有效值）；若其下标为英文大写字母，则表示直流电压和电流值（例如，U_O 表示输出直流电压值）。

若在英文大写字母符号 U 和 I 之前加符号"Δ"，则表示直流电压和电流的变化量。

（2）符号使用

U_B、U_C、U_E	基极、集电极、发射极的直流电压
U_{BE}	三极管基射极间的直流电压
$U_{(BR)CEO}$	基极开路时三极管集射极间的反向击穿电压
$U_{(BR)EBO}$	集电极开路时三极管射基极间的击穿电压
u_i	交流输入电压
u_o	交流输出电压
U_i、U_o	交流输入、输出电压的有效值
U_{CE}	三极管集射极间的直流电压
U_{CES}	三极管集射极间的饱和压降
u_s	信号源电压
i_B	基极含有直流成分的瞬时电流
i_C	集电极含有直流成分的瞬时电流
i_E	发射极含有直流成分的瞬时电流
i_b	基极交流电流
i_c	集电极交流电流
i_e	发射极交流电流
I_b	基极交流电流的有效值
I_c	集电极交流电流的有效值
I_e	发射极交流电流的有效值
I_{BQ}、I_{CQ}、I_{EQ}	基极、集电极、发射极的静态工作电流
I_{BS}	临界基极饱和电流
I_{CS}	临界集电极饱和电流
I_{CBO}	发射极开路时的集基极间的反向饱和电流
I_{CEO}	基极开路时的集射极间的穿透电流
I_{CM}	集电极最大允许电流
$U_{GS(th)}$	场效应管开启电压
$U_{GS(off)}$	场效应管夹断电压
U_{GS}	场效应管栅源极间的直流电压
U_{gs}	栅源极间的交流电压（有效值）
I_D	漏极直流电流
U_{DS}	漏源极间的直流电压
U_{ds}	漏源极间的交流电压（有效值）

I_A	流过晶闸管阳极的直流电流
i_a	流过晶闸管阳极的交流电流
U_{GK}	晶闸管控制极至阴极间的直流电压
u_f	反馈电压
u_{id}	差模输入电压，净输入电压
u_{ic}	共模信号电压
U_+、I_+	运放同相端的输入电压、输入电流
U_-、I_-	运放反相端的输入电压、输入电流
U_Z、I_Z	稳压二极管的稳定电压、稳定电流
I_F	最大整流电流
U_{RM}	最大反向工作电压
I_R	二极管的反向电流
f_M	二极管的最高工作频率
U_{REF}	电压比较器的参考电压
U_{TH}	阈值电压或门限电压
U_{TH1}、U_{TH2}	上门限电压、下门限电压
ΔU_{TH}	回差电压

3. 功率

P_{CM}	集电极最大耗散功率
P_{DC}	直流电源提供的功率
P_C	三极管耗散功率
P_O	输出功率
P_{Omax}	最大输出功率

4. 电阻、电容、电感

R_b	基极偏置电阻
R_c	集电极电阻
R_e	发射极电阻
R_L	负载电阻
r_i	输入交流电阻
r_{be}	基射极间的交流输入电阻
r_o	输出交流电阻
r_s	信号源内阻
r_{id}	差模输入电阻
r_{od}	差模输出电阻
r_{if}	具有反馈时的输入电阻
r_{of}	具有反馈时的输出电阻
R_g	场效应管的栅极电阻

R_d　　场效应管的漏极电阻
R_s　　场效应管的源极电阻
C　　电容
L　　电感

5. 频率参数

f_H　　放大电路的上限截止频率
f_L　　放大电路的下限截止频率
BW　　通频带
f_0　　振荡频率
ω_0　　谐振角频率
f_{Hf}　　具有反馈时的上限截止频率
f_{Lf}　　具有反馈时的下限截止频率
f_s　　晶体的串联谐振频率
f_p　　晶体的并联谐振频率

6. 性能参数

$\bar{\beta}$　　共发射极直流电流放大倍数
β　　共发射极交流电流放大倍数
A_u　　交流电压放大倍数
A_{us}　　源电压放大倍数
A_i　　电流放大倍数
g_m　　场效应低频跨导
η　　效率
A_{ud}　　差模电压放大倍数
$A_{ud1}(A_{ud2})$　　单端输出差模电压放大倍数
A_{uc}　　共模电压放大倍数
K_{CMR}　　共模抑制比
A　　开环放大倍数
A_{uf}　　闭环电压放大倍数
γ　　稳压系数
s　　纹波电压
δ　　占空比
S_T　　温度系数
φ_A　　放大电路的相位移
φ_F　　反馈网络的相位移

目　　录

绪　论

几乎所有的人都收听过收音机。收音机是如何把人耳听不见、眼睛看不见的电磁波接收下来并且变换成听得见的声音信号的呢？

开大会时，我们总是看见讲话人面前放着一个话筒，而我们从喇叭里就能听得见讲话人的声音，这里边有什么奥妙呢？它是如何把小声音变成全场都能听得见的大声音呢？实际上，话筒的作用是把声音信号转换成微弱的电信号，再经过扩音机把这个信号放大，然后向扬声器提供一定的功率信号。扩音机示意图如图 0.1 所示。

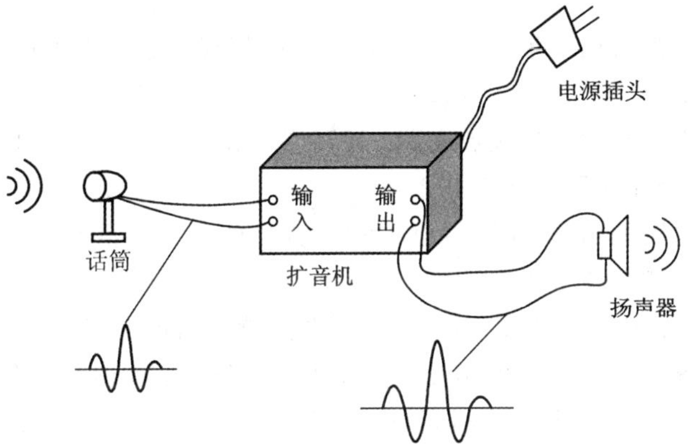

图 0.1　扩音机示意图

上述收音机及扩音机的内部都有放大电路，它们放大的都是随声音连续变化的电信号，此类电路称为模拟电子电路。我们所说的“模拟电子技术”就是讲述“模拟电子电路”（或者称为“电子线路”）技术的一门课程。该课程的研究对象、基本内容、应用领域、特点是什么呢？在没有进行新课之前应对此有所了解。

0.1　课程的研究对象

电子技术就是应用电子元器件来达到某种特定目的或完成某项特定任务的技术。电子技术研究的对象是电子元器件和由电子元器件构成的各种基本功能电路，以及由某些基本功能电路所组成的有各种用途的装置或系统。电子技术按照其处理信号的不同，可分为模拟电子技术和数字电子技术两部分。取值随时间连续变化的信号是模拟信号，产生、传输和处理模拟信号的电路统称为模拟电子电路，简称为模拟电路；时间上和数值上都不连续的信号是数字信号，产生、传输和处理数字信号的电路称为数字电路。两种电路中电子元器件的工作状态不同，电路的分析方法也不同。

0.2 电子技术的发展概况

电子元器件对电子线路来说，就像人的心脏一样，人无心脏不能维持生命，电路无“心脏”则不能正常工作。电子元器件的演变和发展推动了电子技术的发展。

第一代电子器件是电子管。1904 年英国科学家弗莱明发明真空二极管、1907 年美国学者德福雷斯创制真空三极管的成功，标志着人类控制电子、驯服电子和驾驭电子的开始。1925 年以后，陆续出现了性能更加完善的真空四极管、五极管及复合管，使得短波无线电通信迅速发展。

第二代电子器件是晶体管。1948 年，美国科学家巴丁、布莱廷和肖克莱发明了世界上第一只晶体管，开创了电子器件和电子设备小型化的新纪元。

第三代电子器件是集成电路。20 世纪 60 年代初集成电路的问世，标志着人类进入了微电子时代。

第四代电子器件是大规模集成电路。20 世纪 60 年代末已出现了包含 1000 个以上晶体管和元件的单块晶片。

第五代电子器件是超大规模集成电路。1977 年，日本科学家在 6.1 mm×5.8 mm 的硅片上集成了 15 万多个晶体管。

超大规模集成电路的出现，使过去占满一个大厅的庞大笨重的电子设备可以缩小到衬衣纽扣那样大小的一块晶片上了。

根据摩尔定律，芯片的集成度每隔 18～24 个月就会增加一倍。这就相当于计算机的计算能力每年会增加 50%～60%。但芯片之路还十分漫长，至少还有一个世纪的发展潜力。

随着电子技术的发展，新的电子器件也在不断出现。1991 年日本东京大学试制成功了钻石晶体管，这种晶体管不仅具有钻石特有的硬度，而且在 1000 ℃高温下也能正常工作。1991 年，仅有 26 岁的我国留法博士生彭学舟试制成功了全塑晶体管，这种晶体管具有柔性，可制作比液晶显示屏幕更大的屏幕，且成本低，经济效益高。

0.3 电子技术的应用领域

电子技术的应用是相当宽泛的，现在还找不出哪一门学科或技术是与电子学无缘的。

在天文学方面，与电子学结合得最好的例子就是射电天文学，其中利用了高灵敏度的毫米波或远红外的接收机来探测宇宙中各物质所辐射的谱线，使人们进一步了解宇宙中所存在的自然现象及其规律。

在地质学方面，普遍采用电子学中的遥感技术对地面、海面、地下、水下的资源、外貌和其他特性进行探测。

在生物学研究中，与电子学密切结合的是仿生电子学，机器人就是一例。1997 年，日本本田技术研究所开发的机器人拥有和人一样的外形，能够自如行走并可上下台阶，还可以用脚停住和踢开滚来的球等。

在工业生产和工程施工方面，电子技术的应用主要是生产和施工的综合自动化，实际上也就是电子计算机化。

在交通运输的控制和自动化管理方面，电子技术应用于行车的调度、客票的预约等。

在医学方面，电子技术的应用包括诊、断、治三个方面。利用“CT 技术”可观察人体内部的病变；目前投入使用的 256 排 CT 扫描机，装有 256 个摄像头(探头)，每个探头都可捕获器官或组织中的一层信号，探头越多，图像的显像度就越好。256 排 CT 扫描机能够检测血流中精细的变化或心脏及脑部直径不大于 1.5 mm 的血管中形成的微小血栓，1 秒钟内完成对大脑的显像，在一次心跳间隔时间内就可完成对心脏的全部成像，因此在症状出现之前或出现永久器官损害之前，能够发现受限血流最早期的迹象。此外，利用计算机还可开出治疗方案和医嘱，利用 X 射线、激光等照射人体可以治疗癌症。

现代战争也是电子战、信息战，无人驾驶飞机实际上就是电子遥控飞机。

日常生活中的电视机、录音机、录像机、电风扇、洗衣机等哪一个都离不开电子技术。

0.4　课程的特点

模拟电子技术课程具有以下特点：

(1) 特殊的电路规律。

例如，电路课中基本上只讨论线性元件和电路，而电子技术则主要与非线性器件打交道，若不加分析地套用某些电路原理，就会引起错误，如欧姆定律就不适用于非线性电路；又如电路课中对直流电路和交流电路是分开研究的，而电子线路几乎是交直流共存于同一电路之中，既有直流通路，又有交流通路，它们既相互联系，又相互区别，增加了分析问题的复杂性；再如电路课中研究网络输出对于输入的依赖关系，不涉及输出对于输入的反作用，而实际的电子电路中却几乎都有这样那样的反馈，从而构成了学习中的又一个难点。

(2) 特殊的分析方法。

为了突出主要矛盾，简化实际问题，经常采用近似的方法。为了在一定条件下实现矛盾的转化(如将非线性电路转化为线性电路，或将复杂的线性网络转化为简单的电压源)，经常采用等效的方法。为了直观形象地分析全局，确定工作状态或研究变化趋势，经常采用图解的方法。

(3) 课程的实践性强。

课本中所介绍的器件均是实际中所用的器件，所介绍的原理电路都是实际电路的一部分。要真正掌握这些器件的性能及电路的功用，就必须实际搭接安装这些电路，挑选元器件，调试电路，改进电路，以提高解决实际问题的能力。

(4) 内容庞杂繁多。

课程的这一特点具体表现在：器件种类多，电路形式多，概念方法多。

0.5　课程的基本要求

模拟电子技术课程的基本要求包括：

(1) 掌握各类电子器件的符号、特性、参数、使用方法。

(2) 掌握由电子器件构成的各种常用电路，会分析工作原理，会计算电路参数。对于集成电路，可以从生产厂家给出的产品手册中粗略了解这些芯片系统的内部功能与结构，但更关心的是这类芯片各引脚的功能和输入输出特性，即芯片的外特性，以实现各芯片电路之间的互联，而把芯片内部结构当作一个黑盒子(即不必细究其内部结构)来处理。要会识读由常用电路组成的电子系统的电路图。

(3) 会用常用仪器来测试电路，验证电路的功能。会搭接安装常用的实际电路，会分析电路故障，初步掌握简单设备的维修原理与方法。

只要大家认真学习，掌握模拟电子技术特殊的规律和分析方法，勤于实践，就一定能学好这门课程。

第 1 章

半导体二极管及其应用电路

半导体二极管在电子技术中得到了广泛的应用。PN 结是构成二极管的核心。为了更好地应用半导体器件，本章主要介绍 PN 结的形成、PN 结的特性以及二极管的结构、工作原理、主要参数及应用等。

1.1 PN　结

1.1.1 半导体的基础知识

为了让大家对半导体二极管有一个初步的感性认识，我们先做一个二极管导电性能演示。

图 1.1 表示的是由二极管、灯泡、限流电阻、开关及电源等组成的简单电路。

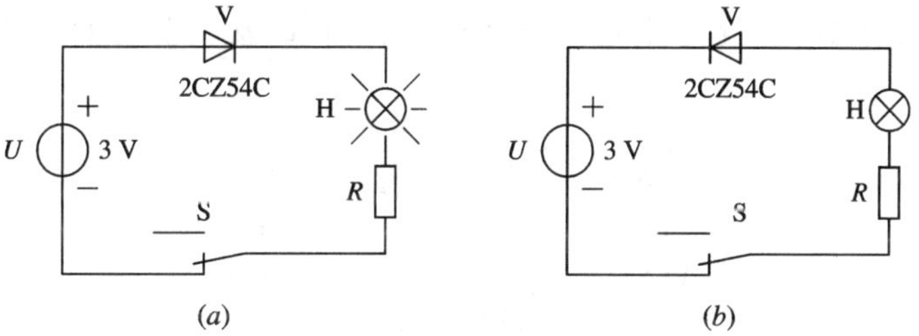

图 1.1　半导体二极管导电性能的实验

电路演示如下：

按图 1.1(*a*)所示，闭合开关 S，灯泡发光，说明电路导通。

若将二极管管脚调换位置，如图 1.1(*b*)所示，闭合开关 S 后，灯泡不发光，说明此时电路不导通。

由以上演示结果可知：二极管具有单向导电性，产生这一现象的原因与二极管的内部结构有关。而二极管又是由半导体材料构成的，所以，我们必须首先了解半导体的性能。

1. 半导体的特性

自然界中的各种物质，按导电能力划分为导体、绝缘体、半导体。半导体的导电能力介于导体和绝缘体之间。它具有热敏性、光敏性和掺杂性。利用光敏性可制成光电二极管和光电三极管及光敏电阻；利用热敏性可制成各种热敏电阻；利用掺杂性可制成各种不同性能、不同用途的半导体器件，例如二极管、三极管、场效应管等。

2. 半导体的共价键结构

在电子器件中，用得最多的材料是硅和锗。硅和锗都是四价元素，最外层原子轨道上都有 4 个电子，称为价电子。每个原子的 4 个价电子不仅受自身原子核的束缚，而且还与周围相邻的 4 个原子发生联系，这些价电子一方面围绕自身的原子核运动，另一方面也时常出现在相邻原子所属的轨道上。这样，相邻的原子就被共有的价电子联系在一起，称为共价键结构，如图 1.2 所示。

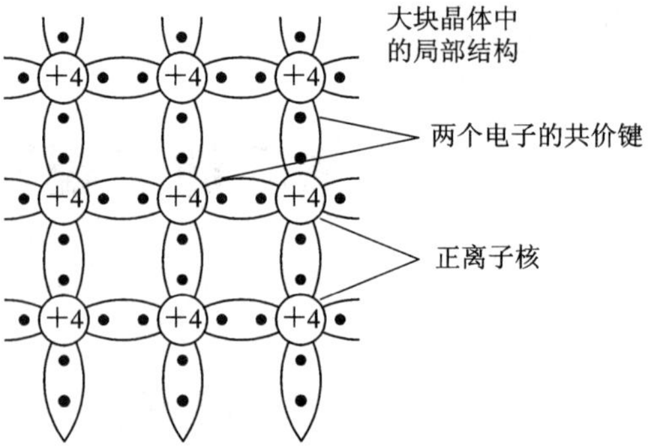

图 1.2　硅和锗的共价键结构

本征半导体是一种完全纯净的、结构完整的半导体晶体。在温度为零开尔文(0 K，相当于 −273.15 ℃)时，每一个原子的外围电子被共价键所束缚，不能自由移动。这样，本征半导体中虽有大量的价电子，但没有自由电子，此时半导体是不导电的。

当温度升高或受光照时，由于半导体共价键中的价电子并不像绝缘体中束缚得那样紧，价电子从外界获得一定的能量，少数价电子会挣脱共价键的束缚，成为自由电子，同时在原来共价键的相应位置上留下一个空位，这个空位称为空穴，如图 1.3 所示。空穴的出现是半导体区别于导体的一个重要特点。显然，自由电子和空穴是成对出现的，所以称它们为电子空穴对。在本征半导体中，电子与空穴的数量总是相等的。我们把在热或光的作用下，本征半导体中产生电子空穴对的现象称为本征激发，又称为热激发。

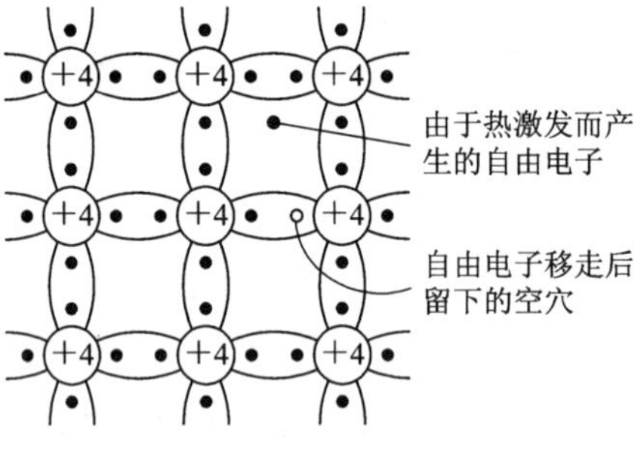

图 1.3　本征激发产生电子空穴对示意图

由于共价键中出现了空位，在外电场或其他能源的作用下，邻近的价电子就可填补到这个空穴上，而在这个价电子原来的位置上又留下新的空位，以后其他价电子又可转移到这个新的空位上，如图 1.4 所示。为了区别于自由电子的运动，我们把这种价电子的填补运动称为空穴运动，认为空穴是一种带正电荷的载流子，它所带电荷和电子相等，但符号相反。由此可见，本征半导体中存在两种载流子：电子和空穴。而金属导体中只有一种载流子——电子。本征半导体在外电场作用下，两种载流子的运动方向相反而形成的电流方向相同，如图 1.5 所示。

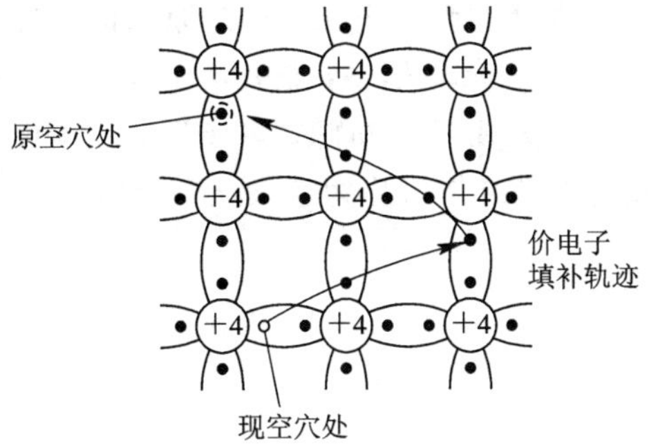

图 1.4　电子与空穴的移动

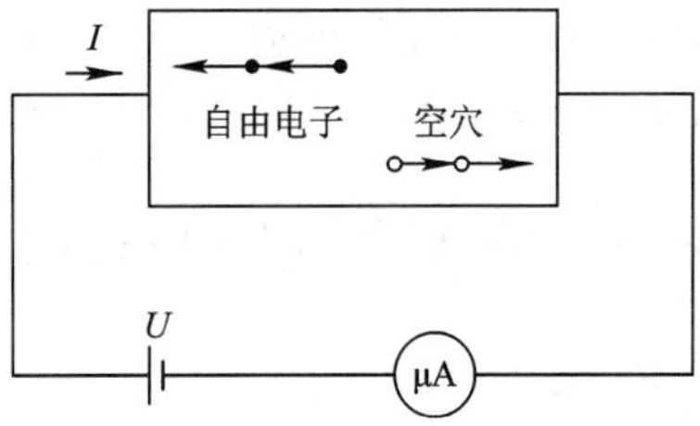

图 1.5　两种载流子在电场中的运动

3. 杂质半导体

不含有杂质的半导体称为纯净半导体(亦称本征半导体)。在半导体中存在两种导电的带电粒子：一种是带负电的自由电子(简称电子)，另一种是带正电的空穴，它们都能运载电荷形成电流，通常称为载流子。在本征半导体内部，自由电子和空穴总是成对出现，因此，本征半导体对外呈中性。在纯净的半导体中掺入少量的杂质，会使半导体的导电能力发生显著的变化。根据掺入杂质的不同，可形成两种不同的杂质半导体，即 N 型半导体和 P 型半导体。

1) N 型半导体

纯净的半导体硅(或锗)被掺入微量五价元素，如磷后，就可成为 N 型半导体，如图 1.6(*a*)所示。由于五价的磷原子同相邻四个硅(或锗)原子组成共价键时，有一个多余的价电子不能构成共价键，这个价电子只受杂质原子核的束缚，因此，在常温下，这个价电子很容易脱离原子核的束缚而成为自由电子。因此在这种半导体中，自由电子数远大于空穴数，导电以电子为主，故此类半导体亦称为电子型半导体。

2) P 型半导体

硅(或锗)的晶体内被掺入少量三价元素杂质，如硼(或铟)后，就可成为 P 型半导体。硼原子只有 3 个价电子，它与周围硅原子组成共价键时，因缺少一个电子，很容易吸引相邻硅原子上的价电子而产生一个空穴。这个空穴与本征激发产生的空穴都是载流子，具有导电性能。P 型半导体共价键结构如图 1.6(*b*)所示。

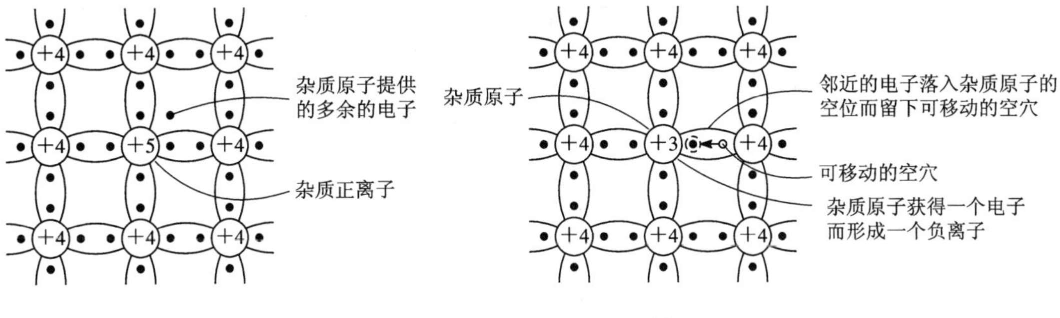

(*a*)　　(*b*)

图 1.6　掺杂质后的半导体
(*a*) N 型半导体；(*b*) P 型半导体

值得注意的是，掺杂在产生空穴的同时，并不产生新的自由电子，只是原来的晶体本身仍会因热激发等产生少量电子空穴对。掺入的三价元素杂质越多，空穴的数量越多。在P型半导体中，空穴数远远大于自由电子数，空穴为多数载流子(简称“多子”)，自由电子为少数载流子(简称“少子”)，导电以空穴为主，故此类半导体又称为空穴型半导体。

1.1.2　PN结及其单向导电特性

1. PN结的形成

在一块完整的晶片上，通过一定的掺杂工艺，一边形成P型半导体，另一边形成N型半导体。在P型和N型半导体交界面的两侧，由于载流子浓度的差别，N区的电子必然向P区扩散，而P区的空穴要向N区扩散。P区一侧因失去空穴而留下不能移动的负离子，N区一侧则因失去电子而留下不能移动的正离子，这些离子被固定排列在晶格上，不能自由运动，所以并不参与导电，这样，在交界面两侧形成一个带异性电荷的离子层，称为空间电荷区，并产生内电场，其方向是从N区指向P区。内电场的建立阻碍了多数载流子的扩散运动，随着内电场的加强，多子的扩散运动逐步减弱，直至停止，使交界面上形成一个稳定的特殊的薄层，即PN结。因为在空间电荷区内多数载流子已扩散到对方并复合掉了，或者说消耗尽了，因此空间电荷区又称为耗尽层。

2. PN结的单向导电特性

在PN结两端外加电压，称为给PN结以偏置电压。

1) PN结正向偏置

给PN结加正向偏置电压，即P区接电源正极，N区接电源负极，此时称PN结为正向偏置(简称正偏)，如图1.7所示。

由于外加电源产生的外电场的方向与PN结产生的内电场的方向相反，削弱了内电场，使PN结变薄，有利于两区多数载流子向对方扩散，形成正向电流，此时PN结处于正向导通状态。

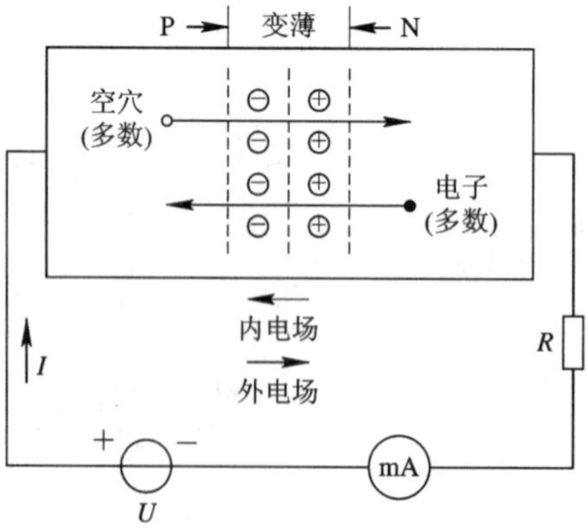

图1.7　PN结加正向电压

2) PN 结反向偏置

给 PN 结加反向偏置电压，即 N 区接电源正极，P 区接电源负极，称 PN 结反向偏置（简称反偏），如图 1.8 所示。

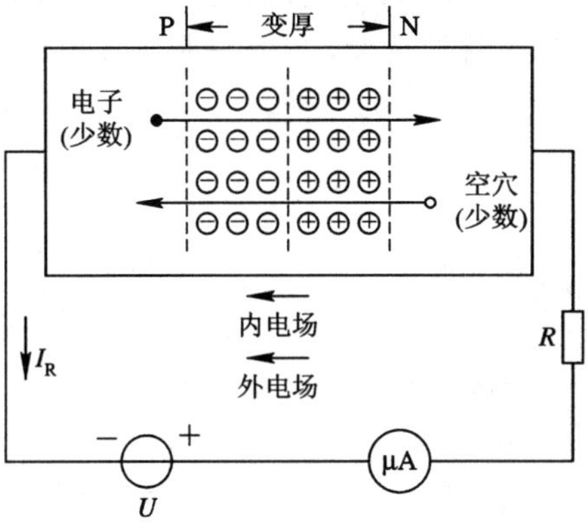

图 1.8　PN 结加反向电压

由于外加电场与内电场的方向一致，因而加强了内电场，使 PN 结加宽，阻碍了多子的扩散运动。在外电场的作用下，只有少数载流子形成的很微弱的电流，称为反向电流。

应当指出，少数载流子是由于热激发产生的，因而 PN 结的反向电流受温度影响很大。

综上所述，PN 结具有单向导电性，即加正向电压时导通，加反向电压时截止。

知识点

1. PN 结
2. PN 结的单向导电性

技能点

PN 结正、反向电压的施加方法

思考题

1. 什么叫纯净半导体？
2. 简述 PN 结的形成过程。PN 结的特性是什么？
3. 分析 PN 结正偏导电的原理。

1.2　半导体二极管

1.2.1　半导体二极管的结构、符号、实物图及类型

1. 结构、符号及实物图

在形成 PN 结的 P 型半导体和 N 型半导体上，分别引出两根金属引线，并用管壳封装，就制成了二极管。二极管的基本构造如图 1.9(*a*)所示。其中从 P 区引出的线为正极（或阳极），从 N 区引出的线为负极（或阴极）。二极管的电路符号如图 1.9(*b*)所示。电路符

号中的三角形实际上是一个箭头，箭头背向相连的电极为正极，记为“+”，箭头指向相连的电极为负极，记为“−”。二极管的文字符号在本书中用“V”表示(国家标准规定符号)。图 1.9(c)是部分二极管的实物图。生产厂家都在二极管的外壳上用特定的标记来表示正负极。最明确的表示方法是在外壳上画有二极管的符号，箭头指向一端为二极管的负极；螺栓式二极管带螺纹的一端是二极管的负极，它是一种工作电流很大的二极管；许多二极管上画有色环，带色环的一端则为二极管的负极。

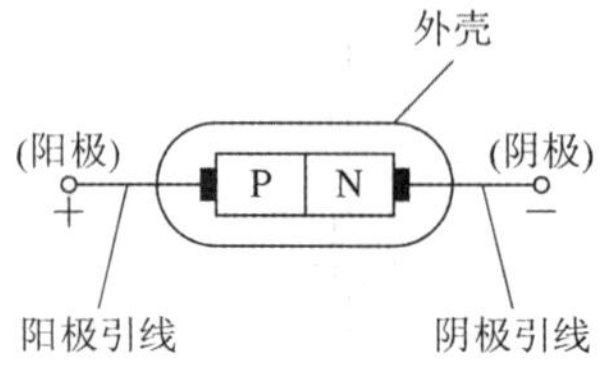

(a)

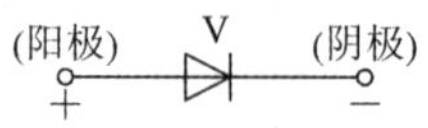

(b)

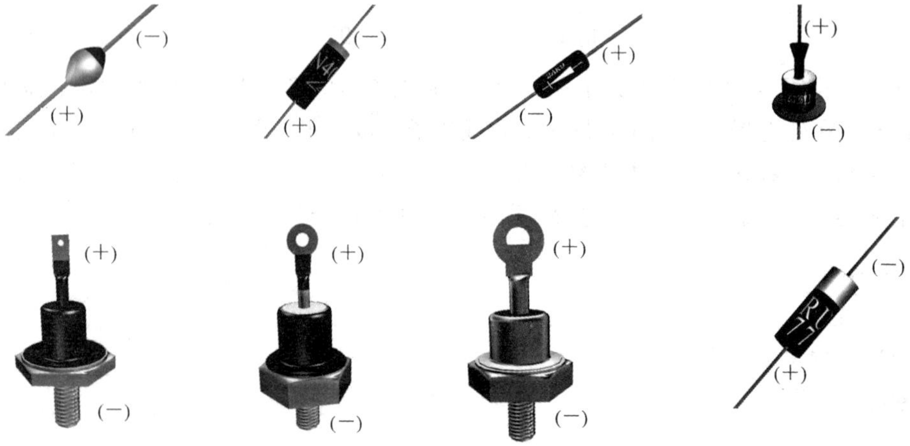

(c)

图 1.9　二极管的基本结构、电路符号及实物图

(a) 基本结构；(b) 电路符号；(c) 实物图

2. 类型

(1) 按材料分类，有硅二极管、锗二极管和砷化镓二极管等。

(2) 按结构分类，根据 PN 结面积大小，有点接触型二极管、面接触型二极管。

(3) 按用途分类，有整流二极管、稳压二极管、开关二极管、发光二极管、光电二极管、变容二极管、阻尼二极管等。

(4) 按封装形式分类，有塑封二极管及金属封二极管等。

(5) 按功率分类，有大功率二极管、中功率二极管及小功率二极管。

1.2.2　半导体二极管的伏安特性

半导体二极管的核心是 PN 结，它的特性就是 PN 结的特性——单向导电性。为了形象地描述二极管的单向导电性，常利用伏安特性曲线来表示。所谓伏安特性，是指二极管两端电压和流过二极管电流的关系，可用图 1.10 所示的电路来测试。

在图 1.10(a)中，二极管的正极通过限流电阻 R 与直流电源的正极连接，二极管的负极通过毫安表与直流电源的负极连接。此时，二极管的正极电位高于负极，将外加电压称为“正向电压”，二极管处于“正向偏置”，简称为“正偏”。在测试中，调节直流电源 U，使二极管两端的正向电压从 0 开始逐渐增加，读出电压表和毫安表的对应数值，列出正向伏安特性数据表。

在图 1.10(b)中，二极管的负极通过限流电阻 R 与直流电源的正极连接，二极管的正极通过微安表与直流电源的负极连接。此时，二极管的负极电位高于正极，将外加电压称为“反向电压”，二极管处于“反向偏置”，简称为“反偏”。在测试中，通过调节直流电源 U，使二极管两端的反向电压从 0 开始逐渐增加，读出电压表和毫安表的对应数值，列出反向伏安特性数据表。

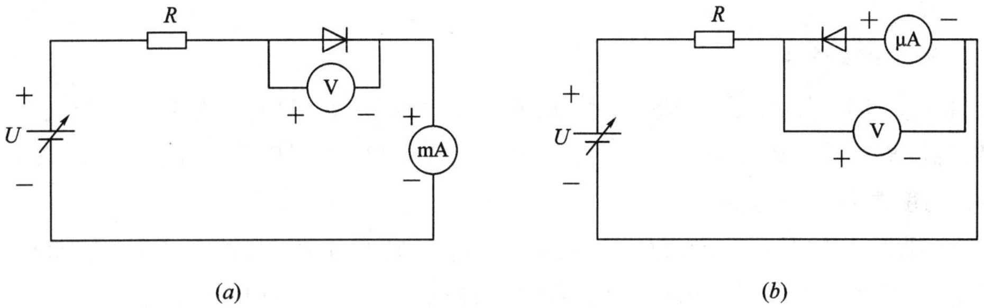

图 1.10　二极管伏安特性测试电路

(a) 正向特性测试电路；(b) 反向特性测试电路

若以直角坐标系的横坐标表示二极管两端的电压，纵坐标表示流过二极管的电流，把测得的电压、电流的对应值采用描点作图法连接起来，就构成二极管的伏安特性曲线，如图 1.11 所示(图中虚线为锗管的伏安特性，实线为硅管的伏安特性)。

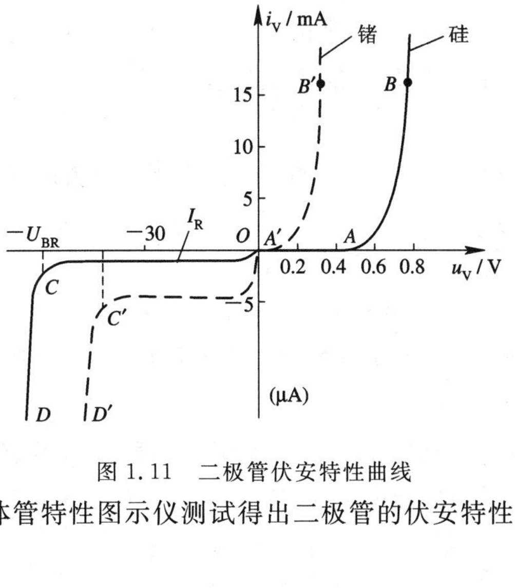

图 1.11　二极管伏安特性曲线

在实际中，常用晶体管特性图示仪测试得出二极管的伏安特性曲线。

下面对二极管伏安特性曲线加以说明。

1. 正向特性

二极管两端加正向电压时，就产生正向电流，当正向电压较小时，正向电流极小(几乎为 0)，这一部分称为死区，相应的 $A(A')$点的电压称为死区电压或门槛电压(也称阈值电压)。硅管的死区电压约为 0.5 V，锗管约为 0.1 V，如图 1.11 中 $OA(OA')$段。

当正向电压超过死区电压时，正向电流就会急剧增大，二极管呈现很小电阻而处于导通状态。这时硅管的正向导通压降约为 0.6～0.7 V，锗管约为 0.2～0.3 V，如图 1.11 中 $AB(A'B')$段。

二极管正向导通时，要特别注意它的正向电流不能超过最大值，否则将烧坏 PN 结。

2. 反向特性

二极管两端加上反向电压时，在开始很大范围内，二极管相当于非常大的电阻，反向电流很小，且不随反向电压的变化而变化。此时的电流称为反向饱和电流 I_R，如图 1.11 中 $OC(OC')$段。

3. 反向击穿特性

二极管反向电压加到一定数值时，反向电流急剧增大，这种现象称为反向击穿。此时对应的电压称为反向击穿电压，用 U_{BR} 表示，如图 1.11 中 $CD(C'D')$段。

4. 温度对特性的影响

二极管的核心是一个 PN 结，它的导电性能与温度有关。温度升高时，二极管正向特性曲线向左移动，正向压降减小；反向特性曲线向下移动，反向电流增大。

1.2.3 半导体二极管的主要参数

1. 最大整流电流 I_F

最大整流电流 I_F 是指二极管长期工作时，允许通过的最大正向平均电流。二极管使用时的正向平均电流不能超过此值，否则会烧坏二极管。

2. 最大反向工作电压 U_{RM}

最大反向工作电压 U_{RM} 是指二极管正常工作时，所承受的最高反向电压(峰值)。通常手册上给出的最大反向工作电压是击穿电压的一半左右。

3. 反向饱和电流 I_R

反向饱和电流 I_R 是指在规定的反向电压和室温下所测得的反向电流值。其值越小，表明管子的单向导电性能越好。

4. 二极管的直流电阻

二极管的直流电阻指加在二极管两端的直流电压与流过二极管的直流电流的比值。二极管正向电阻较小，约为几欧姆到几千欧姆；反向电阻很大，一般可达零点几兆欧姆以上。

5. 最高工作频率 f_M

最高工作频率 f_M 是指二极管正常工作时的上限频率值，它的大小与 PN 结的结电容有关，超过此值，二极管的单向导电性变差。

本书附录一列出了一些国产硅半导体整流二极管，读者可参考选用。

1.2.4　二极管的简易测试

测试二极管的方法很多，本书只介绍用万用表测试的方法。

将万用表置于 $R\times100$ 或 $R\times1$ k(Ω)挡(用 $R\times1$ 挡电流太大，用 $R\times10$ k(Ω)挡电压太高，都易损坏管子)。如图 1.12 所示，将红、黑表笔(棒)分别接二极管的两端，若测得阻值小，再将红、黑表笔(棒)对调测试，若测得阻值大，则表明二极管是好的；在测得阻值小的那一次中，与黑表笔(棒)相连的管脚为二极管的正极，与红表笔(棒)相连的管脚为二极管的负极。

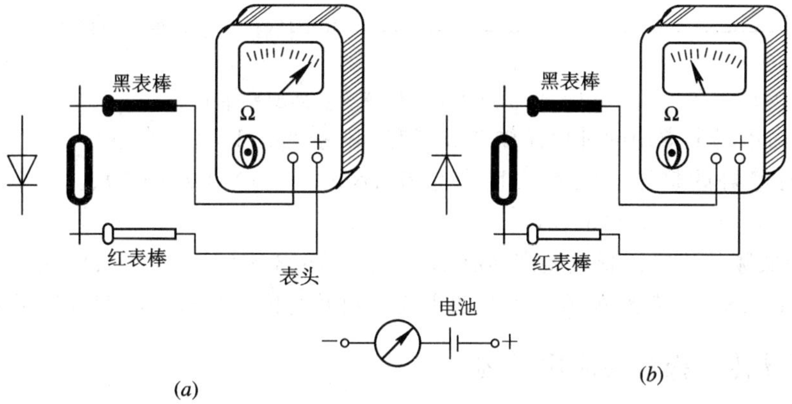

图 1.12　万用表简易测试二极管示意图

(*a*) 电阻小；(*b*) 电阻大

若上述两次测得的阻值都很小，则表明管子内部已经短路；若两次测得的阻值都很大，则表明管子内部已经断路。出现短路和断路时，表明管子已损坏。

1.2.5　二极管使用注意事项

二极管使用时，应注意以下事项：

(1) 二极管应按照用途、参数及使用环境选择。

(2) 使用二极管时，正、负极不可接反。通过二极管的电流、承受的反向电压及环境温度等都不应超过手册中所规定的极限值。

(3) 更换二极管时，应用同类型或高一级的代替。

(4) 二极管的引线弯曲处距离外壳端面应不小于 2 mm，以免造成引线折断或外壳破裂。

(5) 焊接时应用 35 W 以下的电烙铁，焊接要迅速，并用镊子夹住引线根部，以助散热，防止烧坏管子。

(6) 安装时，应避免靠近发热元件，对于功率较大的二极管，应注意良好散热。

(7) 二极管在容性负载电路中工作时，二极管整流电流应比负载电流大 20%。

1.2.6　半导体二极管的命名方法

二极管种类繁多，国内外都采用各自规定的命名方法加以区分。

国产半导体分立器件型号命名方法采用国家标准 GB/T 249—2007。国产半导体器件的型号由五个部分组成，如图 1.13 所示。型号组成部分的符号及其意义见附录二。如 2AP9："2"表示电极数为 2，"A"表示 N 型、锗材料，"P"表示普通管，"9"表示序号。

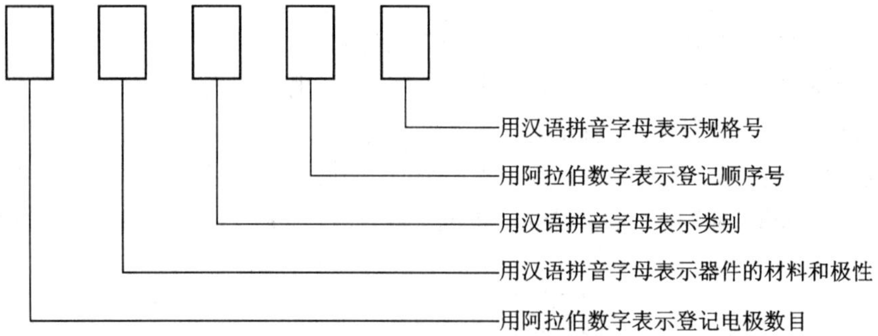

图 1.13　国产半导体分立器件型号命名

目前国内市场上常用的进口晶体二极管有 1N 系列、1S 系列等。

1N 系列塑封硅整流二极管典型产品有 1N4001～1N4007(1A)、1N5391～1N5399(1.5A)、1N5400～1N5408(3A)等。

1S 系列低频整流二极管典型产品有 1S555、1S1553、1S1886、1S1887 等。

1N 系列、1S 系列低频整流二极管的主要参数及与国产二极管的型号代用见附录三。

1.2.7　半导体二极管的应用举例

半导体二极管的单向导电性使它在电子电路中获得了广泛的应用，下面仅介绍其中的几种。

1. 二极管用于整流电路

利用半导体二极管的单向导电性，可以将交流电变成直流电，完成整流作用。实现整流功能的电路称为整流电路。单相整流电路分为半波整流、全波整流、桥式整流及倍压整流等。

下面以半波整流电路为例，说明二极管在整流电路中的应用。

图 1.14(a)所示为单相半波整流电路。它由变压器 T 和整流二极管 V 组成。如果变压

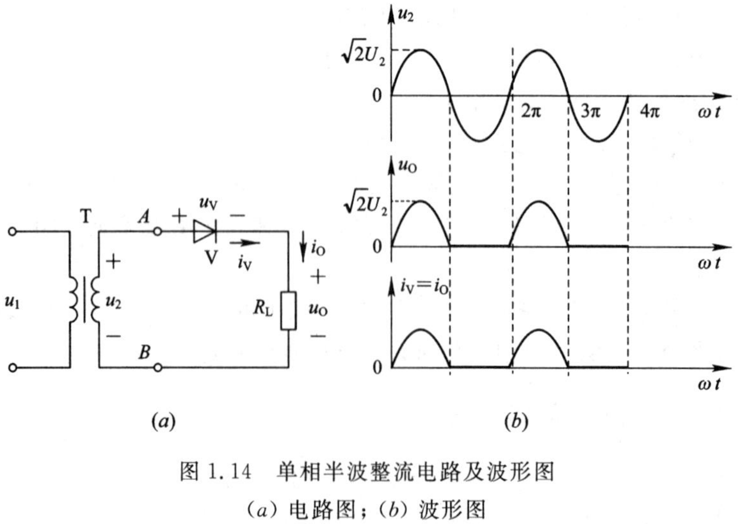

图 1.14　单相半波整流电路及波形图

(a) 电路图；(b) 波形图

器的初级输入正弦电压 u_1，则在次级可得同频的交流电压 u_2，设 $u_2=\sqrt{2}U_2\sin\omega t$。

当 u_2 为正半周时，A 端电位高于 B 端电位，二极管 V 因正向偏置而导通，电流流经方向为 A 端→V→R_L→B 端，自上而下流过 R_L，在 R_L 上得到上正下负的电压 u_O。若忽略二极管正向压降，负载上的电压 $u_O=u_2$。波形如图 1.14(b)所示。

当 u_2 为负半周时，A 端电位低于 B 端电位，二极管 V 因反向偏置而截止，电路中无电流流过，负载电压 u_O 为 0。

可见，在交流电压 u_2 的整个周期内，负载 R_L 上将得到一个单方向的脉动直流电压(大小变化，方向不变)。由于流过负载的电流和加在负载两端的电压只有半个周期的正弦波，故称此电路为半波整流电路。

2. 二极管用于限幅电路

在电子电路中，为了降低信号的幅度以满足电路工作的需要，或者为了保护某些器件不受大的信号电压作用而损坏，往往利用二极管的导通和截止限制信号的幅度，这就是所谓的限幅。图 1.15(a)是由二极管组成的单向限幅电路。其中，u_i 为输入的正弦交流电压，其峰值为 5 V；直流电压 $U=+3$ V；限流电阻 $R=1$ kΩ；u_O 为输出端的电压。其输入、输出端电压波形如图 1.15(b)所示。其工作原理为：交流输入电压 u_i 和直流电压 U 同时作用于二极管 V 上，当 u_i 的幅值高于 3 V 时，V 导通，$u_O=3$ V；当 u_i 的幅值低于 3 V 时，V 截止，$u_O=u_i$。

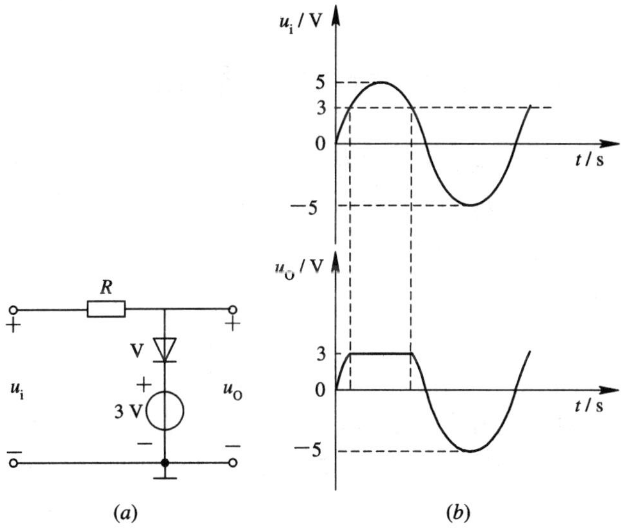

图 1.15　二极管组成的限幅电路及波形图
(a) 电路图；(b) 输入、输出端电压波形图

另外，在电子电路中，二极管常当作开关使用。这是因为二极管正偏导通时两端的电压很小，可近似看作压降为 0，即相当于开关闭合；反向偏置时流过的电流很小，可近似看作开路，即相当于开关断开。因此，二极管具有开关特性。

在电子电路中，二极管还可作保护电路使用，常将二极管串接在电源与器件之间，防止电源反接时损坏器件。

知识点

1. 半导体二极管的结构、符号及类型
2. 半导体二极管的伏安特性
3. 半导体二极管的主要参数
4. 半导体二极管的命名方法

技能点

1. 二极管的电路符号的识记
2. 二极管的简易测试
3. 根据型号辨认半导体二极管
4. 二极管应用电路图的识读

思考题

1. 请说明硅管比锗管应用广泛的原因。

2. 怎样用万用表判断二极管的好坏及极性?

3. A、B、C 三只二极管,测得它们的反向电流分别为 2 μA、0.5 μA、5 μA,在外加相同的正向电压时,测得它们的正向电流分别是 5 mA、15 mA、8 mA。试比较三只管子的性能,哪只好些?为什么?

4. 型号“2CZ82”是什么意思?

1.3 特殊二极管

前面主要讨论了普通二极管,另外还有一些特殊用途的二极管,如稳压二极管、发光二极管、光电二极管和变容二极管等,现介绍如下。

1. 稳压二极管

1) 稳压二极管的工作特性

稳压二极管简称稳压管,它的实物图、特性曲线及电路符号如图 1.16 所示。稳压管和普通二极管的正向特性相同,不同的是反向击穿电压较低,且击穿特性陡峭,这说明反向电流在较大范围内变化时,击穿电压基本不变。稳压管正是利用反向击穿特性来实现稳压的,因此,稳压管正常工作时,工作于反向击穿状态,此时的击穿电压称为稳定工作电压,用 U_Z 表示。

2) 稳压二极管的主要参数

(1) 稳定工作电压 U_Z。稳定工作电压 U_Z 即反向击穿电压。由于击穿电压与制造工艺、环境温度及工作电流有关,因此在手册中只能给出某一型号稳压管的稳压范围,例如,2CW21A 这种稳压管的稳定工作电压 U_Z 为 4～5.5 V,2CW55A 的稳定工作电压 U_Z 为 6.2～7.5 V。但是,对于某一只具体的稳压管,U_Z 是确定的值。

(2) 稳定工作电流 I_Z。稳定工作电流 I_Z 是指稳压管工作至稳压状态时流过的电流。当稳压管稳定工作电流小于最小工作电流 I_{Zmin} 时,没有稳压作用;当稳压管稳定工作电流大于最大工作电流 I_{Zmax} 时,管子因过流而损坏。

(3) 最大耗散功率 P_{ZM} 和最大工作电流 I_{Zmax}。P_{ZM} 和 I_{Zmax} 是为了保证管子不被热击穿而规定的极限参数，由管子允许的最高结温决定，$P_{ZM}=I_{Zmax}U_Z$。

(4) 动态电阻 r_Z。动态电阻 r_Z 是指稳压范围内电压变化量与相应的电流变化量之比，即 $r_Z=\Delta U_Z/\Delta I_Z$，如图 1.16 所示。$r_Z$值很小，约几欧到几十欧。$r_Z$ 越小越好，即反向击穿特性越陡越好，也就是说，r_Z 越小，稳压性能越好。

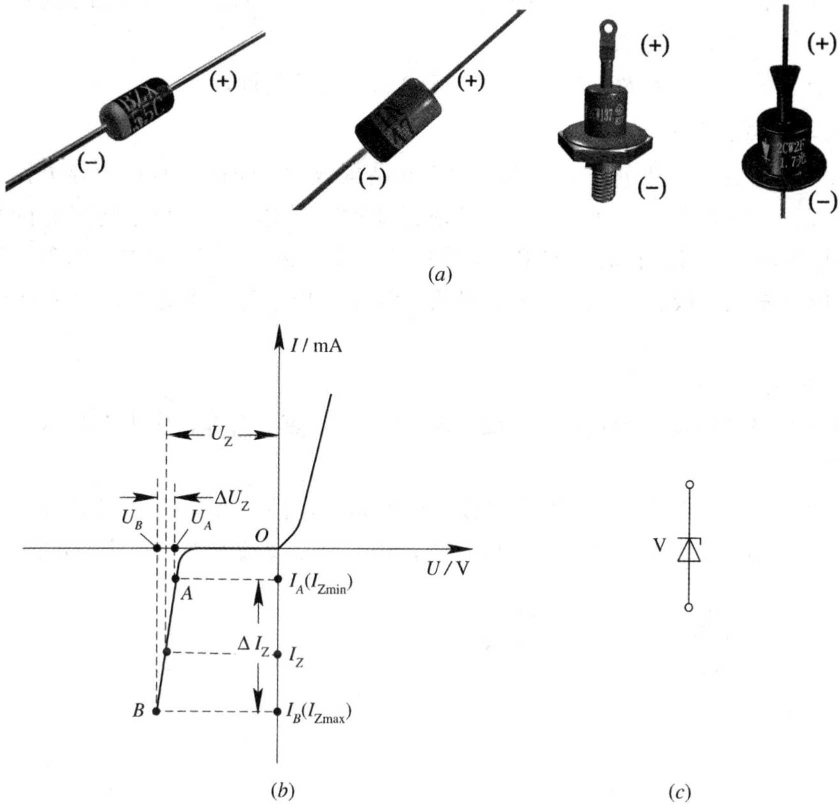

图 1.16　稳压二极管的实物图、特性曲线及电路符号
(a) 实物图；(b) 特性曲线；(c) 电路符号

(5) 电压温度系数 C_{TU}。它用温度每增加 1℃ 时稳定电压的相对变化量来表示。当 $U_Z>6$ V 时，稳定工作电压具有正的温度系数，即随着温度的上升，U_Z 将增大，C_{TU} 为正值；当 $U_Z<4$ V 时，稳定工作电压具有负的温度系数，即随着温度的上升，U_Z 将减小，C_{TU}为负值。U_Z 介于 4 V 到 6 V 之间的管子，其温度系数接近于 0。为了提高 U_Z 的稳定

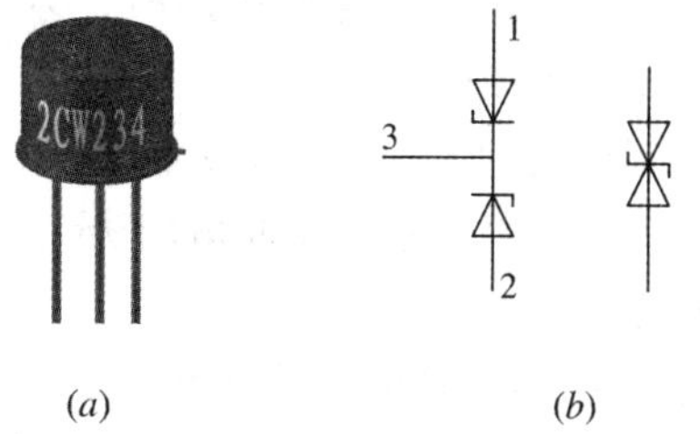

图 1.17　具有温度补偿的稳压二极管
(a) 实物图；(b) 电路符号

性，常将两只稳压二极管反向串联封装在一起，引出三个引脚，如图 1.17(*a*)所示，电路符号如图 1.17(*b*)所示。使用时常以上、下两端作为一只稳压管使用，无论外加电压极性如何，两只管子中总是有一只工作于正向，其电压具有负的温度系数；另一只管子工作于反向，其电压具有正的温度系数。两只管子的温度系数互相抵消，使整个管子的电压温度系数极小。这种管子称为具有温度补偿的硅稳压管。2CW234 型稳压管即属于这种稳压管。

稳压二极管的参数见附录四。

稳压二极管的极性检测及好坏判别，与普通二极管的相同。

2. 发光二极管(LED)

发光二极管与普通二极管一样，也是由 PN 结构成的，同样具有单向导电性，但在正向导通时能发光，所以它是一种把电能转换成光能的半导体器件。由于构成它的材料、封装形式、外形等不同，因而它的类型很多，如单色发光二极管、变色发光二极管、闪烁发光二极管、电压型发光二极管、红外发射二极管、激光二极管等。在这里只简单介绍其中的几种。

1) 单色发光二极管

单色发光二极管的发光颜色有红、绿、黄、橙、蓝、紫、白等，其功率有小功率和大功率之分。

(1) 小功率发光二极管。单色发光二极管的实物与电路符号如图 1.18 所示。单色发光二极管的两根引脚中，长引脚是发光二极管的正极，短引脚是发光二极管的负极。

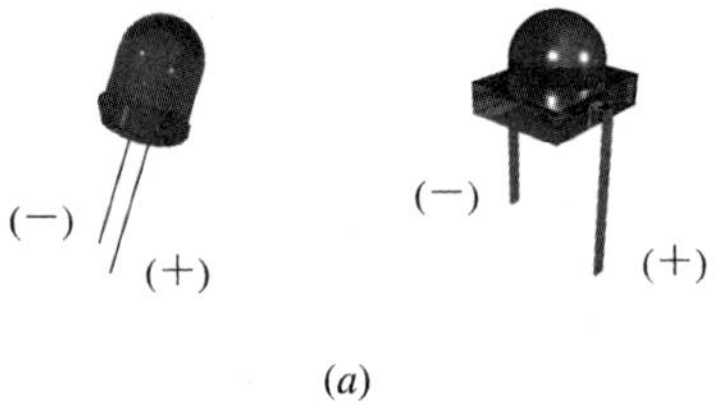

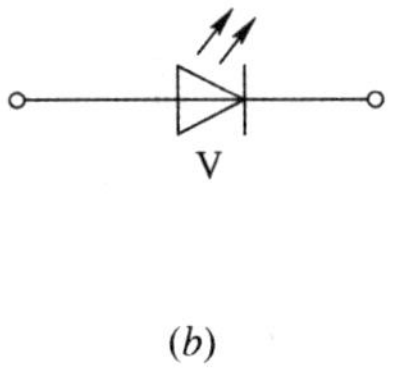

图 1.18　单色发光二极管
(*a*) 实物图；(*b*) 电路符号

小功率 LED 的功率一般为 0.05 W，正向工作电压为 2～2.5 V，工作电流为 5～20 mA，一般 $I_V=1$ mA 时起辉，随着 I_V 的增大，发光二极管的亮度不断增加；当 $I_V\geqslant 5$ mA 以后，亮度并不显著增加；当流过发光二极管的电流超过极限值时，会导致管子损坏。因此，发光二极管在使用时，必须在电路中加接保护电阻 R，如图 1.19 所示。

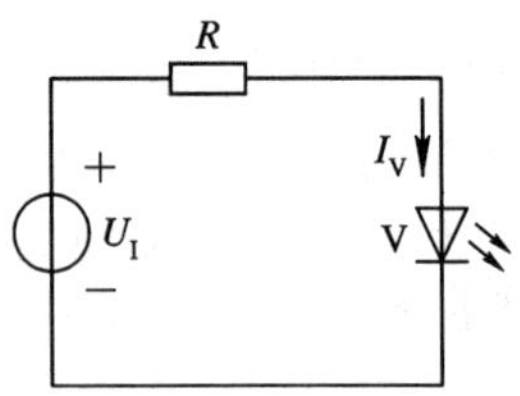

图 1.19　单色发光二极管的应用电路

检测发光二极管，一般用万用表 $R\times 10$ k 挡，方法和普通二极管一样，一般正向电阻为 15 kΩ 左右，反向电阻为无穷大。灵敏度高的发光二极管，在测正向电阻时，可见管芯发光。

小功率的发光二极管的应用相当广泛：电源指示灯；手机背景灯；七段数码显示器；显示屏；户外景观灯，如 LED 桃花灯、樱花灯、柳树灯、竹子树灯、向日葵灯、荷花灯、仙人掌灯等；彩色灯带；紫色发光二极管可以用来辨别人民币的真伪；等等。

(2) 大功率发光二极管。大功率 LED 是指拥有大额定工作电流的发光二极管，其功率可以达到几瓦、几十瓦甚至几百瓦，工作电流可以是几十毫安到几百毫安不等。它的结构主要由PN结芯片、电极和聚光杯等系统组成。LED的基本工作原理是一个电光转换的过程，当一个正向偏压施加于PN结两端，由于PN结势垒的降低，P区的正电荷将向N区扩散，N区的电子也向P区扩散，同时在两个区域形成非平衡电荷的积累。由于电流注入产生的少数载流子相对不稳定，对于PN结系统，注入价带中的非平衡空穴要与导带中的电子复合，其中多余的能量将以光的形式向外辐射，电子和空穴的能量差越大，产生的光子能量就越高。能量级差大小不同，产生的光的频率和波长就不同，相应的光的颜色就会不同。

大功率LED的应用有以下几个方面：

(1) 舞台照明灯，具有“节能高效、色光亮艳、寿命超长、使用方便”等优势，为新一代光源LED日后取代传统照明应用于舞台照明创造了最大可能。在北京奥运、广州亚运、深圳大运等国际级盛事的开幕式上，大功率LED展现的舞台灯光效果一次次地惊艳全场。2012年的中央电视台春晚借助LED完成了一场大型的演艺灯光秀，将LED灯光独特的魅力及能力发挥到了极致。

(2) 道路照明灯。

现在大街小巷的道路照明灯几乎都用的是LED灯，如图1.20所示。

(3) 室内照明灯。

现在室内照明灯也几乎都用的是LED灯，如图1.21所示。

图1.20　道路照明灯实物图

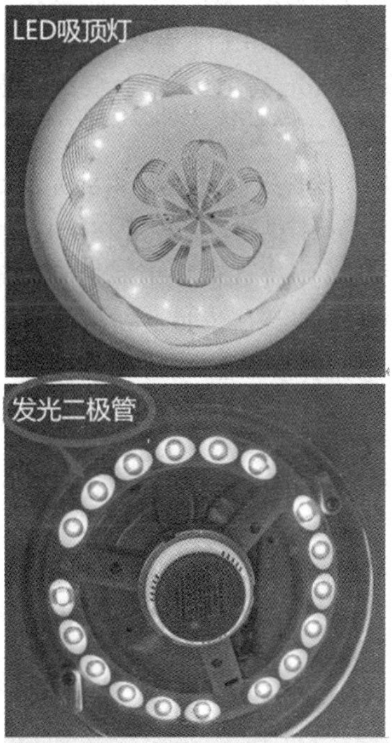

图1.21　室内照明灯实物图

(4) LED水下灯、射灯等。

大功率LED作为第四代电光源，有“绿色照明光源”之称，具有体积小、电压低、寿命长、电光转换效率高、响应速度快、节能、环保等优良特性，必将取代传统的白炽灯、卤钨灯和荧光灯而成为21世纪的新一代光源。

2) 红外发射二极管

红外发射二极管是一种能把电能直接转换成红外光能的发光器件，常用于红外遥控发射器中。管内也是由PN结构成的，管外一般用透明树脂封装。红外发射二极管有两个引脚，如图1.22所示。两个引脚中，通常长引脚为正极，短引脚为负极。

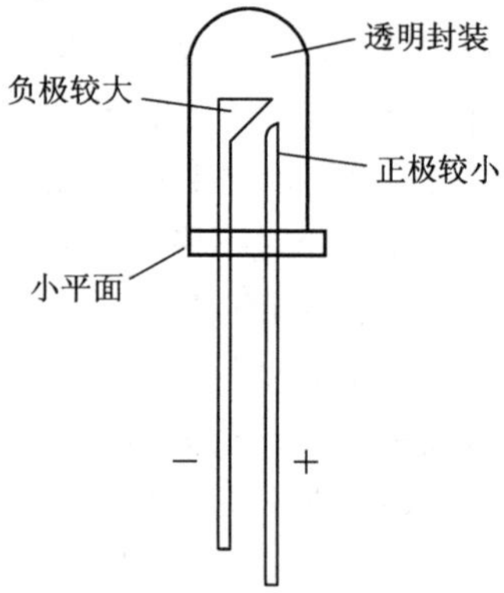

图1.22 红外发射二极管外形图

红外发射二极管工作在正偏状态。

检测红外发射二极管时，一般用万用表$R\times1$ k挡。若正向阻值在30 kΩ左右，反向电阻为无穷大，则表明正常；否则，表明红外发射二极管性能变差或已损坏。

3) 激光二极管

激光二极管是激光头中的核心器件。它是由一块P型和一块N型铝镓砷半导体组合而成的。P区接电源正极，N区接电源负极，此时PN结正向导通，形成一定的驱动电流，从光学谐振腔中发射出激光，波长约为600 nm。激光二极管用于CD机、视盘机及激光打印机等电子设备中。

根据内部构造和原理，判断激光二极管好坏的方法是通过测试正反向电阻来确定。将万用表置于$R\times1$ k挡，若正向电阻为20～30 kΩ，反向电阻为无穷大，说明正常；否则，要么半导体激光二极管老化，要么已损坏。

3. 光电二极管

光电二极管是一种很常用的光敏元件。与普通二极管相似，光电二极管也是具有一个PN结的半导体器件，但二者在结构上有着显著不同。普通二极管的PN结是被严密封装在管壳内部的，光线的照射对其特性不产生任何影响；而光电二极管的管壳上则开有一个透明的窗口，光线能透过此窗口照射到PN结上，改变其工作状态。光电二极管的外形(实物图)与电路符号如图1.23所示。

(a) (b)

图1.23 光电二极管的实物图及电路符号

(a) 实物图；(b) 电路符号

光电二极管工作在反偏状态，它的反向电流随光照强度的增加而上升，用于实现光电转换功能。光电二极管广泛用于遥控接收器、激光头中。当制成大面积的光电二极管时，能将光能直接转换成电能，可当作一种能源器件，即光电池。

光电二极管的检测方法是：将万用表置于$R\times1$ k挡，用手捂住或用一黑纸片遮住光电二极管的窗口，用黑表笔接正极，红表笔接负极，测得的正向电阻值为10～20 kΩ；交换表笔，指针不动，测得的反向电阻为无穷大。当受到光线照射时，反向电阻显著变化，正向电阻不变。在上述测量中，若正、反向电阻都很小或都很大，则说明光电二极管已经被击穿或内部开路。

4. 变容二极管

变容二极管是利用 PN 结电容可变原理制成的半导体器件。它也工作在反向偏置状态，当外加反向偏置电压大小变化时，其结电容随外加偏压的变化而变化，在电路中它可当作可变电容器使用。由于它无机械磨损且体积小，因而广泛应用于彩电调谐器中。不同型号的管子，其电容最大值可能是 3～300 pF，最大容值与最小容值之比约为 5∶1。它的电路符号和压控特性曲线如图 1.24 所示。

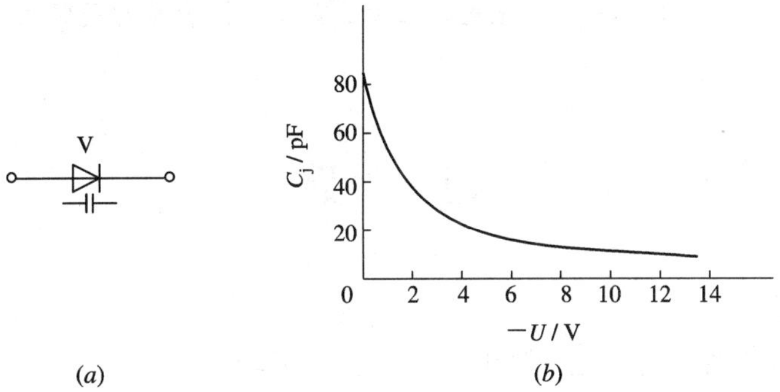

图 1.24　变容二极管的电路符号和压控特性曲线

(*a*) 电路符号；(*b*) 压控特性曲线

变容二极管的检测及极性判别可用万用表 $R\times1$ k 挡。若正向电阻为几千欧，反向电阻为无穷大，则说明变容二极管是好的；若正、反向电阻均为 0 或为无穷大，则说明变容二极管已损坏。变容二极管的极性判别与普通二极管的相同。

知识点

1. 稳压二极管及伏安特性
2. 发光二极管
3. 光电二极管
4. 变容二极管

技能点

1. 稳压二极管外形、极性的辨认，电路符号的识记
2. 发光二极管外形、极性的辨认，电路符号的识记
3. 光电二极管外形、极性的辨认，电路符号的识记
4. 变容二极管电路符号的识记

思考题

1. 简述硅稳压二极管的工作特性。硅稳压二极管使用时与普通二极管有什么区别？
2. 如何判定红外发光二极管的质量好坏？
3. 举例说明生活中发光二极管的应用实例。

本 章 小 结

(1) 在纯净半导体中掺入三价或五价元素，形成有用的两种杂质半导体，即P型半导体和N型半导体，从而为半导体器件的制造奠定了物理基础。

(2) PN结具有单向导电特性，它是构成各种半导体器件的基本单元。把一个PN结封装起来引出金属电极便构成了二极管。

(3) 二极管可用于整流、限幅、保护、开关等电路中。

(4) 稳压二极管、发光二极管、光电二极管、变容二极管等都是常用的特殊二极管，各自用在不同的电路中。

习 题

1.1 填空题

(1) 杂质半导体有__________型和__________型之分。

(2) PN结加正向电压，是指电源的正极接__________区，电源的负极接__________区，这种接法叫__________。

(3) 二极管的两端加正向电压时，有一段“死区电压”，锗管约为__________，硅管约为__________。

(4) 二极管的类型按材料分__________和__________。

(5) 单相半波整流电路中，利用二极管的__________特性，可以将正弦交流电变成单方向脉动的直流电。

(6) 限幅电路限制了__________电压的幅度，是__________在起主要作用。

(7) 硅稳压二极管主要工作在__________区。

1.2 限幅电路如题1.2图所示，$u_i=2\ \sin\omega t$，V_1、V_2均为硅管，导通电压为0.7 V。试根据输入电压波形画出输出电压波形(必须考虑二极管的导通电压)。

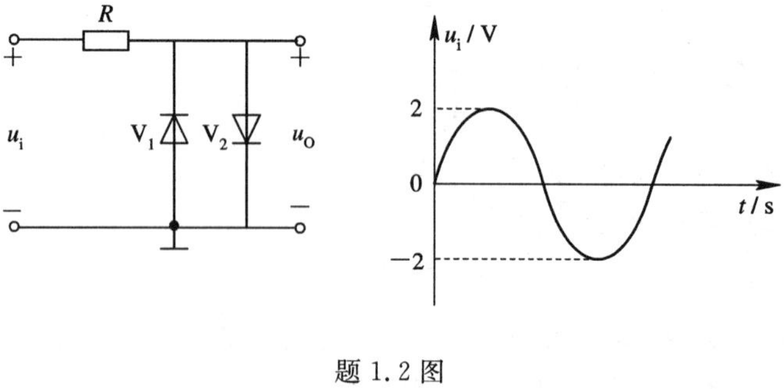

题1.2图

1.3 电路如题1.3图所示，判断二极管是否导通，并求输出电压u_O(忽略二极管正向导通电压)。

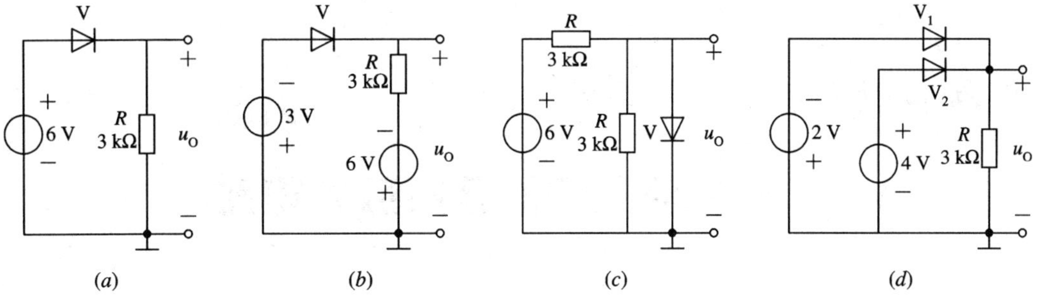

题 1.3 图

1.4　若稳压二极管 V_1 和 V_2 的稳定电压分别为 6 V 和 10 V，求题 1.4 图所示电路的输出电压 u_O（忽略二极管正向导通电压）。

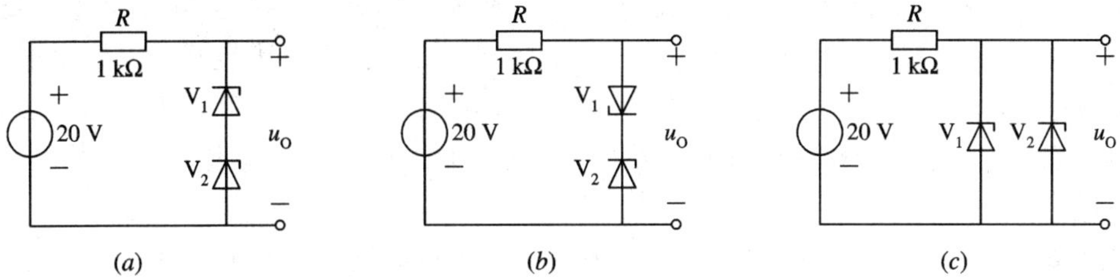

题 1.4 图

1.5　单色发光二极管的两根引脚不一般长，试问：长引脚与短引脚，哪一个为二极管的正极？

1.6　在如题 1.6 图所示的发光二极管的应用电路中，若输入电压 $U_I = 1.0$ V，发光二极管是否发光，为什么？

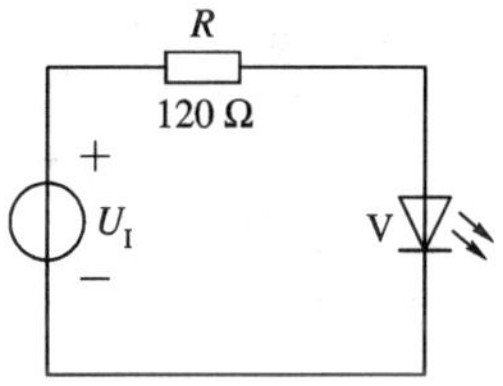

题 1.6 图

1.7　光电二极管在电路中使用时，是正向连接还是反向连接？

1.8　某二极管的管壳标有电路符号，如题 1.8 图(a)所示，已知该二极管是好的，万用表的 Ω 挡示意图如题 1.8 图(b)所示，请问：

(1) 在测二极管的正向电阻时，两根表笔如何连接？

(2) 在测二极管的反向电阻时，两根表笔又如何连接？

(3) 两次测量中哪一次指针偏转的角度大？偏转角度大的一次的阻值小还是阻值大？

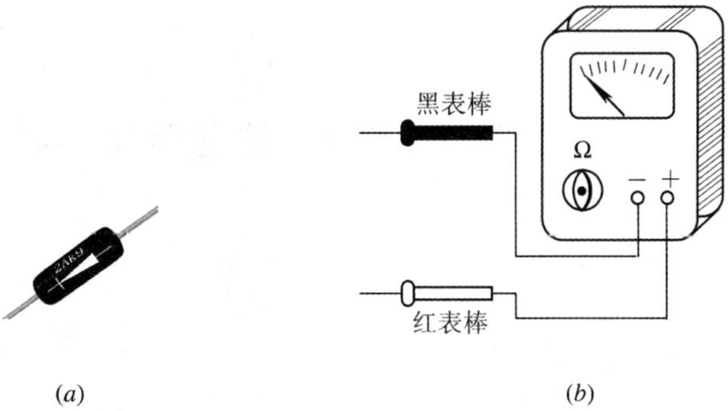

题 1.8 图

第2章

半导体三极管及其放大电路

为了让大家对半导体三极管有一个初步的感性认识，我们先做一个实验演示。

在图2.1的演示电路中，用信号发生器在其输入端输入电压为5 mV、频率为1 kHz的正弦信号，用示波器接在输出端，观察开关分别置于“1”“2”端时的输出波形。结果发现：当开关S置于“1”时，输出波形与输入波形完全相同，若用毫伏表测试其输出电压U_{o1}的值，其值仍然为5 mV；当开关S置于“2”时，输出端得到一个幅度很大的正弦波信号，如U_{o2}所示。若用毫伏表测试其输出电压U_{o2}的值，可达800 mV，即输出信号是输入信号的160倍。

该电路为什么能够将小信号变成如此大的信号呢？这就是本章所要探讨的问题。

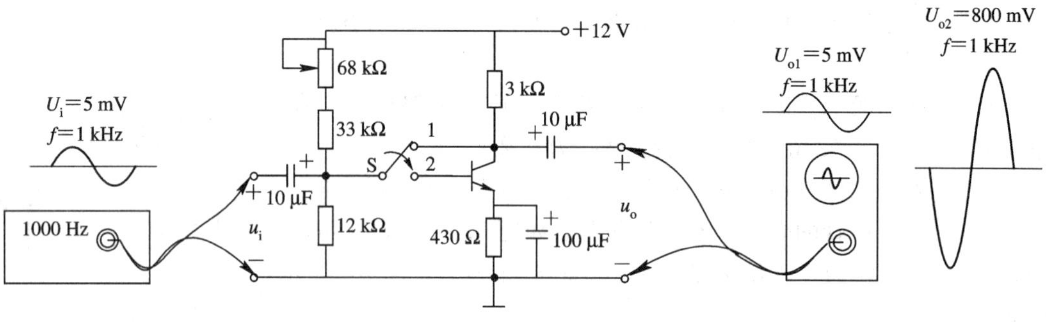

图2.1　单管放大电路的演示电路

在图2.1中，起放大作用的核心元件是半导体三极管。本章着重讨论半导体三极管的结构、特性以及放大电路的组成、工作原理与性能指标。

2.1　半导体三极管

2.1.1　三极管的结构与分类

1. 三极管的结构与电路符号

三极管的结构示意图如图2.2(a)所示，它是由三层不同性质的半导体组合而成的。按半导体的组合方式不同，可将其分为NPN型管和PNP型管。

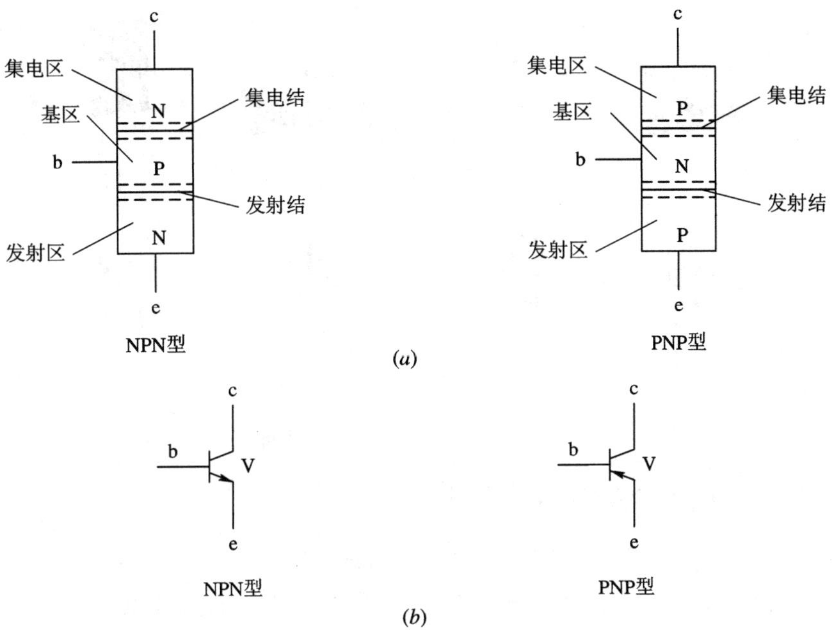

图 2.2　三极管的结构示意图与电路符号

(*a*) 结构示意图；(*b*) 电路符号

无论是 NPN 型管还是 PNP 型管，它们内部均含有三个区：发射区、基区、集电区。这三个区的作用分别是：发射区是用来发射载流子的，基区是用来控制载流子的传输的，集电区是用来收集载流子的。从三个区各引出一个金属电极，分别称为发射极(e)、基极(b)和集电极(c)；同时在三个区的两个交界处分别形成两个 PN 结，发射区与基区之间形成的 PN 结称为发射结，集电区与基区之间形成的 PN 结称为集电结。三极管的电路符号如图 2.2(*b*)所示，符号中的箭头方向表示发射结正向偏置时的电流方向。

由于三极管三个区的作用不同，在制作三极管时，每个区的掺杂及面积均不同。其内部结构特点是：

(1) 发射区的掺杂浓度高；

(2) 基区做得很薄，且掺杂浓度低；

(3) 集电结面积大于发射结面积。

以上特点是三极管实现放大作用的内部条件。

2. 三极管的分类

三极管的种类很多，常见的有下列 5 种分类形式：

(1) 按其结构类型分为 NPN 管和 PNP 管；

(2) 按其制作材料分为硅管和锗管；

(3) 按其工作频率分为高频管和低频管；

(4) 按其功率大小分为大功率管、中功率管和小功率管；

(5) 按其工作状态分为放大管和开关管。

3. 三极管的外形结构

常见三极管的外形结构如图 2.3 所示。

图 2.3　常见三极管的外形结构

2.1.2　三极管的电流分配与放大作用

三极管实现放大作用的外部条件是发射结正向偏置，集电结反向偏置。图 2.4(*a*)是为NPN管提供偏置的电路。其中，U_{BB}通过R_b给发射结提供正向偏置电压($U_B>U_E$)，使之形成发射极电流I_E和基极电流I_B；U_{CC}通过R_c给集电结提供反向偏置电压($U_C>U_B$)，使之形成集电极电流I_C。这样，三个电极之间的电压关系为：$U_C>U_B>U_E$，实现了发射结的正向偏置，集电结的反向偏置。图 2.4(*b*)为PNP管的偏置电路，和NPN管的偏置电路相比，电源极性正好相反。同理，为保证三极管实现放大作用，必须满足$U_C<U_B<U_E$。

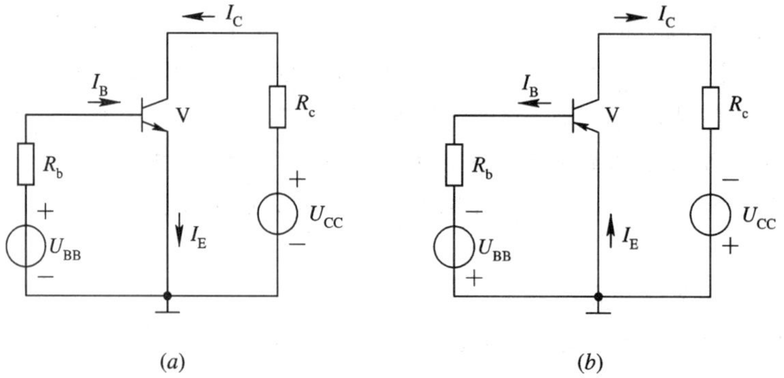

图 2.4　三极管具有放大作用的外部条件

(*a*) NPN型三极管的偏置电路($U_C>U_B>U_E$)；(*b*) PNP型三极管的偏置电路($U_C<U_B<U_E$)

三极管各电极电流分配关系可用图 2.5 所示的电路进行测试。

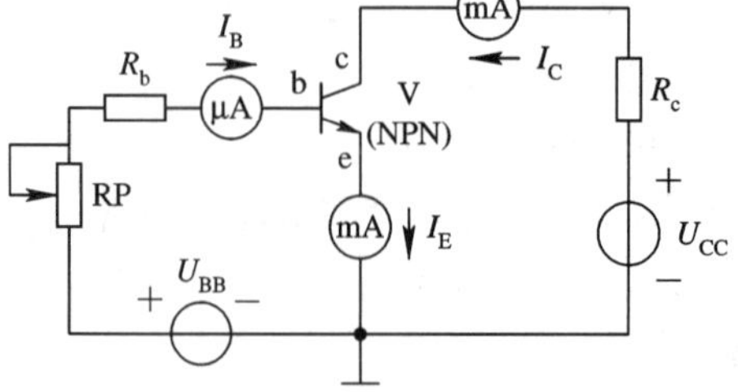

图 2.5　电流分配关系测试电路

1. 测试数据

调节图中的电位器 RP，由电流表可测得相应的 I_B、I_C、I_E 的数据如表 2.1 所示。

表 2.1　I_B、I_C、I_E 的测试数据

I_B/mA	−0.001	0	0.01	0.02	0.03	0.04	0.05
I_C/mA	0.001	0.10	1.01	2.02	3.04	4.06	5.06
I_E/mA	0	0.10	1.02	2.04	3.07	4.10	5.11

2. 数据分析

(1) I_E、I_C、I_B 间的关系。由表 2.1 中每一列都可得到：

$$I_E = I_B + I_C \tag{2.1}$$

此结果满足基尔霍夫电流定律，即流进管子的电流等于流出管子的电流。

(2) I_C、I_B 间的关系。从表中第三列、第四列数据可知：

$$\frac{I_C}{I_B} = \frac{1.01}{0.01} = \frac{2.02}{0.02} = 101$$

这就是三极管的电流放大作用。上式中的 I_C 与 I_B 的比值表示其直流放大性能，用 $\bar{\beta}$ 表示，即

$$\bar{\beta} = \frac{I_C}{I_B} \tag{2.2}$$

我们通常将 $\bar{\beta}$ 称作共射极直流电流放大系数。由式(2.2)可得

$$I_C = \bar{\beta} I_B \tag{2.3}$$

将式(2.3)代入式(2.1)，可得

$$I_E = (1+\bar{\beta}) I_B \tag{2.4}$$

下面再来看看 I_C、I_B 间的电流变化关系。用第四列的电流减去第三列对应的电流，即

$$\Delta I_B = 0.02 - 0.01 = 0.01 \text{ mA}$$

$$\Delta I_C = 2.02 - 1.01 = 1.01 \text{ mA}$$

$$\frac{\Delta I_C}{\Delta I_B} = \frac{1.01}{0.01} = 101$$

可以看出集电极电流的变化要比基极电流的变化大很多，这表示三极管具有交流放大性能，用 β 表示，即

$$\beta = \frac{\Delta I_C}{\Delta I_B} \tag{2.5}$$

我们通常将 β 称作共射极交流电流放大系数。由上述数据分析可知：$\beta \approx \bar{\beta}$，为了表示方便，以后不加区分，统一用 β 表示。

由表 2.1 可见，当 I_B 有一微小变化时，就能引起 I_C 较大的变化，这就是三极管实现放大作用的实质——通过改变基极电流 I_B 的大小，达到控制 I_C 的目的。因此晶体三极管是一种电流控制型器件。

(3) 从表 2.1 可知，当 $I_E=0$，即发射极开路时，$I_C=-I_B$。这是因为集电结加反偏电压，引起少子的定向运动，形成一个由集电区流向基区的电流，称之为反向饱和电流，用 I_{CBO} 表示。(注意，表 2.1 中 I_B 的第一个数据为负值是因为规定 I_B 的正方向是流进基极的。)

(4) 从表 2.1 可知，当 $I_B=0$，即基极开路时，$I_C=I_E\neq0$，此电流称为集电极－发射极的穿透电流，用 I_{CEO} 表示。

三极管三电极电流分配关系可用图 2.6 表示。

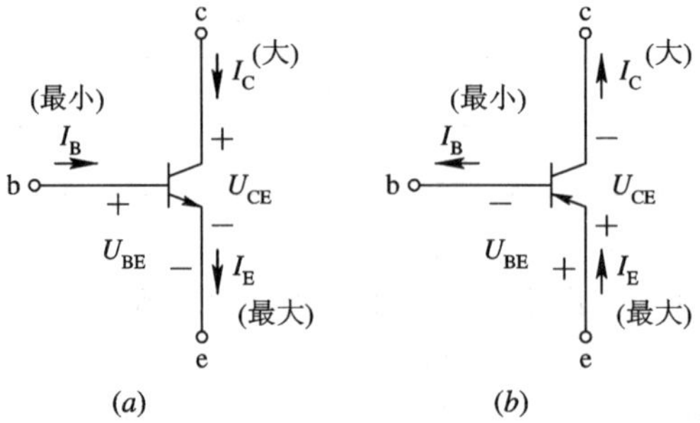

图 2.6　三极管的电流分配关系
(*a*) NPN 型三极管；(*b*) PNP 型三极管

2.1.3　三极管的特性曲线

三极管的特性曲线是指各电极间电压和电流之间的关系曲线。它能直观、全面地反映三极管各极电流与电压之间的关系。三极管的特性曲线可以用特性图示仪直观地显示出来，也可用测试电路逐点描绘。其测试电路如图 2.7 所示。

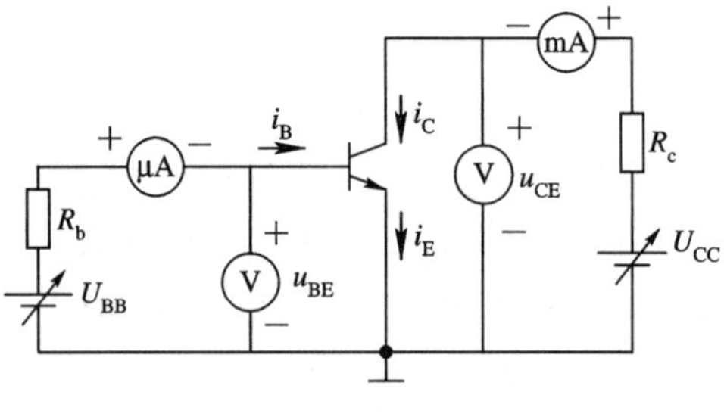

图 2.7　三极管特性曲线的测试电路

通过调节电路中的 U_{BB} 和 U_{CC}，便可测得其特性曲线。

1. 输入特性曲线

三极管的输入特性曲线如图 2.8(*a*)所示(图中以硅管为例)，该曲线是当集电极与发射极之间电压 u_{CE} 一定时，输入回路中的基极电流 i_B 与基－射电压 u_{BE} 之间的关系曲线，用函数式可表示为

$$i_B = f(u_{BE})\big|_{u_{CE}=\text{常数}}$$

由图 2.8(*a*)可见，输入特性曲线与二极管正向特性曲线形状一样，也有一段死区，只有当 u_{BE} 大于死区电压时，输入回路才有 i_B 电流产生。常温下硅管的死区电压约为 0.5 V，锗管约为 0.1 V。另外，当发射结完全导通时，三极管也具有恒压特性。常温下，硅管的导通电压为 0.6～0.7 V，锗管的导通电压为 0.2～0.3 V。

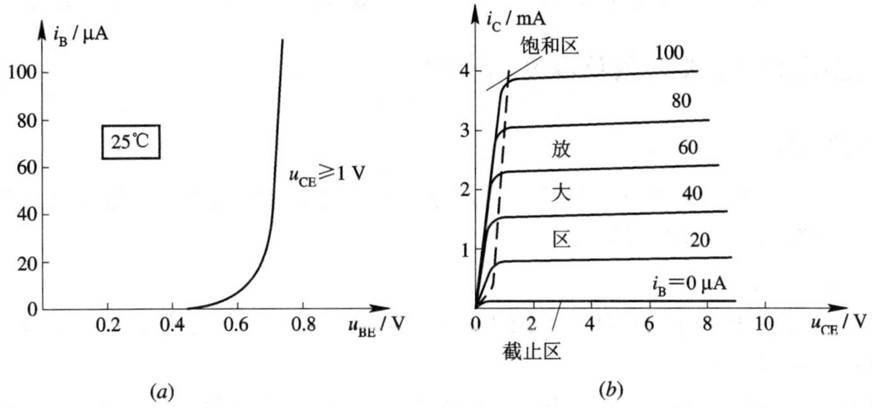

图 2.8　三极管的特性曲线

(a) 输入特性曲线；(b) 输出特性曲线

2. 输出特性曲线

输出特性曲线如图 2.8(b)所示，该曲线是指当 i_B 一定时，输出回路中的 i_C 与 u_{CE}之间的关系曲线，用函数式可表示为

$$i_C = f(u_{CE})\,|_{i_B=\text{常数}}$$

在图 2.7 所示电路中给定不同的 i_B 值，可对应地测得不同的曲线，这样不断地改变 i_B，便可得到一组输出特性曲线，即如图 2.8(b)中的一组曲线。根据输出特性曲线的形状，可将其划分成三个区域：放大区、饱和区、截止区。

1）放大区

将 $i_B>0$ 以上，$u_{CE}>1$ V 以右曲线比较平坦的区域称为放大区。此时，三极管的发射结正向偏置，集电结反向偏置。根据曲线特征，可总结放大区有如下重要特性：

(1) 受控特性：i_C 随着 i_B 的变化而变化，即 $i_C=\beta i_B$；

(2) 恒流特性：当输入回路中有一个恒定的 i_B时，输出回路便对应一个不受 u_{CE}影响的恒定的 i_C；

(3) 各曲线间的间隔大小可体现 β 值的大小。

2）饱和区

将 $u_{CE}\leqslant u_{BE}$时的区域称为饱和区。此区域内，发射结和集电结均处于正向偏置，三极管失去了基极电流对集电极电流的控制作用，i_C 由外电路决定，而与 i_B 无关。将此时所对应的 u_{CE}值称为饱和压降，用 U_{CES}表示。一般情况下，小功率管的 U_{CES}小于 0.4 V(硅管约为 0.3 V，锗管约为 0.1 V)，大功率管的 U_{CES}约为 1～3 V。在理想条件下，$U_{CES}\approx 0$，三极管 c－e 之间相当于短路状态，类似于开关闭合。

3）截止区

一般将 $i_B=0$ 以下的区域称为截止区。此时，$i_B=0$，$i_C=I_{CEO}$，发射结零偏或反偏，集电结反偏，即 $u_{BE}\leqslant 0$，$u_{CB}>0$，$u_{CE}\approx U_{CC}$，三极管的 c－e 之间相当于开路状态，类似于开关断开。

在实际分析中，常把以上三种不同的工作区域又称为三种工作状态，即放大状态、饱和状态及截止状态。

由以上分析可知，三极管在电路中既可以作为放大元件，又可以作为开关元件使用。

2.1.4 三极管的主要参数及温度的影响

1. 主要参数

三极管的参数是用来表征其性能和适用范围的，也是评价三极管质量以及选择三极管的依据。三极管的主要参数说明如下。

1) 电流放大系数

三极管接成共射电路时，其电流放大系数用 β 表示。β 的表达式在 2.1.2 节中已介绍过，这里不再重复。

在选择三极管时，如果 β 值太小，则电流放大能力差；若 β 值太大，则会使工作稳定性差。低频管的 β 值一般选 20～100，而高频管的 β 值只要大于 10 即可。

β 的数值可以直接从曲线上求取，也可以用图示仪测试。

实际上，由于管子特性的离散性，同型号、同一批管子的 β 值也有所差异。

三极管连接成共基极放大电路时，其电流放大系数用 α 表示，其表达式为

$$\alpha = \frac{i_C}{i_E} \tag{2.6}$$

可以看出，由于在三极管中 $i_C < i_E$，因此 α 是小于 1 而近似于 1 的数。

2) 反向饱和电流 I_{CBO}

I_{CBO} 是指发射极开路，集电结在反向电压的作用下，形成的反向饱和电流。因为该电流是由少子定向运动形成的，所以它受温度变化的影响很大。常温下，小功率硅管的 $I_{CBO} < 1\ \mu A$，锗管的 I_{CBO} 在 10 μA 左右。I_{CBO} 的大小反映了三极管的热稳定性，I_{CBO} 越小，说明其稳定性越好。因此，在温度变化范围大的工作环境中，应尽可能地选择硅管。

3) 穿透电流 I_{CEO}

I_{CEO} 是指基极开路，集电极—发射极间加上一定数值的反偏电压时，流过集电极和发射极之间的电流。它与 I_{CBO} 的关系为

$$I_{CEO} = (1+\beta) I_{CBO}$$

I_{CEO} 也受温度影响很大，温度升高，I_{CBO} 增大，I_{CEO} 增大。穿透电流 I_{CEO} 的大小是衡量三极管质量的重要参数，硅管的 I_{CEO} 比锗管的小。

4) 集电极最大允许电流 I_{CM}

当集电极电流太大时，三极管的电流放大系数 β 值下降。我们把 i_C 增大到使 β 值下降到正常值的 2/3 时所对应的集电极电流称为集电极最大允许电流 I_{CM}。为了保证三极管的正常工作，在实际使用中，流过集电极的电流 i_C 必须满足 $i_C < I_{CM}$。

5) 集电极—发射极间的击穿电压 $U_{(BR)CEO}$

$U_{(BR)CEO}$ 是指当基极开路时，集电极与发射极之间的反向击穿电压。当温度上升时，击穿电压 $U_{(BR)CEO}$ 要下降，故在实际使用中，必须满足 $u_{CE} < U_{(BR)CEO}$。

6) 集电极最大耗散功率 P_{CM}

集电极最大耗散功率是指三极管正常工作时最大允许消耗的功率。三极管消耗的功率 $P_C = U_{CE} I_C$ 转化为热能损耗于管内，并主要表现为温度升高。所以，当三极管消耗的功率

超过 P_{CM}值时，其发热量将使管子性能变差，甚至烧坏管子。因此，在使用三极管时，P_C必须小于 P_{CM}才能保证管子正常工作。

2. 温度对三极管的特性与参数的影响

温度对三极管特性的影响，主要体现在以下三个参数的变化上。

1）温度对 u_{BE}的影响

三极管的输入特性曲线与二极管的正向特性曲线相似，温度升高，曲线左移，如图 2.9(*a*) 所示。在 i_B 相同的条件下，输入特性随温度升高而左移，使 u_{BE}减小。温度每升高 1 ℃，u_{BE}就减小 2～2.5 mV。

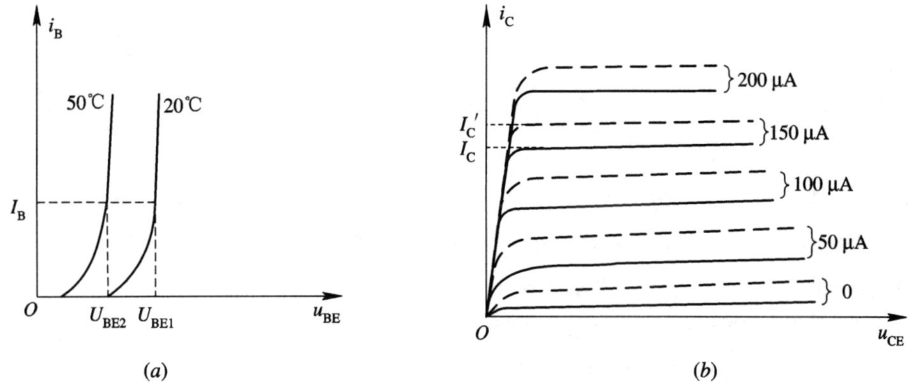

图 2.9　温度对三极管特性的影响

(*a*) 温度对输入特性的影响；(*b*) 温度对输出特性的影响

2）温度对 I_{CBO}的影响

三极管输出特性曲线随温度升高将向上移动，这是因为温度升高，本征激发产生的载流子浓度增大，少子增多，所以 I_{CBO}增加，导致 I_{CEO}增长，从而使输出特性曲线上移，如图 2.9(*b*)虚线所示。温度每升高 10℃，I_{CBO}、I_{CEO}就约增大 1 倍。

3）温度对 β 的影响

温度升高，输出特性各条曲线之间的间隔增大。这是因为温度升高，载流子运动加剧，载流子在基区渡越的时间缩短，从而在基区复合的数目减少，而被集电区收集的数目增多，使得 β 值增加。温度每升高 1℃，β 值就增加 0.5%～1%。

u_{BE}的减小，I_{CBO}和 β 的增加，集中体现为管子的集电极电流 i_C 增大，从而影响三极管的工作状态。所以，一般电路中应采取限制因温度变化而影响三极管性能变化的措施。

2.1.5　三极管的命名及判别方法

要准确地了解一只三极管的类型、性能与参数，可用专门的测量仪器进行测试，但如果只是一般粗略判别三极管的类型和管脚，可直接通过三极管的型号简单判断，也可利用万用表测量方法判断。下面具体介绍其型号的意义及利用万用表的简单测量方法。

1. 三极管型号的意义

国产三极管的型号一般由五大部分组成，如 3AX31A、3DG12B、3CG14G 等。下面以

3DG110B 为例说明各部分的命名含义。

3	D	G	110	B
(1)	(2)	(3)	(4)	(5)

(1) 第一部分由数字组成，表示电极数。“3”代表三极管。

(2) 第二部分由字母组成，表示三极管的材料与类型。如 A 表示 PNP 型锗管，B 表示 NPN 型锗管，C 表示 PNP 型硅管，D 表示 NPN 型硅管。为了便于记忆，其材料与类型的表示符号 A、B、C、D 可排列如下：

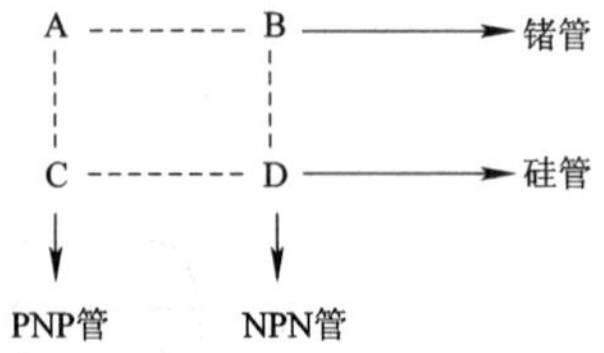

(3) 第三部分由字母组成，表示管子的类型，即表明管子的功能，如 G(高频小功率管)、X(低频小功率管)、A(高频大功率管)、D(低频大功率管)、K(开关管)等。

(4) 第四部分由数字组成，表示三极管的序号。

(5) 第五部分由字母组成，表示三极管的规格号。

国产晶体三极管具体的型号命名方法可参考附录一。

我国生产的三极管中，NPN 型多为硅管，PNP 型多为锗管。

目前国内市场上常用的进口晶体三极管有 2S 系列、2N 系列、90 系列等。

2S 系列、2N 系列晶体三极管的命名方法见附录六，90 系列晶体三极管的类型见附录七。

2. 三极管手册的查阅方法

三极管手册给出了三极管的技术参数和使用方法，是我们正确使用三极管的依据。

三极管的种类很多，其性能、用途和参数指标也各不相同。在使用时，若不了解它的特性、参数和用途，就无法准确地选择出电路中所需要的三极管，甚至会因三极管的某项参数不满足电路的要求，而损坏三极管或使电路的性能达不到实际要求。因此，要正确使用三极管，而正确使用三极管的前提就是必须了解并会准确查阅三极管手册。

1) 三极管手册的基本内容

(1) 三极管的型号；

(2) 电参数符号说明；

(3) 主要用途；

(4) 主要参数。

部分三极管的性能参数及用途见附录五、附录六及附录七。

2) 三极管手册的查阅方法

在实际工作中，可根据实际需要来查阅三极管手册，一般分以下两种情况：

(1) 已知三极管的型号查阅其性能参数和使用范围。若已知三极管的型号，则通过查阅三极管的手册可以了解其类型、用途和主要参数等技术指标。这种情况常出现于设计、制作电路过程中，对已知型号的三极管进行分析，看其是否满足电路要求之时。

(2) 根据使用要求选择三极管。根据手册选择满足电路要求的三极管，是三极管手册的另一重要用途。查阅手册时，首先要确定所选三极管的类型，在手册中查找对应三极管栏目。确定栏目以后，将栏目中各型号三极管参数逐一与要求参数比较，看是否满足电路要求，以便确定所用三极管的型号。

3. 判别三极管的管型和管脚

1) 由管子型号初判管子类型

根据三极管外壳上的型号，初判其类型。

2) 由管子外形初判管脚

根据三极管的外形特点，初判其管脚。常见典型三极管的管脚排列如图 2.10 所示。

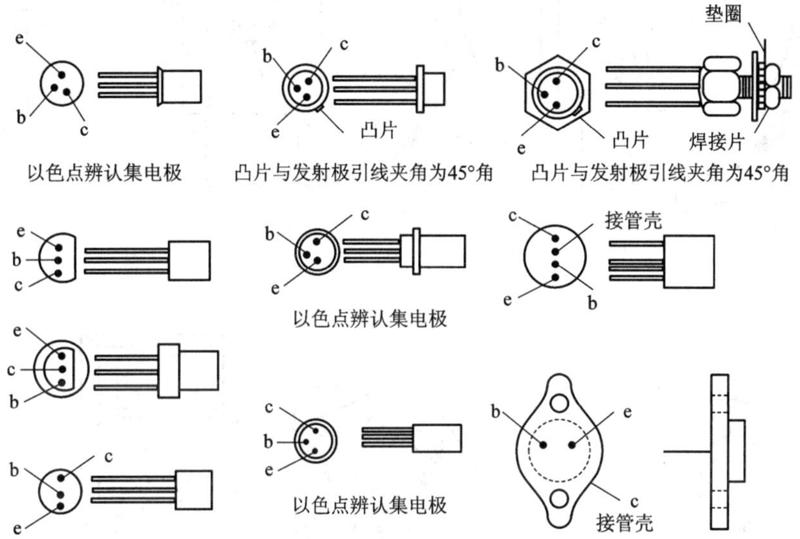

图 2.10　典型三极管的管脚排列图

3) 用万用表检测三极管的管脚和管型

(1) 判断基极和管型。根据三极管 3 区 2 结的特点，可以利用 PN 结的单向导电性，首先确定出三极管的基极和管型。测试方法如图 2.11(*a*)、(*b*) 所示。

测试步骤如下：

将万用表的“功能开关”拨至“$R\times1$ k”挡；假设三极管中的任一电极为基极，并将黑(红)表笔始终接在假设的基极上；再用红(黑)表笔分别接触另外两个电极；轮流测试，直到测出的两个电阻值都很小时为止，则假设的基极是正确的。这时，若黑表笔接基极，则该管为 NPN 型；若红表笔接基极，则该管为 PNP 型。图 2.11(*a*)、(*b*)两次测试中的阻值都很小，且黑表笔接在中间引脚不动，所以中间引脚为基极，且为 NPN 型，如图 2.11(*c*)所示。

(2) 判断集电极和发射极。其测试步骤如下：

① 假定基极之外的两个管脚中的其中一个为集电极，在假定的集电极与基极之间接一电阻。图 2.11(*d*)中是用左手的大拇指做电阻，此时，集电极与基极不能碰在一起。

② 对于 NPN 型管，用黑表笔接假定的集电极，红表笔接发射极，红、黑表笔均不要碰基极，读出电阻值并记录，如图 2.11(e)所示。

③ 将另外一只管脚假定为集电极，将假定的集电极与基极顶在大拇指上，如图 2.11(f)所示。

④ 用黑表笔接假定的集电极，红表笔接发射极，红、黑表笔均不要碰基极，读出电阻值并记录；比较两次测试的电阻值，阻值较小的那次假定是正确的，如图 2.11(g)所示。

比较图(e)与图(g)，图(g)中的万用表指针偏转较小，阻值较小，此图的黑表笔接的是集电极。测试得出的各电极名称如图(h)所示。

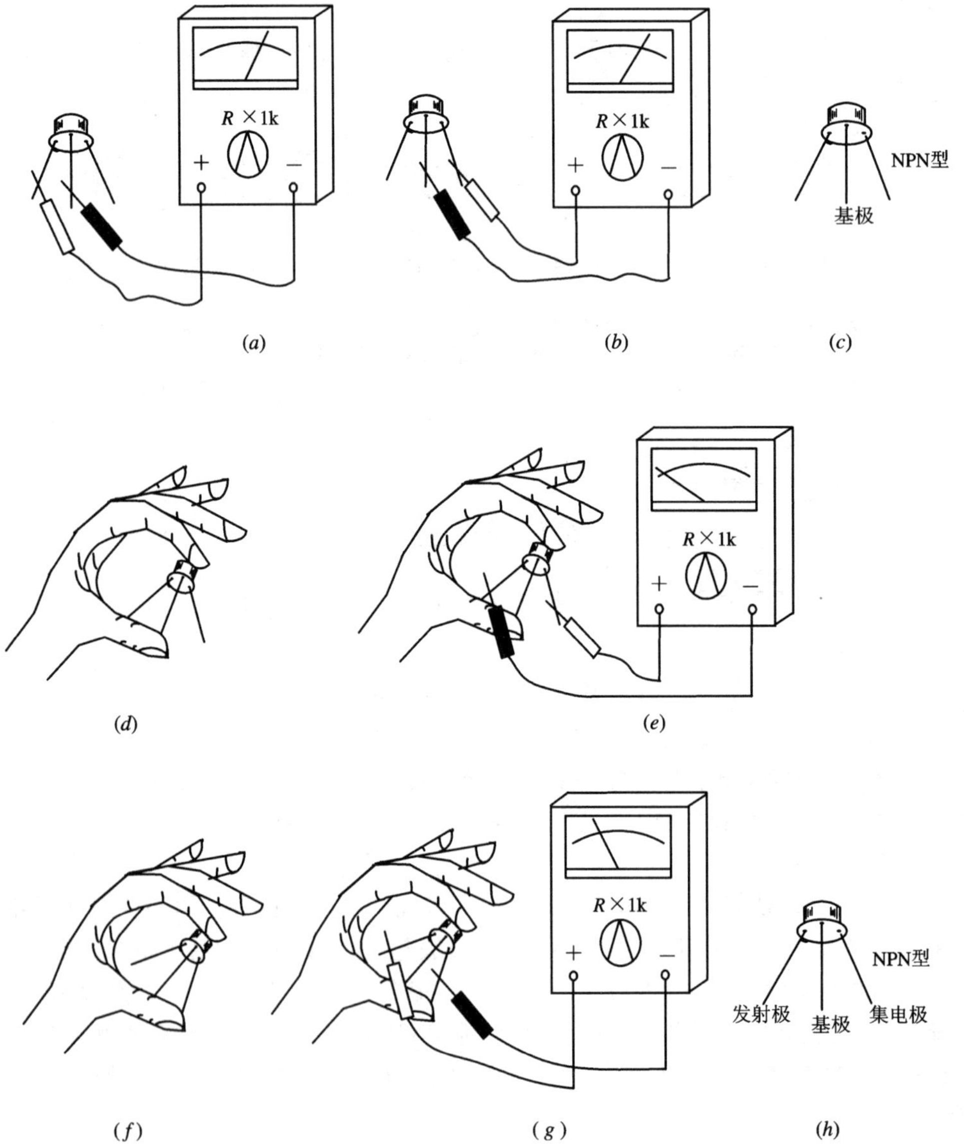

图 2.11 三极管的管脚及管型的测试

需要说明的是，对于 PNP 管，对调红、黑表笔进行测试即可。

4）由管子发射结压降的区别判断管子材料

根据硅管的发射结正向压降大于锗管的正向压降的特点，来判断其材料。一般常温下，锗管的正向压降为 0.2～0.3 V，硅管的正向压降为 0.6～0.7 V。根据图 2.12 电路进行测量，由电压表的读数大小确定是硅管还是锗管。

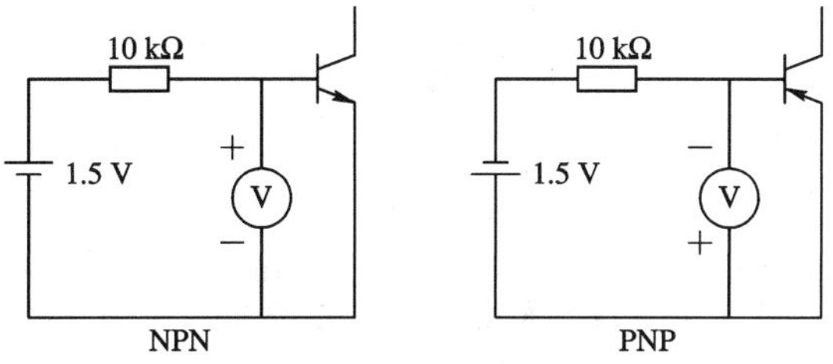

图 2.12　判断硅管和锗管的电路

4. 三极管的质量粗判及代换方法

1）判别三极管的质量好坏

根据三极管的基极与集电极、基极与发射极之间的内部结构为两个同向 PN 结的特点，用万用表分别测量其两个 PN 结(发射结、集电结)的正向、反向电阻。若测得两 PN 结的正向电阻均很小，反向电阻均很大，则三极管一般为正常，否则已损坏。

2）三极管的代换方法

通过上述方法的判断，如果发现电路中的三极管已损坏，更换时一般应遵循下列原则：

(1) 尽量更换相同型号的三极管。

(2) 无相同型号更换时，新换三极管的极限参数如 I_{CM}、P_{CM}、$U_{(BR)CEO}$等，应等于或大于原三极管的极限参数。

(3) 性能好的三极管可代替性能差的三极管。如穿透电流 I_{CEO}小的三极管可代换 I_{CEO}大的，电流放大系数 β 高的可代替 β 低的。

(4) 在集电极耗散功率允许的情况下，可用高频管代替低频管，如 3DG 型可代替 3DX 型。

(5) 开关三极管可代替普通三极管，如 3DK 型代替 3DG 型，3AK 型代替 3AG 型。

2.1.6　特殊三极管简介

1. 光电三极管

光电三极管也称光敏三极管，它是在光电二极管的基础上发展起来的光电器件。光电三极管和光电二极管一样，能把输入的光信号变成电信号输出，但与光电二极管不同的是，它能将光信号产生的电信号进行放大，因而其灵敏度比光电二极管高得多。为了对光有良好的响应，要求光电三极管的基区面积做得比发射区面积大得多，以扩大光照面积，提高光敏感性。其原理电路相当于是在基极和集电极间接入光电二极管的三极管，一般只引出集电极和发射极两个电极，光窗口即为基极。其等效电路和电路符号如图 2.13 所示。

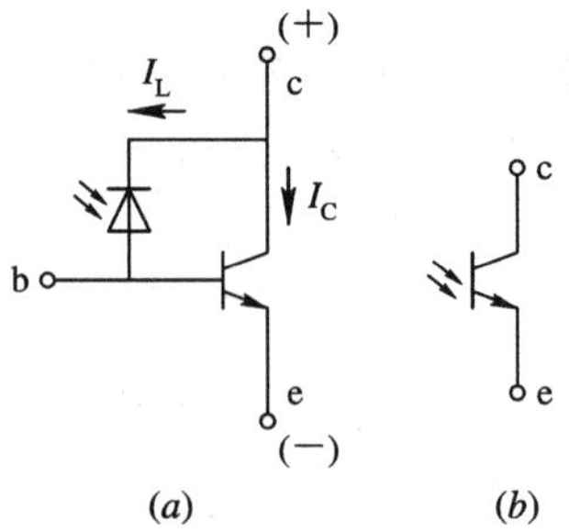

图 2.13　光电三极管的等效电路与电路符号

(a) 等效电路；(b) 电路符号

2. 光电耦合器

光电耦合器是将发光二极管(LED)和光敏元件(光敏电阻、光电二极管、光电三极管、光电池等)组装在一起而形成的二端口器件，其电路符号如图 2.14 所示。它的工作原理是以光信号作为媒体，将输入的电信号传送给外加负载，以实现电—光—电的传递与转换。光电耦合器主要用在高压开关、信号隔离器、电平匹配等电路中，起信号的传输和隔离作用。

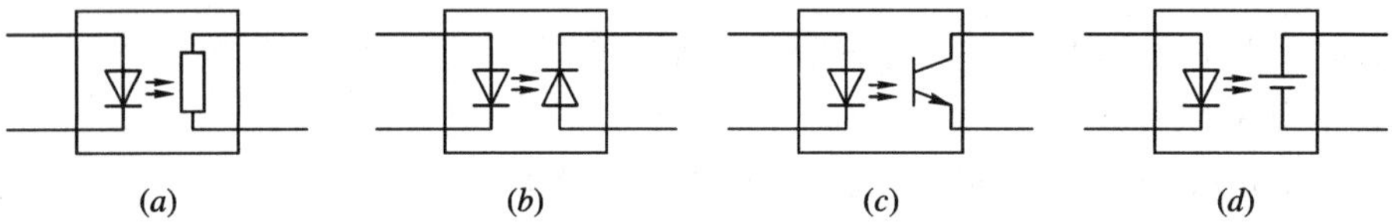

图 2.14　光电耦合器电路符号

(a) LED+光敏电阻；(b) LED+光电二极管；(c) LED+光电三极管；(d) LED+光电池

知识点

1. 三极管的内部结构特点
2. 三极管三个工作区的偏置条件
3. 三极管的电流分配关系
4. 三极管型号命名的含义

技能点

1. 三极管电路符号的识记
2. 常见三极管外形及管脚的辨认
3. 用万用表检测三极管的管脚、管型和好坏
4. 三极管手册的查阅方法

思考题

1. 三极管具有两个 PN 结，能否把两个二极管反向串联起来作为一个三极管用？为什么？

2. 发射区和集电区都是同类型的半导体材料，发射极和集电极可以互换吗？为什么？

3. 怎样用万用表判断三极管的管脚？

4. 三极管有哪三个工作区域，这三个工作区域各自有什么特点？

2.2　放大电路的基本知识

2.2.1　放大电路的基本概念

1. 放大的概念

所谓放大，从表面上看是将信号不失真地由小变大，实质上，放大的过程是实现能量转换的过程。由于在电子线路中输入信号往往很小，它所提供的能量不能直接推动负载工作，因此需要另外提供一个能源，由能量较小的输入信号控制这个能源，经三极管使之放大去推动负载工作。我们把这种小能量对大能量的控制作用称为放大作用。三极管只是一种能量控制元件，而不是能源。三极管有三个电极，三极管对小信号实现放大作用时在电路中可有三种不同的连接方式(或称三种组态)，即共(发)射极接法、共集电极接法和共基极接法。这三种接法分别以发射极、集电极、基极作为输入回路和输出回路的公共端，而构成不同的放大电路，如图 2.15 (以 NPN 管为例)所示。

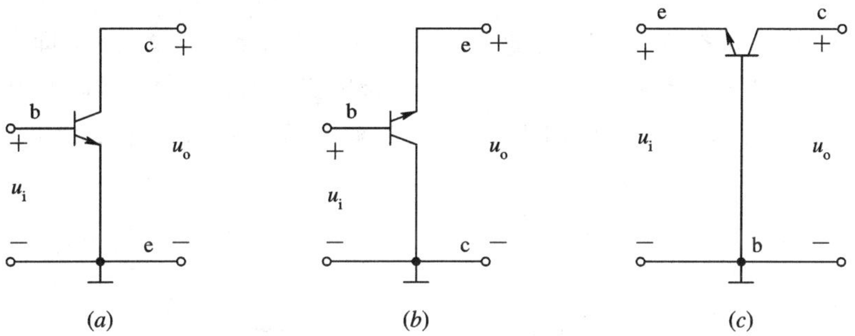

图 2.15　放大电路中三极管的三种连接方法

(a) 共(发)射极电路；(b) 共集电极电路；(c) 共基极电路

注意：构成放大电路时，集电极不能作为输入端，基极不能作为输出端。

本节我们以共(发)射(极)接法的放大电路为例，讨论基本放大电路的组成、工作原理及分析方法。

2. 放大电路的组成及各元件的作用

电路的组成如图 2.16 所示。其中，符号“⊥”为接地符号，是电路中的零参考电位。

3. 放大电路中电压、电流的方向及符号规定

1) 电压、电流正方向的规定

为了便于分析，我们规定：电压的正方向都以输入、输出回路的公共端为负，其他各点均为正；电流方向以三极管各电极电流的实际方向为正方向(如图 2.16 标注)。

2) 电压、电流符号的规定

为了便于对概念及公式进行讨论，对于图 2.16 的放大电路，在交流信号 u_i 的作用下，可以得到图 2.17 所示的三极管基极电流波形，其表示的符号做如下规定：

(1) 直流分量。如图 2.17(a)所示波形，用大写字母和大写下标表示。如 I_B 表示基极的直流电流。

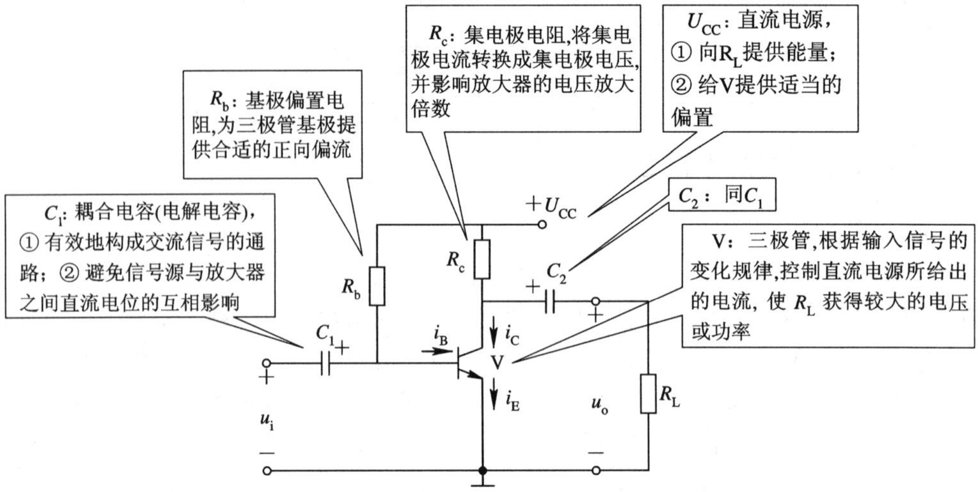

图 2.16　基本共(发)射(极)放大电路

(2) 交流分量。如图 2.17(*b*)所示波形，用小写字母和小写下标表示。如 i_b 表示基极的交流电流。

(3) 总变化量。如图 2.17(*c*)所示波形，是直流分量和交流分量之和，即交流叠加在直流上，用小写字母和大写下标表示。如 i_B 表示基极电流总的瞬时值，其数值为 $i_B=I_B+i_b$。

(4) 交流有效值。用大写字母和小写下标表示。如 I_b 表示基极的正弦交流电流的有效值。

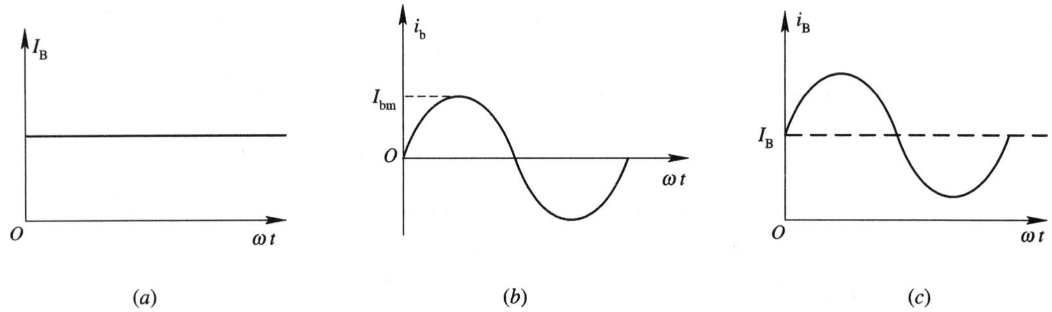

图 2.17　三极管基极的电流波形

(*a*) 直流分量；(*b*) 交流分量；(*c*) 总变化量

将电路中各电量的符号归纳为表 2.2。

表 2.2　电压、电流符号的规定

电压或电流的基本符号	电压或电流的下标符号	
	大写字母	小写字母
大写字母 I(电流) U(电压)	直流分量(恒定直流) I_B、I_C、U_{BE}、U_{CE}	交流有效值(或振幅值) $I_c(I_{cm})$、$I_b(I_{bm})$、 $U_{be}(U_{bem})$、$U_{ce}(U_{cem})$
小写字母 i(电流) u(电压)	瞬时值(交直流叠加) i_B、i_C、u_{BE}、u_{CE}	交流分量 i_b、i_c、u_{be}、u_{ce}

4. 直流通路和交流通路

由图 2.16 可清楚地看到，在放大电路中，既有直流电源，又有交流信号源，因此电路中交、直流并存。具体对一个放大电路进行定性、定量分析时，首先要求出电路各处的直流电压和电流的数值，以便判断放大电路是否工作于放大区，这也是放大电路放大交流信号的前提和基础。其次分析放大电路对交流信号的放大性能，如放大电路的放大倍数、输入电阻、输出电阻及电路的失真问题。前者讨论的对象是直流成分，而后者讨论的对象则是交流成分。因此，在对放大电路进行具体分析时，必须正确地分清直流通路和交流通路。

1) 直流通路

所谓直流通路，是指当输入信号 $u_i=0$ 时，在直流电源 U_{CC} 的作用下，直流电流所流过的路径。在画直流通路时，电路中的电容开路，电感短路。图 2.16 所对应的直流通路如图 2.18(*a*)所示。

2) 交流通路

所谓交流通路，是指在信号源 u_i 的作用下，只有交流电流所流过的路径。画交流通路时，放大电路中的耦合电容短路；由于直流电源 U_{CC} 的内阻很小，对交流变化量几乎不起作用，故可看作短路。图 2.16 所对应的交流通路如图 2.18(*b*)所示。

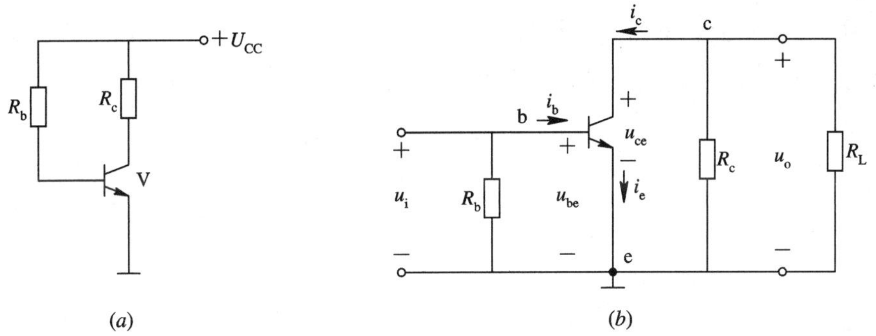

图 2.18　基本共射放大电路的交、直流通路

(*a*) 直流通路；(*b*) 交流通路

通过上述分析，可以归纳出组成基本放大电路时必须遵循以下三条原则：

(1) 必须保证电路具有合适的直流工作状态；

(2) 必须保证输入交流信号能顺利加在发射结上；

(3) 必须保证交流信号经放大后能顺利传输给负载。

2.2.2 放大电路的工作状态分析

1. 静态($u_i=0$)工作情况

所谓静态，是指输入信号为零时放大电路中只有直流电量的工作状态。

静态分析的目的是通过直流通路分析放大电路中三极管的工作状态。为了使放大电路能够正常工作，三极管必须处于放大状态。因此，要求三极管各极的直流电压、直流电流必须具有合适的静态工作参数 I_B、I_C、U_{BE}、U_{CE}。电路如图 2.19(*a*)所示，当电路中的 U_{CC}、R_c、R_b 确定以后，U_{BE}、I_B、U_{CE}、I_C 也就随之确定了。对应于这四个数值，可在三极管的输入特性曲线和输出特性曲线上各确定一个固定不动的点"Q"，如图 2.19(b)所示，我们把这个"Q"点就称为放大电路的静态工作点，简称工作点。为了便于说明此时的电压、电流值是对应于工作点"Q"的静态参数，以后把它们分别记作 U_{BEQ}、I_{BQ}、U_{CEQ}和 I_{CQ}。具体定量计算将于下节介绍。

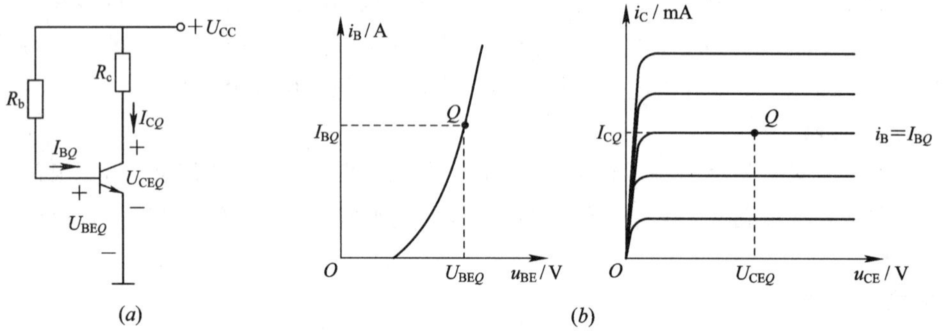

图 2.19　基本放大电路的静态情况

(a) 电路；(b) 静态工作点 Q

2. 动态工作情况

所谓动态，是指放大电路输入信号不为零时的工作状态。当放大电路加入交流信号 u_i 时，电路中各电极的电压、电流都是由直流量和交流量叠加而成的。其波形如图 2.20 所示。

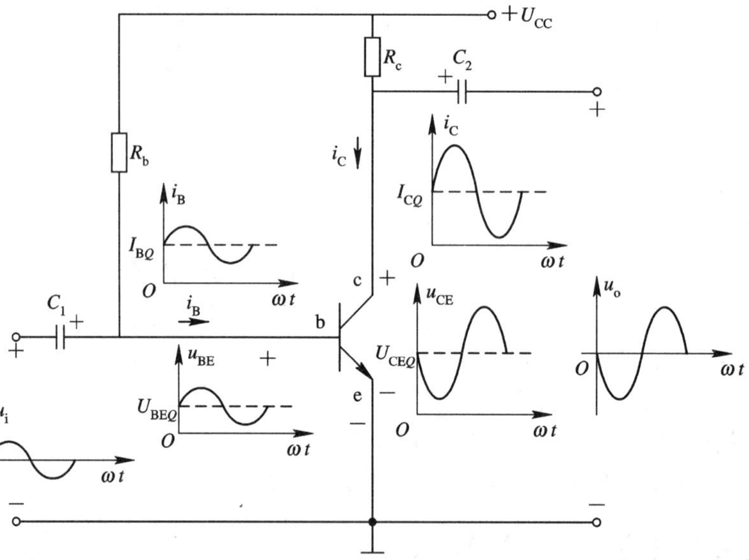

图 2.20　放大电路的动态工作情况

在图 2.20 中，输入信号 u_i 通过耦合电容传送到三极管的基极与发射极之间，使得发射结的电压为

$$u_{BE} = U_{BEQ} + u_i \tag{2.7}$$

当 u_i 变化时，便引起 u_{BE}随之变化，相应的基极电流也在原来 I_{BQ}的基础上叠加了因 u_i

变化产生的变化量 i_b，这时，基极的总电流则为直流和交流的叠加，即

$$i_B = I_{BQ} + i_b \tag{2.8}$$

经三极管放大后，可得

$$i_C = \beta i_B = I_{CQ} + i_c \tag{2.9}$$

$$u_{CE} = U_{CC} - i_C R_c = U_{CEQ} - i_c R_c = U_{CEQ} + u_{ce} \tag{2.10}$$

由式(2.10)可以看出，电压 u_{CE} 由两部分组成，一部分为静态电压 U_{CEQ}，另一部分为交流动态电压 $u_{ce} = -i_c R_c$，经耦合电容 C_2 输出，得

$$u_o = u_{ce} = -i_c R_c \tag{2.11}$$

“—”表示 u_o 与 u_i 反相，即共射放大电路的 u_o 与 u_i 的相位相反，如图2.20所示。

通过上述放大过程的分析和波形的观察，可以得到如下几个重要结论：

(1) 在没有信号输入时，放大电路工作于静态情况，三极管各电极有着恒定的静态电流值 I_{BQ}、I_{CQ}和静态电压值 U_{BEQ}、U_{CEQ}(如图2.20中的虚线所示)。

(2) 当加入变化的输入信号后，放大电路工作于动态情况，三极管各电极的电流、电压瞬时值是在静态电流、电压的基础上，叠加了随输入信号 u_i 变化的交流分量 i_b、i_c、i_e。其值的方向(或极性)在小信号情况下是不变的(即保持原来直流量的方向)，大小随着 u_i 的变化而变化。

(3) 输出电压 u_o 和输出电流 $i_c(i_o)$的变化规律与输入电压 u_i 和输入电流 i_b 一致，且 u_o 比 u_i 幅度大得多，这就完成了对交流信号的不失真放大。

(4) 从图2.20中的信号波形可以看到：u_o 和 u_i 是同频率的正弦量，且相位差180°，即共射极放大电路对于输入信号具有“反相”作用。

知识点

1. 放大电路的三种连接方法
2. 基本放大电路的组成及各元件的作用
3. 直流通路
4. 交流通路
5. 放大电路的静态及静态工作点
6. 放大电路的动态

技能点

1. 基本放大电路图的识记
2. 放大电路静态工作状态分析
3. 放大电路动态工作状态分析

思考题

1. 放大电路放大的是交流信号，电路中为什么还要加直流电源？
2. 分析放大电路时，如何画交、直流通路？
3. 三极管组成放大电路时，能否将基极作为放大电路的输出端，集电极作为输入端？
4. 在共射放大电路中，为什么输出电压与输入电压反相？

2.3 放大电路的失真现象分析

1. 演示电路

演示电路如图 2.21 所示。

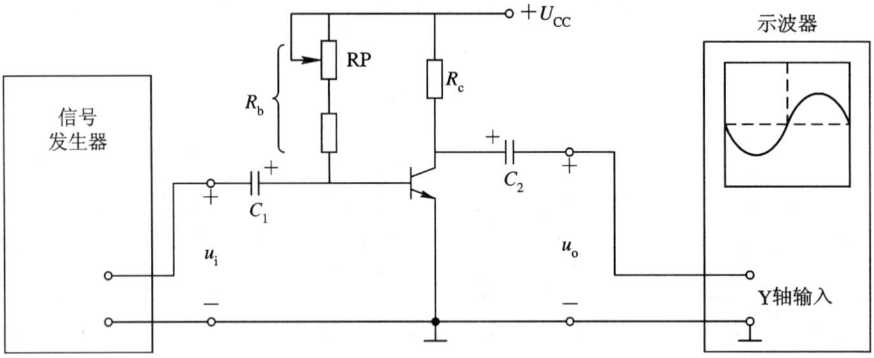

图 2.21　演示电路

2. 演示过程

(1) 通过信号发生器产生一频率为 1000 Hz 的正弦波信号 u_i，输入放大电路，调整 u_i 的幅值和电位器 RP，通过示波器在输出端可观察到最大不失真输出信号的波形，如图 2.22(a)所示。

(2) 调节 RP，使 R_b 减小，通过示波器在输出端可观察到图 2.22(b)所示的底部失真信号。

(3) 调节 RP，使 R_b 增大，通过示波器在输出端可观察到图 2.22(c)所示的顶部失真信号。

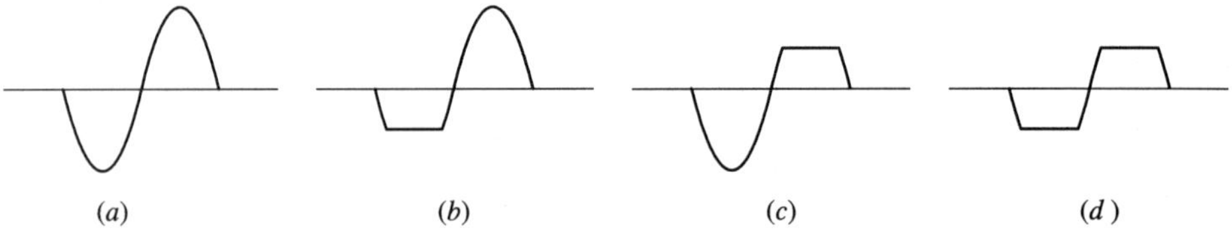

图 2.22　通过示波器所观察到的输出波形

3. 现象分析

1) 底部失真

产生底部失真的原因是：

$$R_b \downarrow \longrightarrow I_{BQ} \uparrow \longrightarrow I_{CQ} \uparrow \longrightarrow U_{CEQ} \downarrow$$

当电路输入交流信号时，很容易使 $U_{CE}<0.4$ V 而进入饱和区，使输出不能如实地反映输入信号的形状，则出现了图 2.22(b)所示的底部失真现象。该现象是因为三极管进入饱和区所引起的，故称为饱和失真。

由上述分析可知，饱和失真是因为静态工作点偏高，即 I_{BQ}太大，引起 I_{CQ}太大造成的。只要将输入回路中的基极偏置电阻 R_b 增大，以降低 I_{BQ}、I_{CQ}，从而使静态工作点 Q 下降，进入三极管放大区的中间位置，便可解决饱和失真的问题。此过程也可通过演示电路验证。另外，还可以通过调节 R_c 的大小来改善饱和失真，读者可自行分析。

2）顶部失真

产生顶部失真的原因是：

$$R_b \uparrow \longrightarrow I_{BQ} \downarrow \longrightarrow I_{CQ} \downarrow \longrightarrow U_{CEQ} \uparrow$$

当电路输入的交流信号变化到负半周时，$u_{BEQ}+u_i$ 随着 $|u_i|$ 的增大而减小，很容易使三极管进入截止区，而导致输入回路中的 i_B 不能随着 u_i 作线性变化，则出现了图 2.22(*c*)所示的顶部失真现象。该现象是因为三极管进入截止区所引起的，故称为截止失真。

由上述分析可知，截止失真是因静态工作点太低，即 I_{BQ} 太小造成的。因而防止截止失真的办法是将输入回路中的基极偏置电阻 R_b 减小，即增大 I_{BQ}，使静态工作点 Q 上移，以保证在输入信号的整个周期内，三极管工作在输入特性的线性部分。

放大电路正常工作时，要求尽可能有最大的不失真信号输出，如图 2.22(*a*)所示。电路只有设置了合适的静态工作点，才可实现此要求。通过上述分析知，可以通过调整电路中的 R_b 使 Q 点设置在合适的位置。但要注意，有了合适的静态工作点，当 u_i 的幅值太大时，也容易出现如图 2.22(*d*)所示的双向失真。

知识点

1. 饱和失真
2. 截止失真

技能点

1. 产生饱和失真和截止失真的原因分析
2. 消除饱和失真和截止失真的方法探索

思考题

在放大电路中，输出波形产生失真的原因是什么？如何克服？

2.4　放大电路的偏置方式

前面讨论过，放大电路只有设置了合适的静态工作点 Q，才能不失真地放大交流信号。因此，设置直流偏置电路，是实现对交流信号放大的前提。放大电路中常见的直流偏置电路有以下几种。

1. 固定偏置式电路

1）电路组成

如图 2.23 所示，$+U_{CC}$ 经电阻 R_b 为发射结提供正偏电压，经电阻 R_c 为集电结提供反偏电压。

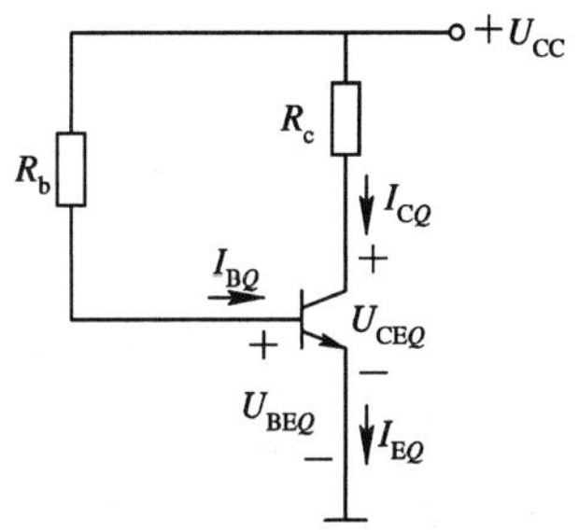

图 2.23　固定偏置式直流电路

2）静态工作点的估算

由电路得基极静态电流：

$$I_{BQ}=\frac{U_{CC}-U_{BEQ}}{R_b} \tag{2.12}$$

其中 U_{BEQ} 为发射结正向电压，一般硅管取值为 0.7 V，锗管取值为 0.3 V，当 $U_{CC} \gg U_{BEQ}$ 时，$I_{BQ} \approx U_{CC}/R_b$。

根据三极管电流放大特性有

$$I_{CQ} = \beta I_{BQ} \tag{2.13}$$

集(电极)—(发)射(极)之间的电压为

$$U_{CEQ} = U_{CC} - I_{CQ}R_c \tag{2.14}$$

注意：式(2.13)成立的条件是三极管必须工作于放大区。实际中，如果 U_{CEQ} 值小于 1 V，则认为三极管已处于饱和状态，此时，电流 I_{CQ} 不再受 I_{BQ} 的控制，称这时的 I_{CQ} 为饱和电流，用 I_{CS} 表示。此时的集—射电压为饱和压降 U_{CES}，则

$$I_{CS} = \frac{U_{CC} - U_{CES}}{R_c} \approx \frac{U_{CC}}{R_c} \tag{2.15}$$

此式说明 I_{CS} 基本上只与 U_{CC} 及 R_c 有关，与 β 及 I_{BQ} 无关。

三极管在临界饱和状态时，其电流受控关系仍然成立，此时的基极电流称为基极临界饱和电流，用 I_{BS} 表示。即

$$I_{BS} = \frac{I_{CS}}{\beta} \approx \frac{U_{CC}}{\beta R_c} \tag{2.16}$$

如果 $I_{BQ} < I_{BS}$，则表明三极管工作于放大状态，否则为饱和状态。

例 2.1 在图 2.23 中已知 $U_{CC}=20$ V，$R_c=6.8$ kΩ，$R_b=510$ kΩ，三极管为 3DG100，$\beta=45$，

(1) 试求放大电路的静态工作点；

(2) 如果偏置电阻 R_b 由 510 kΩ 减至 240 kΩ，三极管的工作状态有何变化？

解 (1)

$$I_{BQ} \approx \frac{U_{CC}}{R_b} = \frac{20}{510\ \text{k}} \approx 40\ \mu\text{A}$$

$$I_{BS} = \frac{I_{CS}}{\beta} = \frac{U_{CC}}{\beta R_c} \approx 65\ \mu\text{A}$$

因为 $I_{BQ} < I_{BS}$，所以电路中的三极管处于放大区。

$$I_{CQ} = \beta I_{BQ} = 45 \times 40 \times 10^{-6} = 1.8\ \text{mA}$$

$$U_{CEQ} = U_{CC} - I_{CQ}R_c = 20 - 1.8 \times 6.8 = 7.8\ \text{V}$$

(2) 当 R_b 由 510 kΩ 减至 240 kΩ 时，

$$I_{BQ} \approx \frac{U_{CC}}{R_b} = \frac{20}{240} \approx 80\ \mu\text{A} > I_{BS}$$

因为 $I_{BQ} > I_{BS}$，表明三极管已进入饱和状态，此时，

$$U_{CEQ} = U_{CES} = 0.3\ \text{V}$$

$$I_{CQ} = I_{CS} \approx \frac{U_{CC}}{R_c} = \frac{20}{6.8\ \text{k}} = 2.9\ \text{mA}$$

3) 电路的特点

固定偏置式电路结构简单，但静态工作点不稳定。例如当 I_{BQ} 固定，温度升高时，β 值增大，I_{CQ} 增大，U_{CEQ} 减小，使 Q 点变化。

2. 分压偏置式电路

1）电路组成

如图 2.24 所示，与固定偏置式电路不同的是，基极直流偏置电位 U_B 是由 R_{b1} 和 R_{b2} 对 U_{CC} 分压来取得的，故称这种电路为分压偏置式电路；同时，电路中又增加了发射极电阻 R_e，用来稳定电路的静态工作点。

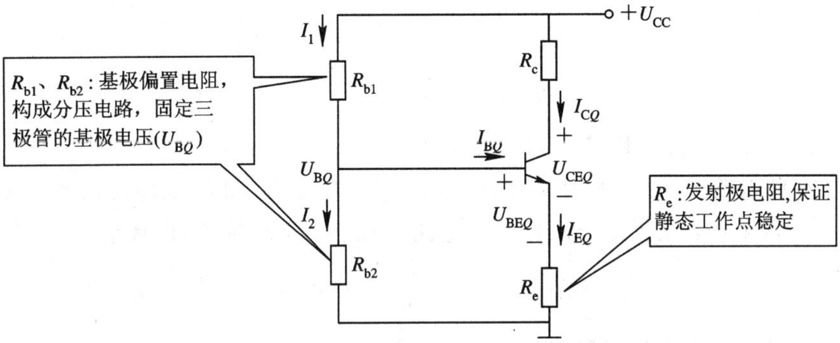

图 2.24　分压偏置式直流电路

2）静态工作点的估算

当三极管工作在放大区时，I_B 很小，当满足 $I_1 \gg I_B$ 时，U_{BQ} 基本固定不变，则有

$$U_{BQ} \approx \frac{R_{b2}}{R_{b1}+R_{b2}} U_{CC} \tag{2.17}$$

$$I_{EQ} = \frac{U_{BQ}-U_{BEQ}}{R_e} \tag{2.18}$$

$$I_{CQ} \approx I_{EQ} \tag{2.19}$$

$$I_{BQ} = \frac{I_{CQ}}{\beta} \tag{2.20}$$

$$U_{CEQ} \approx U_{CC} - I_{CQ}(R_c + R_e) \tag{2.21}$$

3）Q 点的稳定过程

例如，当 U_{BQ} 固定时，有

$$T\uparrow \text{ 或 } \beta\uparrow \longrightarrow I_{CQ}\uparrow \longrightarrow I_{EQ}\uparrow \longrightarrow U_{EQ}\uparrow \longrightarrow U_{BEQ}\downarrow$$
$$I_{CQ}\downarrow \longleftarrow I_{BQ}\downarrow \longleftarrow$$

由此可见，这种电路是在固定基极电压的条件下，利用发射极电流 I_{EQ} 随温度 T（或 β）的变化所引起的 U_{EQ} 变化，进而影响 U_{BE} 和 I_B 的变化，使 I_{CQ} 趋于稳定的。

例 2.2　图 2.24 的放大电路中，已知三极管的参数为 $\beta=50$，$U_{BEQ}=0.7\ \text{V}$，$R_{b1}=50\ \text{k}\Omega$，$R_{b2}=20\ \text{k}\Omega$，$R_c=5\ \text{k}\Omega$，$R_e=2.7\ \text{k}\Omega$，$U_{CC}=+12\ \text{V}$。

（1）试求放大电路的静态工作点；

（2）如果三极管的 β 增大 1 倍，那么放大电路的 Q 点将发生什么变化？

解　（1）估算静态工作点的基本思路是：先算 I_{CQ}，再算 I_{BQ}，即

$$U_{BQ} \longrightarrow U_{EQ} \longrightarrow I_{EQ}(I_{CQ}) \longrightarrow \begin{cases} I_{BQ} \\ U_{CEQ} \end{cases}$$

$$U_{BQ}=\frac{R_{b2}}{R_{b1}+R_{b2}}U_{CC}=\frac{20}{20+50}\times 12=3.4\ \text{V}$$

$$U_{EQ}=U_{BQ}-U_{BEQ}=3.4-0.7=2.7\ \text{V}$$

$$I_{CQ}\approx I_{EQ}=\frac{U_{EQ}}{R_e}=\frac{2.7}{2.7\ \text{k}}=1\ \text{mA}$$

$$I_{BQ}=\frac{I_{CQ}}{\beta}=\frac{1}{50}=0.02\ \text{mA}$$

$$U_{CEQ}\approx U_{CC}-I_{CQ}(R_c+R_e)=12-1\times(5+2.7)=4.3\ \text{V}$$

由于$U_{CEQ}>1$ V，故三极管工作在放大状态。

(2) 在这种电路中，β值增大1倍，U_{BQ}、U_{EQ}、I_{CQ}、I_{EQ}和U_{CEQ}均可认为基本不变，电路仍然可以正常工作，这正是分压偏置式电路的优点。但此时I_{BQ}将减小，

$$I_{BQ}=\frac{I_{CQ}}{\beta}=\frac{1}{100}=0.01\ \text{mA}$$

比较以上两种偏置电路的静态工作点计算步骤如下：

固定偏置电路：

$$I_{BQ}=\frac{U_{CC}-U_{BEQ}}{R_b}$$

$$I_{CQ}=\beta I_{BQ}$$

$$U_{CEQ}=U_{CC}-I_{CQ}R_c$$

分压偏置式电路：

$$U_{BQ}\approx\frac{R_{b2}}{R_{b1}+R_{b2}}U_{CC}$$

$$I_{CQ}\approx I_{EQ}=\frac{U_{BQ}-U_{BE}}{R_e}$$

$$I_{BQ}=\frac{I_{CQ}}{\beta}$$

$$U_{CEQ}\approx U_{CC}-I_{CQ}(R_c+R_e)$$

3. 带有(发)射极电阻 R_e 的固定偏置式电路

1) 电路组成

电路组成如图2.25所示。

2) Q点的估算

由电路可得

$$I_{BQ}=\frac{U_{CC}-U_{BEQ}}{R_b+(1+\beta)R_e}\tag{2.22}$$

$$I_{CQ}=\beta I_{BQ}\tag{2.23}$$

$$U_{CEQ}\approx U_{CC}-I_{CQ}(R_c+R_e)\tag{2.24}$$

该电路与不带R_e的固定偏置式电路相比，静态工作点较稳定。其稳定过程请读者自行分析。

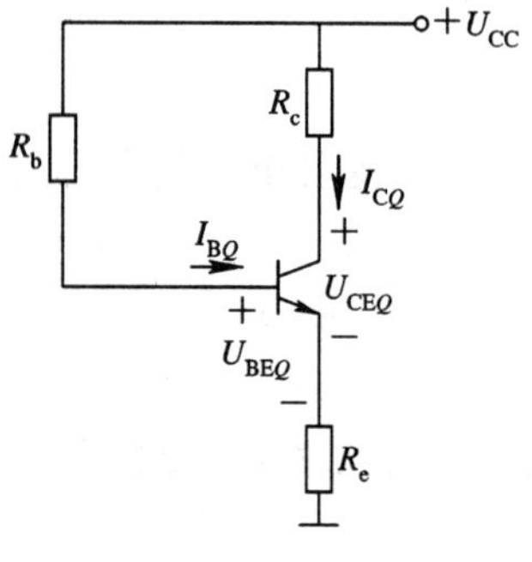

图2.25　带有(发)射极电阻R_e的固定偏置式直流电路

知识点

1. 固定偏置式电路及其组成
2. 分压偏置式电路及其组成
3. 带有发射极电阻 R_e 的偏置式电路及其组成

技能点

1. 三种偏置式电路图的识记
2. 三种偏置式电路静态工作点的计算

思考题

1. 试分析带有(发)射极电阻 R_e 的固定偏置式电路稳定静态工作点的过程。
2. 总结三种偏置式电路中 Q 点计算步骤的异同点。
3. 根据放大电路中三极管的静态工作点的数值，如何判断三极管是否工作在放大区？

2.5　放大电路性能指标的估算

2.5.1　放大电路的动态性能指标

放大电路放大的对象是变化量，研究放大电路时除了要保证放大电路具有合适的静态工作点外，更重要的是还要研究其放大性能。对于放大电路的放大性能有两个方面的要求：一是放大倍数要尽可能大；二是输出信号要尽可能不失真。衡量放大电路性能的重要指标有放大倍数、输入电阻 r_i 和输出电阻 r_o。

1. 放大倍数

放大倍数是衡量放大电路放大能力的指标。它是指输出信号与输入信号之比。常用的有电压放大倍数和电流放大倍数。

电压放大倍数的定义为

$$A_u = \frac{u_o}{u_i} \tag{2.25}$$

电流放大倍数的定义为

$$A_i = \frac{i_o}{i_i} \tag{2.26}$$

式中，u_o、u_i、i_o、i_i 分别是输入、输出信号的交流量。

2. 输入电阻 r_i

如图 2.26 所示，放大电路的输入端可以用一个等效交流电阻 r_i 来表示，它定义为

$$r_i = \frac{u_i}{i_i} \tag{2.27}$$

r_i 是衡量放大电路对信号源影响程度的重要参数。其值越大，放大电路从信号源索取的电流越少，信号源对放大电路的影响越小。

3. 输出电阻 r_o

从放大电路输出端看入的等效电阻，称为输出电阻 r_o，如图 2.26 所示。图中的 u_o' 为

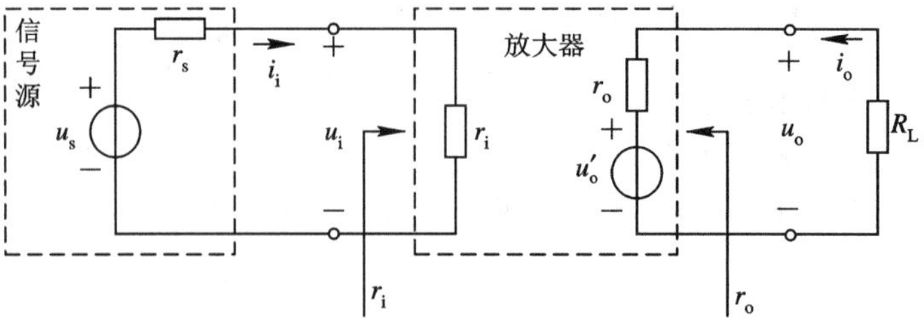

图 2.26　放大电路的方框图

输出端的开路电压。等效电阻用戴维南定理分析，其计算方法有以下三种：

(1) 将输入信号源 u_s 短路(电流源开路)，但要保留其信号源内阻 r_s，用电阻串并联方法加以化简，计算输出端的等效电阻。

(2) 将输入信号源 u_s 短路(电流源开路)，但要保留其信号源内阻 r_s，然后在其输出端外加一电压源 u_p，并计算出该电压源给出的电流 i_p，则输出电阻由下式计算：

$$r_o = \frac{u_p}{i_p} \tag{2.28}$$

(3) 用实验方法测量。

第一步，令 R_L 开路，测出放大器输出端的开路电压的有效值 U'_o。

第二步，接入 R_L，测出有载输出电压的有效值 U_o。则输出电阻可由下式计算：

$$r_o = \frac{U'_o - U_o}{U_o} R_L \tag{2.29}$$

由式(2.29)可以看出，输出电阻 r_o 越小，接入负载 R_L 后，输出电压 u_o 变化越小，电路的带负载能力越强。因此，r_o 的大小反映了放大电路带负载能力的强弱。

需要注意的是：以上三个参数是分析放大电路时的最基本的动态参数，若输出波形出现明显的失真现象，其值就失去了意义。

2.5.2 共发射极放大电路性能指标的估算

共发射极放大电路(简称共射放大电路)如图 2.27 所示。

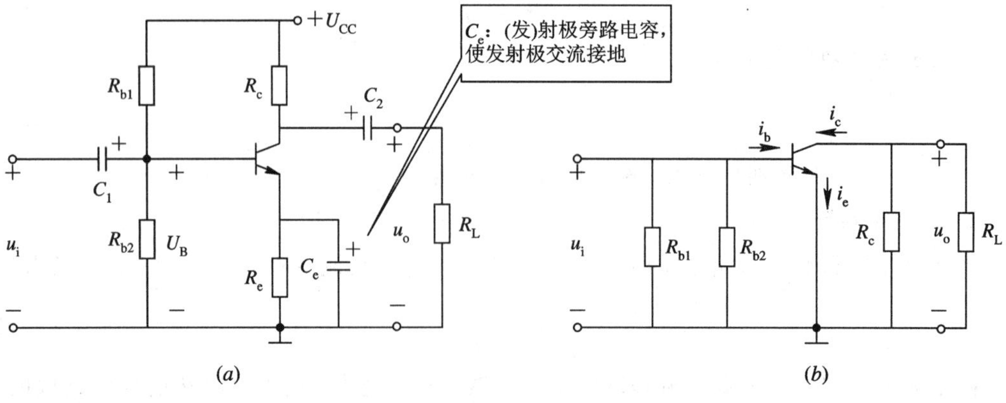

图 2.27　实用的共射放大电路

(a) 电路；(b) 交流通路

该电路的直流通路采用的是分压偏置式电路。

该电路的交流输入信号 u_i 经三极管的基极输入，交流输出信号从三极管的集电极经 C_2 输出，三极管的发射极经 C_e 交流接地，发射极是交流输入信号和输出信号的公共端，故称之为共发射极放大电路。

常用等效电路法来对放大电路基本性能指标 A_u、r_i、r_o 进行定量估算。

1. 三极管的微变等效电路

放大电路中含有非线性元件三极管，直接进行分析和计算较为复杂。但是我们可以利用输入信号在微小范围内变化时，三极管上的电压、电流近似为线性变化的特点，将三极管等效为线性元件，将放大电路等效为线性电路，即微变等效电路，从而用分析线性电路的方法来分析放大电路。下面以图 2.27(*b*)所示的交流通路为例介绍等效电路的画法与分析方法。

1）三极管基—(发)射极间的等效

在图 2.27(*a*)中，根据三极管的输入特性，当输入信号 u_i 在很小范围内变化时，输入回路的电压 u_{BE}、电流 i_B 在 u_{CE} 为常数时，可认为其随 u_i 的变化作线性变化，即三极管输入回路基极与发射极之间可用等效电阻 r_{be} 代替。其等效电路如图 2.28(*b*)所示。

$$r_{be}=\left.\frac{\Delta u_{BE}}{\Delta i_B}\right|_{u_{CE}=\text{常数}}=\frac{u_{be}}{i_b} \tag{2.30}$$

根据三极管输入回路结构分析，r_{be} 的数值可以用下列公式计算：

$$r_{be}=r_{bb'}+(1+\beta)\frac{26(\text{mV})}{I_{EQ}(\text{mA})} \tag{2.31}$$

式中，$r_{bb'}$ 是基区体电阻，对于低频小功率管，$r_{bb'}$ 约为 100 ～500 Ω，一般无特别说明时，可取 $r_{bb'}=300$ Ω；I_{EQ} 为静态(发)射极电流；r_{be} 单位取 Ω。

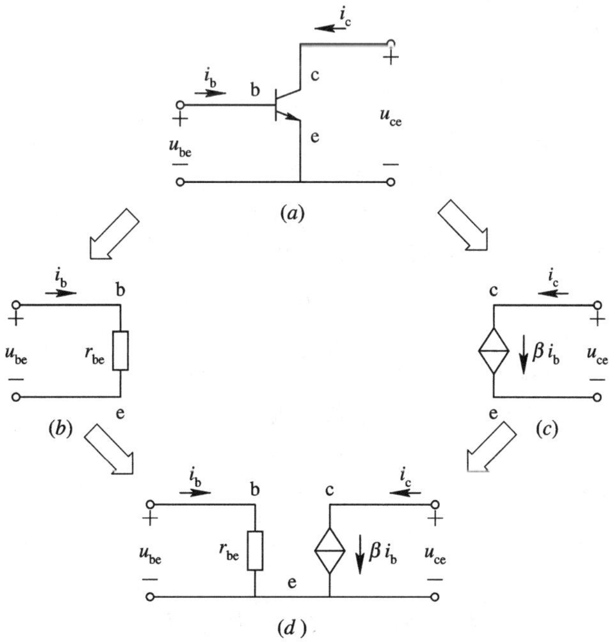

图 2.28　三极管的微变等效电路

2) 三极管集(电)—(发)射极间的等效

当三极管工作于放大区时，i_c 的大小只受 i_b 控制，而与 u_{CE} 无关，即实现了三极管的受控恒流特性，$i_c=\beta i_b$。所以，当给定输入回路的 i_b 时，三极管输出回路的集电极与发射极之间，可用一个大小为 βi_b 的理想受控电流源来等效，如图 2.28(*c*)所示。将上面所得图 2.28(*b*)与(*c*)合并，便可得到三极管的微变等效电路，如图 2.28(*d*)所示。

2. 放大电路的微变等效电路

把图 2.27(*b*)所示交流通路中的三极管用微变等效电路代换，则可得到放大电路的微变等效电路，如图 2.29 所示。

下面我们以图 2.27(*a*)所示电路为例，总结画放大电路微变等效电路的方法和步骤。

(1) 画出放大电路的交流通路如图 2.27(*b*)所示。

(2) 用三极管的微变等效电路代替交流通路中的三极管，画出放大电路的微变等效电路，如图 2.29(*a*)所示。

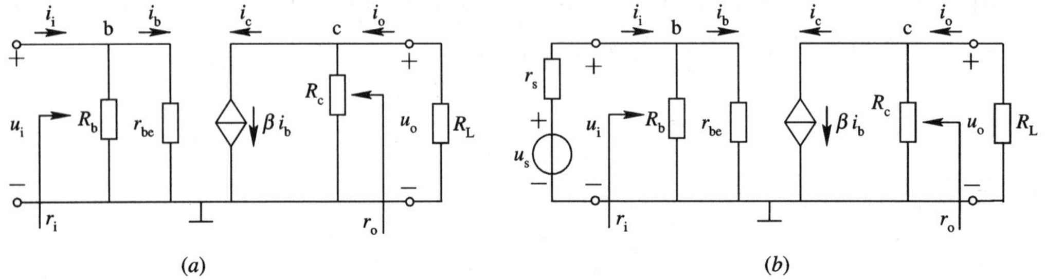

图 2.29　共射放大电路的微变等效电路

(*a*) 不考虑信号源内阻时的等效电路；(*b*) 考虑信号源内阻时的等效电路

3. 共射放大电路基本动态参数的估算

1) 电压放大倍数

(1) 求有载电压放大倍数 A_u。

$$\begin{cases} u_o=-i_c R'_L=-\beta i_b R'_L \\ R'_L=R_c \,//\, R_L \end{cases} \tag{2.32}$$

$$u_i=i_b r_{be} \tag{2.33}$$

将式(2.32)和式(2.33)代入定义式(2.25)，可得

$$A_u=-\frac{\beta i_b R'_L}{i_b r_{be}}=-\frac{\beta R'_L}{r_{be}} \tag{2.34}$$

式中“—”表示输入信号与输出信号相位反相。

(2) 求空载电压放大倍数 A'_u。即不接负载 R_L，$R_L\to\infty$。

$$R'_L=R_c \,//\, R_L=R_c$$

则

$$A_u{}'=-\frac{\beta R_c}{r_{be}} \tag{2.35}$$

因为

$$R_c>R'_L \qquad (R'_L=R_c \,//\, R_L)$$

所以空载电压放大倍数大于有载电压放大倍数。

2）输入电阻 r_i

$$r_i = \frac{u_i}{i_i} = R_b /\!/ r_{be} \quad (R_b = R_{b1} /\!/ R_{b2})$$

当 $R_b \gg r_{be}$ 时

$$r_i = R_b /\!/ r_{be} \approx r_{be} \tag{2.36}$$

3）输出电阻 r_o

在图 2.29 中，根据戴维南定理等效电阻的计算方法，让 $u_s=0$，则 $i_b=0$，从而受控源 $\beta i_b=0$，因此可直接得出

$$r_o = R_c \tag{2.37}$$

4）源电压放大倍数

图 2.29(*b*)为考虑信号源内阻时所画出的微变等效电路，可以得出

$$u_i = u_s \frac{r_i}{r_s + r_i} \approx u_s \frac{r_{be}}{r_s + r_{be}} \tag{2.38}$$

将式(2.38)代入式(2.25)可求得考虑信号源内阻时的源电压放大倍数 A_{us}：

$$A_{us} = \frac{u_o}{u_s} = \frac{u_o}{u_i} \cdot \frac{u_i}{u_s} = A_u \frac{r_{be}}{r_s + r_{be}} \tag{2.39}$$

将式(2.34)代入式(2.39)得

$$A_{us} = \frac{u_o}{u_s} = -\beta \frac{R_L'}{r_s + r_{be}} \tag{2.40}$$

称 A_{us} 为源电压放大倍数。

例 2.3　放大电路如图 2.27(*a*)所示，其中硅三极管的 $\beta=50$，电阻 $R_{b1}=50\ \text{k}\Omega$，$R_{b2}=10\ \text{k}\Omega$，$R_c=6\ \text{k}\Omega$，$R_e=1.3\ \text{k}\Omega$，$R_L=6\ \text{k}\Omega$，电源 $U_{CC}=12$ V。试求：

(1) 静态工作点；

(2) A_u、r_i 和 r_o 值；

(3) 不接电容 C_e 时的 A_u、r_i 和 r_o 值，并与接 C_e 时的 A_u、r_i、r_o 进行比较。

解　(1)

$$U_{BQ} = \frac{R_{b2}}{R_{b1} + R_{b2}} U_{CC} = \frac{10}{50+10} \times 12 = 2\ \text{V}$$

$$U_{EQ} = U_{BQ} - U_{BEQ} = 2 - 0.7 = 1.3\ \text{V}$$

$$I_{CQ} \approx I_{EQ} = \frac{U_{BQ} - U_{BEQ}}{R_e} = \frac{1.3}{1.3\ \text{k}} = 1\ \text{mA}$$

$$U_{CEQ} \approx U_{CC} - I_{CQ}(R_c + R_e) = 12 - 1 \times (6 + 1.3) = 4.7\ \text{V}$$

$$I_{BQ} = \frac{I_{CQ}}{\beta} = \frac{1}{50} = 0.02\ \text{mA}$$

$$r_{be} = 300 + (1+\beta)\frac{26}{I_{EQ}} = 300 + 51 \times \frac{26}{1} = 1626\ \Omega \approx 1.6\ \text{k}\Omega$$

(2)

$$A_u = \frac{-\beta R_L'}{r_{be}} = -\frac{50 \times (6 /\!/ 6)}{1.6} \approx -93.8$$

$$r_i = R_{b1} /\!/ R_{b2} /\!/ r_{be} = 50 /\!/ 10 /\!/ 1.6 \approx 1.2\ \text{k}\Omega$$

$$r_o = R_c = 6\ \text{k}\Omega$$

(3) 不接电容 C_e 时，电路图 2.27(a)所对应的微变等效电路如图 2.30 所示。根据电路图可得

$$A_u = \frac{-\beta R_L'}{r_{be}+(1+\beta)R_e} = \frac{-50\times(6\ /\!/\ 6)}{1.6+51\times1.3} \approx -2.2$$

$$r_i = R_{b1}\ /\!/\ R_{b2}\ /\!/\ [r_{be}+(1+\beta)R_e]$$
$$= 50\ /\!/\ 10\ /\!/\ [1.6+51\times1.3] = 7.4\ \text{k}\Omega$$
$$r_o = R_c = 6\ \text{k}\Omega$$

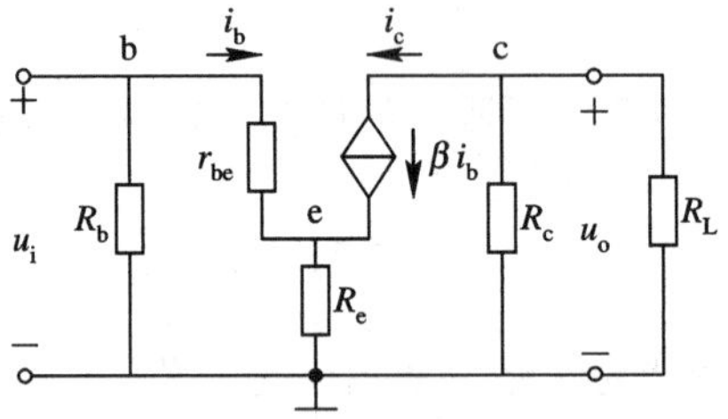

图 2.30　不接 C_e 的微变等效电路

由此可以看出，不接 C_e 时，A_u 的数值由 93.8 下降为 2.2，而输入电阻由 1.2 kΩ 提高到 7.4 kΩ，输出电阻保持不变。

2.5.3　共集电极、共基极放大电路的性能指标

1. 共集电极放大电路动态参数的估算

电路如图 2.31(a)所示。该电路的直流通路采用的是带有发射极电阻 R_e 的固定偏置式电路，交流信号从基极输入，从发射极输出，故该电路又称为射极输出器。图 2.31(b)为该电路对应的交流通路。由交流通路可看出，集电极为输入、输出的公共端，故称该电路为共集电极放大电路(简称共集放大电路)。

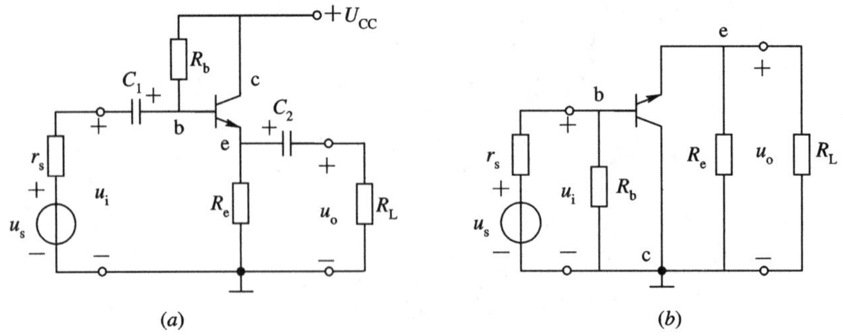

图 2.31　共集电极放大电路

(a) 电路；(b) 交流通路

1) 等效电路

画出电路的微变等效电路，如图 2.32 所示。

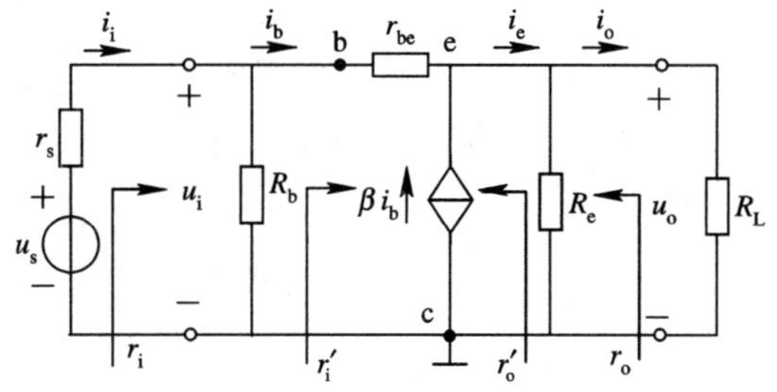

图 2.32　共集电极放大电路的微变等效电路

2）参数估算

（1）A_u 的估算。由图 2.32 可得

$$u_o = i_e R_L' = (1+\beta) i_b R_L' \qquad (R_L' = R_e \,/\!/\, R_L) \tag{2.41}$$

$$u_i = i_b r_{be} + u_o = i_b r_{be} + (1+\beta) i_b R_L' \tag{2.42}$$

将式(2.41)、式(2.42)代入电压放大倍数的定义式(2.25)，可得

$$A_u = \frac{u_o}{u_i} = \frac{(1+\beta)R_L'}{r_{be} + (1+\beta)R_L'} \tag{2.43}$$

分析式(2.43)可知，从大小上看 $A_u<1$，但由于$(1+\beta)R_L' \gg r_{be}$，所以 $A_u \approx 1$；从相位上看，由于 A_u 为正值，所以 u_o 与 u_i 同相。由此说明 $u_o \approx u_i$，u_o 具有跟随 u_i 的作用，故该电路又称为射极跟随器。

（2）r_i 的估算。由图 2.32 可得

$$r_i = R_b \,/\!/\, r_i'$$

$$r_i' = \frac{u_i}{i_b} = \frac{i_b r_{be} + (1+\beta) i_b R_L'}{i_b} = r_{be} + (1+\beta) R_L' \tag{2.44}$$

则

$$r_i = R_b /\!/ [r_{be} + (1+\beta) R_L'] \tag{2.45}$$

R_L' 上流过的电流是 i_b 的$(1+\beta)$倍，为了保证等效前后的电压不变，在把 R_L' 折算到基极回路时应把 R_L' 扩大$(1+\beta)$倍。可见，共集电极电路的输入电阻比共射极电路大得多。对电压信号源来说，该电路的输入端能较准确地反映信号源电压 u_s。

（3）r_o 的估算。在图 2.32 中，令 $u_s=0$，并去掉负载 R_L，在输出端加一探察电压 u_p，则可画成如图 2.33 所示的形式。

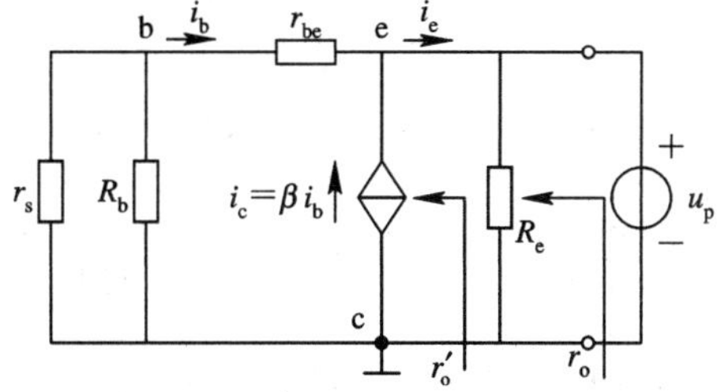

图 2.33　求 r_o 的微变等效电路

由图 2.33 可得

$$r_o = R_e \,/\!/\, r_o' \tag{2.46}$$

$$r_o' = \frac{u_p}{-i_e} = \frac{u_p}{-(1+\beta)i_b} \tag{2.47}$$

$$u_p = -i_b[r_{be} + (r_s // R_b)] \tag{2.48}$$

将式(2.48)代入式(2.47)，得

$$r_o' = \frac{r_{be} + (r_s // R_b)}{1+\beta} \tag{2.49}$$

将式(2.49)代入式(2.46)，得

$$r_o = R_e // \frac{r_{be} + (r_s // R_b)}{1+\beta} \tag{2.50}$$

由式(2.50)、式(2.49)可见，射极跟随器的输出电阻由较大的 R_e 和很小的 r_o' 并联，由于 $r_o' \ll R_e$，因而 r_o 很小，它比共射放大电路的输出电阻小得多。r_o 很小，也是射极跟随器的一大特点，若用该电路作为多级放大电路的输出级，则可大大提高电路的带负载能力。

一般情况下，由于 r_s 很小，即 $r_s \ll R_b$、$r_s \ll r_{be}$，所以

$$r_o \approx R_e // \frac{r_{be}}{1+\beta}$$

例 2.4　放大电路如图 2.31(*a*)所示，其中硅三极管的 $\beta=100$，电阻 $R_b=200\ \text{k}\Omega$，$R_e=2\ \text{k}\Omega$，$R_L=2\ \text{k}\Omega$，$r_s=1\ \text{k}\Omega$，电源 $U_{CC}=12\ \text{V}$。试求：

(1) 静态工作点；

(2) A_u、r_i 和 r_o 值。

解　(1)

$$I_{BQ} = \frac{U_{CC} - U_{BEQ}}{R_b + (1+\beta) R_e} = \frac{12-0.7}{(200+101\times2)\times10^3} = 28\ \mu\text{A}$$

$$I_{CQ} = \beta I_{BQ} = 2.8\ \text{mA}$$

$$U_{CEQ} = U_{CC} - I_{CQ} R_e = 12 - 2.8\times2 = 6.4\ \text{V}$$

(2)

$$r_{be} = r_{bb}' + (1+\beta)\times\frac{26}{I_{EQ}} = 300 + 101\times\frac{26}{2.8} = 1238\ \Omega \approx 1.2\ \text{k}\Omega$$

$$R_L' = R_L // R_e = \frac{(2\times2)\times10^6}{(2+2)\times10^3} = 1\ \text{k}\Omega$$

$$A_u = \frac{(1+\beta)R_L'}{r_{be} + (1+\beta)R_L'} = \frac{101\times1}{1.2+101\times1} \approx 0.99$$

$$r_i = R_b // [r_{be} + (1+\beta)R_L'] = 200\times10^3 // (1.2+101\times1) = 67.6\ \text{k}\Omega$$

$$r_o = R_e // \frac{r_{be} + (r_s // R_b)}{1+\beta} = 2\times10^3 // \frac{1.2+(1//200)}{101} \approx 21\ \Omega$$

通过上述计算结果，可得共集电极放大电路的特点是：

(1) $A_u < 1$，而又近似等于 1。

(2) r_i 很大。

(3) r_o 很小。

*2. 共基极放大电路的动态性能

共基极放大电路(简称共基放大电路)如图 2.34(a)所示，直流通路采用的是分压偏置式，交流信号经 C_1 从发射极输入，从集电极经 C_2 输出，C_1、C_2 为耦合电容，C_b 为基极旁路电容，使基极交流接地，故称该电路为共基极放大器。

微变等效电路如图 2.34(b)所示。

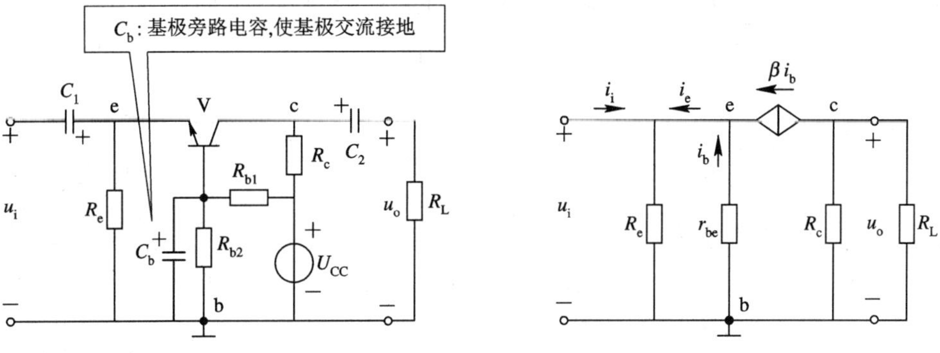

(a)　(b)

图 2.34　共基极放大电路
(a) 基本放大电路；(b) 微变等效电路

根据微变等效电路，同样可分析得共基极放大电路的动态参数：

$$A_u = \frac{\beta R'_L}{r_{be}} \quad (R'_L = R_c \mathbin{/\!/} R_L) \tag{2.51}$$

$$r_i = R_e \mathbin{/\!/} \frac{r_{be}}{1+\beta} \tag{2.52}$$

$$r_o \approx R_c \tag{2.53}$$

2.5.4　三种基本放大电路的性能比较

上述所讲的三种组态放大电路是用三极管组成放大电路的基本形式，其他类型的单级放大电路归根到底都是由这三种变化而来的。三种组态的基本放大电路的比较见表 2.3。

表 2.3　三种组态的基本放大电路的比较

比较项	共发射极放大电路	共基极放大电路	共集电极放大电路
电路形式	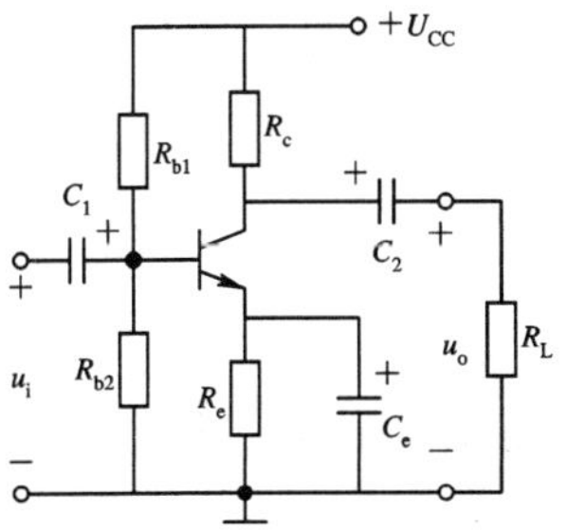	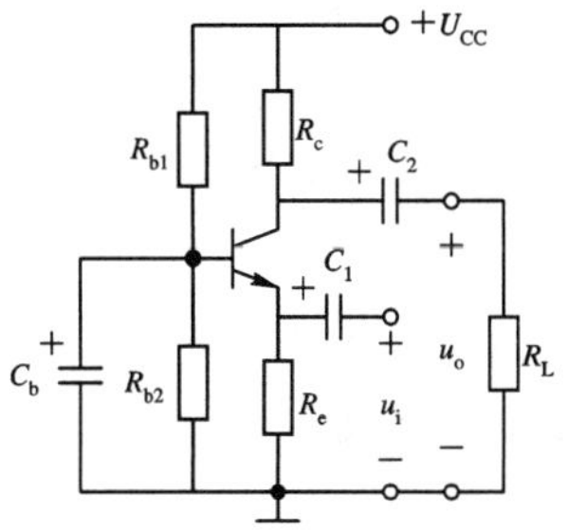	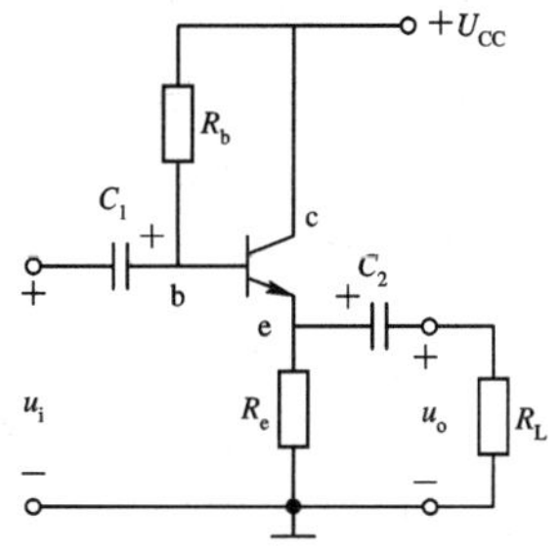

续表

比较项	共发射极放大电路	共基极放大电路	共集电极放大电路
交流等效电路	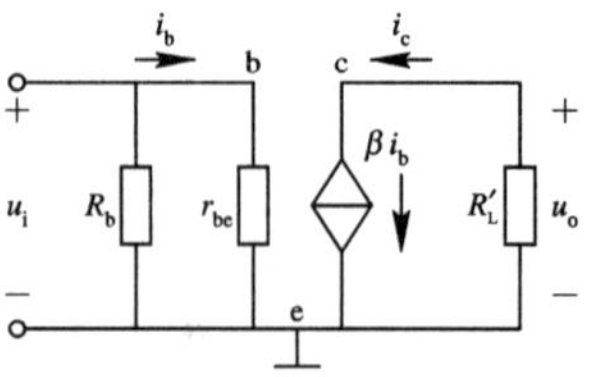	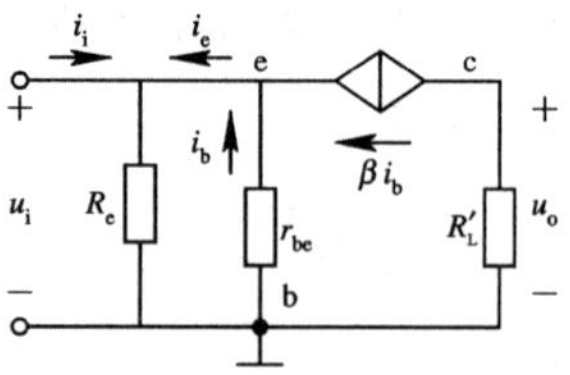	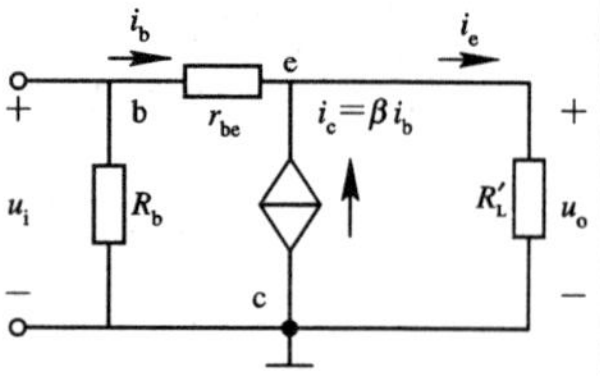
A_u	$\dfrac{-\beta R'_L}{r_{be}}$ ($R'_L=R_c // R_L$) 大	$\dfrac{\beta R'_L}{r_{be}}$ ($R'_L=R_c // R_L$) 大	$\dfrac{(1+\beta)R'_L}{r_{be}+(1+\beta)R'_L}\approx 1$ ($R'_L=R_e // R_L$)
r_i	$R_b // r_{be}$ ($R_b=R_{b1} // R_{b2}$) 中	$R_e // \dfrac{r_{be}}{1+\beta}$ 低	$R_b // [r_{be}+(1+\beta)R'_L]$ 高
r_o	R_c　高	R_c　高	$R_e // \dfrac{r_{be}}{1+\beta}$　低
相位	180°（u_i 与 u_o 反相）	0°（u_i 与 u_o 同相）	0°（u_i 与 u_o 同相）
高频特性	差	好	较好

知识点

1. 放大电路的动态性能指标

(1) 电压放大倍数 A_u

(2) 输入电阻 r_i

(3) 输出电阻 r_o

2. 三极管的微变等效电路

3. 放大电路的微变等效电路

技能点

1. 分压偏置式共发射极放大电路图的识记

2. 共发射极放大电路性能指标的估算和分析

3. 共集电极放大电路图的识记

4. 共集电极放大电路性能指标的估算和分析

思考题

1. 如何识别三种不同组态的基本放大电路？

2. 怎样画三极管的等效电路？为什么 c、e 之间可用受控电流源代替？三极管可以作为电流源使用吗？

3. 在共集电极放大电路中，为什么集电极电阻 R_c 等于零？

2.6 多级放大电路

前面讲过的基本放大电路，其电压放大倍数一般只能达到几十到几百。然而在实际工作中，放大电路所得到的信号往往都非常微弱，要将其放大到能推动负载工作的程度，仅通过单级放大电路放大，达不到实际要求，必须通过多个单级放大电路连续多次放大，才可满足实际要求。

2.6.1 多级放大电路的组成

1. 多级放大电路的组成

多级放大电路的组成可用图 2.35 所示的框图来表示。其中，输入级与中间级的主要作用是实现电压放大，输出级的主要作用是功率放大，以推动负载工作。

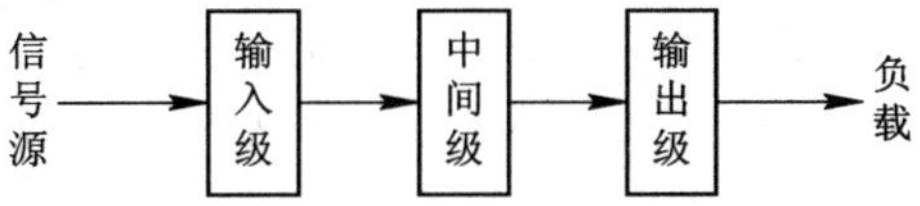

图 2.35 多级放大电路的结构框图

2. 多级放大电路的耦合方式

多级放大电路是由两级或两级以上的单级放大电路连接而成的。在多级放大电路中，我们把级与级之间的连接方式称为耦合方式。而级与级之间耦合时，必须满足：

(1) 耦合后，各级电路仍具有合适的静态工作点；

(2) 保证信号在级与级之间能够顺利地传输过去；

(3) 耦合后，多级放大电路的性能指标必须满足实际的要求。

为了满足上述要求，一般常用的耦合方式有阻容耦合、直接耦合、变压器耦合。

1) 阻容耦合

我们把级与级之间通过电容连接的方式称为阻容耦合方式。电路如图 2.36 所示。

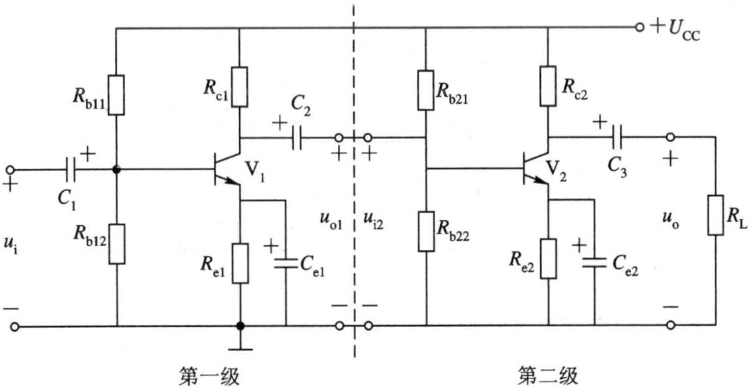

图 2.36 两级阻容耦合放大电路

由图 2.36 可得阻容耦合放大电路的特点：

优点：因电容具有“隔直”作用，所以各级电路的静态工作点相互独立，互不影响。这给放大电路的分析、设计和调试带来了很大的方便。此外，阻容耦合还具有体积小、重量轻等优点。

缺点：因电容对交流信号具有一定的容抗，在传输过程中，信号会有一定的衰减。尤其对于变化缓慢的信号，容抗很大，不便于传输。此外，在集成电路中，制造大容量的电容很困难，所以这种耦合方式下的多级放大电路不便于集成。

2）直接耦合

为了避免电容对缓慢变化的信号在传输过程中带来的不良影响，也可以把级与级之间直接用导线连接起来，这种连接方式称为直接耦合。其电路如图 2.37 所示。

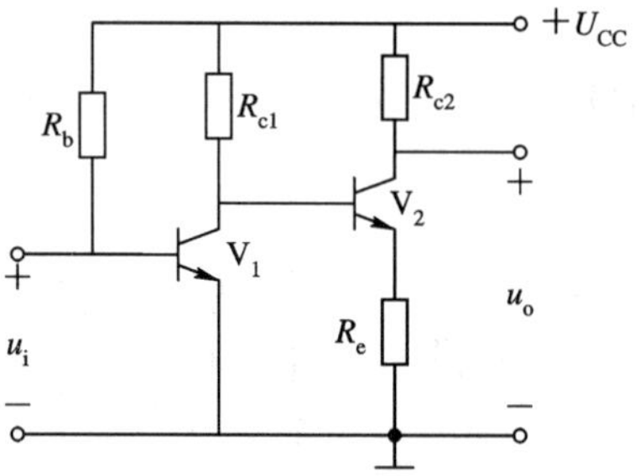

图 2.37　直接耦合放大电路

直接耦合的特点：

优点：既可以放大交流信号，也可以放大直流和变化非常缓慢的信号；电路简单，便于集成，所以集成电路中多采用这种耦合方式。

缺点：存在着各级静态工作点相互牵制和零点漂移这两个问题。(第 4 章将详细讨论零点漂移问题。)

3）变压器耦合

我们把级与级之间通过变压器连接的方式称为变压器耦合。其电路如图 2.38 所示。

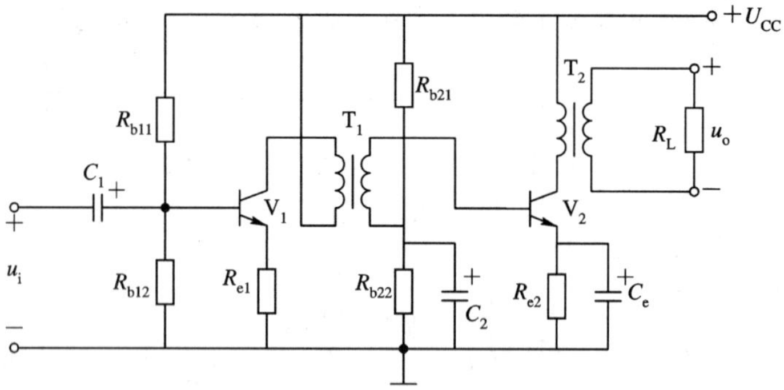

图 2.38　变压器耦合放大电路

变压器耦合的特点：

优点：因变压器不能传输直流信号，只能传输交流信号和进行阻抗变换，所以各级电路的静态工作点相互独立，互不影响。改变变压器的匝数比，容易实现阻抗变换，因而容易获得较大的输出功率。

缺点：变压器体积大而重，不便于集成，同时其频率特性差，也不能传送直流和变化非常缓慢的信号。

2.6.2　多级放大电路的性能指标估算

1. 电压放大倍数

根据电压放大倍数的定义式

$$A_u = \frac{u_o}{u_i}$$

在图 2.36 中，由于

$$u_o = A_{u2} u_{i2}, \quad u_{i2} = u_{o1}, \quad u_{o1} = A_{u1} u_i$$

故

$$A_u = \frac{u_o}{u_i} = A_{u1} A_{u2} \tag{2.54}$$

因此 n 级放大电路的电压放大倍数为

$$A_u = A_{u1} A_{u2} \cdots A_{un} \tag{2.55}$$

注意：在计算各级电路的电压放大倍数时，必须考虑后级电路的输入电阻对前级电路电压放大倍数的影响。

2. 输入电阻

多级放大电路的输入电阻就是输入级的输入电阻。计算时要注意：当输入级为共集电极放大电路时，要考虑第二级的输入电阻作为前级负载时对输入电阻的影响。

3. 输出电阻

多级放大电路的输出电阻就是输出级的输出电阻。计算时要注意：当输出级为共集电极放大电路时，要考虑其前级对输出电阻的影响。

2.6.3　放大电路的频率特性

前面讨论放大电路的性能时，都是以单一频率的正弦信号为对象的。在实际工作中，所遇到的信号并非单一频率，而是在一段频率范围内变化。在放大电路中，由于存在耦合电容、旁路电容及三极管的结电容与电路中的杂散电容等，它们的容抗都将随着频率的变化而变化，从而影响信号的传输效果，使同一放大电路对不同频率的信号具有不同的放大作用。我们把放大电路对不同频率的正弦信号的放大效果称为频率响应。

放大电路的频率响应可直接用放大电路的电压放大倍数与频率的关系来描述，即

$$\dot{A}_u = A_u(f) \angle \varphi(f)$$

式中，$A_u(f)$表示电压放大倍数的模与频率的关系，称为幅频特性，而 $\varphi(f)$表示放大电路输出电压与输入电压之间的相位差与频率的关系，称为相频特性。两种特性综合起来称为放大电路的频率响应。

1. 单级阻容耦合放大电路的频率特性

图 2.39(a)所示是单级阻容耦合共射放大电路，图(b)、(c)是其频率响应特性，其中，图(b)是幅频特性，图(c)是相频特性。由图可以看出，在某一段频率范围内，电压放大倍数与频率无关，输出信号与输入信号相位差为$-180°$，这一个频率范围称为中频区。在中频区之外，随着频率的降低或者升高，电压放大倍数都会减小，相位差也会发生变化。

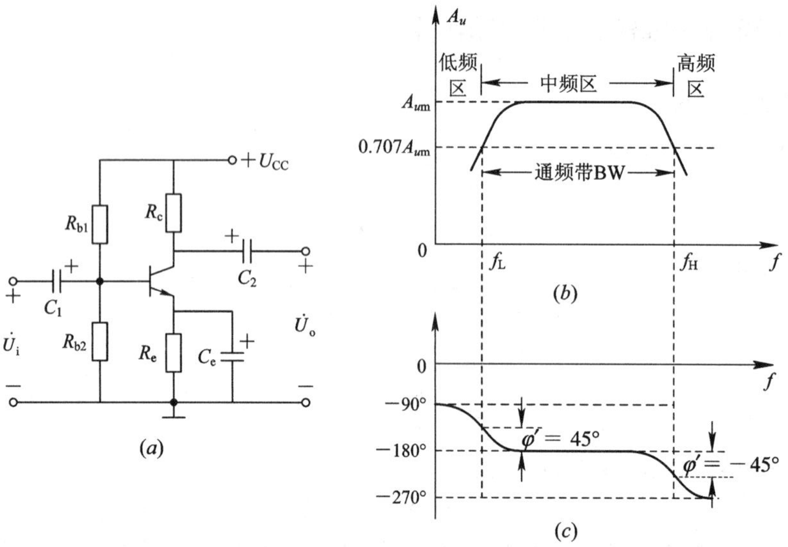

图 2.39　放大电路的频率响应特性

为什么会出现图 2.39(b)所示的幅频特性呢？

在中频区，由于耦合电容和射极旁路电容的容量较大，其等效容抗很小，可视为短路。另外，因三极管的结电容以及电路中的杂散电容很小，等效容抗很大，可视为开路，所以在中频区，可认为信号在传输过程中不受电容的影响，从而使电压放大倍数几乎不受频率变化的影响，该区的特性曲线较平坦。而在中频区以外的低频区、高频区，放大电路的电压放大倍数的幅值均随频率变化而下降。

在低频区，A_u 下降的原因是：耦合电容 C_1、C_2 以及射极旁路电容 C_e 的等效容抗随频率的下降而增加，从而使信号在这些电容上的压降也随之增加，因而减少了输出电压 U_o，导致低频段 A_u 的下降。

在高频区，三极管的极间电容和电路中的分布电容因频率升高而等效容抗减小，对信号的分流作用增大，降低了集电极电流和输出电压 U_o，导致高频段 A_u 的下降。

工程上把因频率变化使电压放大倍数 A_u 下降到中频放大倍数 A_{um} 的 $1/\sqrt{2}$(即 0.707 倍)时所对应的低频频率点和高频频率点分别称为中频区的下限截止频率 f_L 和上限截止频率 f_H。我们把 f_L 与 f_H 之间的频率范围称为通频带，用 BW 表示，即

$$\mathrm{BW} = f_H - f_L \tag{2.56}$$

通频带是放大电路频率响应的一个重要指标。通频带越宽，表示放大电路工作的频率范围越宽。例如，质量好的音频放大器，其通频带可达 20 Hz～20 kHz。

由于通频带不会是无穷大的，因此当输入信号包含有若干多谐波成分时，放大器对不同频率信号的放大倍数不同且相位移不同，从而使输出信号与输入信号不同，即产生了频率失真。由于它是电抗元件引起的，电抗元件是线性元件，故这种失真称为线性失真。

2. 多级放大电路的幅频特性

在多级放大电路中，随着级数的增加，其通频带变窄，且窄于任何一级放大电路的通频带。多级放大电路总的放大倍数是各级放大倍数的乘积，即

$$A_u = A_{u1}A_{u2}A_{u3}\cdots A_{un}$$

式中 n 为放大电路的级数。我们以两级共射放大电路为例，分析多级放大电路的通频带变窄的原因。两个单级共射放大电路的幅频特性曲线如图 2.40(a)所示，设 $A_{um1}=A_{um2}$，$f_{L1}=f_{L2}$，$f_{H1}=f_{H2}$，$BW_1=BW_2$，由它们级联组成的多级放大电路，其总放大倍数 $A_u=A_{u1}A_{u2}$。

中频段时，

$$A_{um} = A_{um1}A_{um2} = A_{um1}^2 = A_{um2}^2$$

在上、下限截止频率处，各级放大电路的电压放大倍数均为中频区电压放大倍数的 0.707 倍，即

$$A_{uL1} = 0.707A_{um1} = A_{uL2} = 0.707A_{um2}$$

$$A_{uH1} = 0.707A_{um1} = A_{uH2} = 0.707A_{um2}$$

在耦合后的多级放大电路中，在所对应的 $f_{L1}(f_{L2})$及 $f_{H1}(f_{H2})$处的总电压放大倍数为

$$\begin{aligned} A_u &= 0.707A_{um1}\cdot 0.707A_{um2} \\ &= 0.49A_{um1}A_{um2} \\ &= 0.49A_{um1}^2 \end{aligned}$$

根据上、下限截止频率的定义，应有

$$A_{uL} = 0.707A_{um1}A_{um2}$$

$$A_{uH} = 0.707A_{um1}A_{um2}$$

由图 2.40(b)可看出，多级放大电路的上限截止频率小于单级放大电路的上限截止频率，下限截止频率大于单级放大电路的下限截止频率，因此其通频带窄于单级放大电路的通频带。

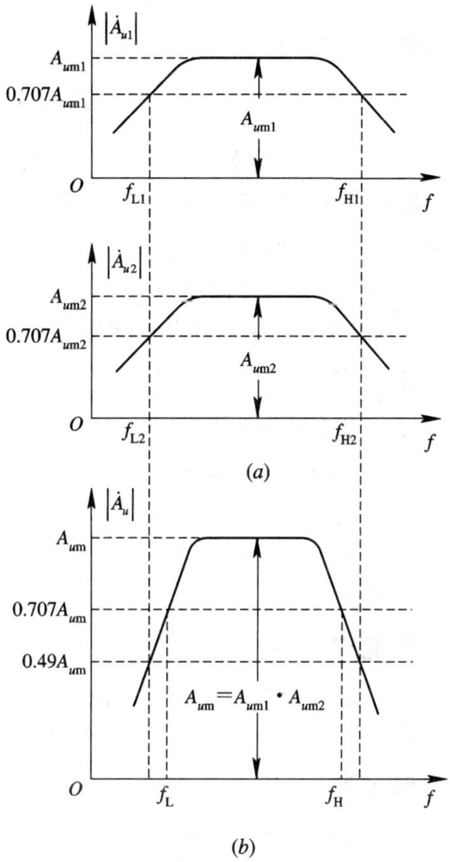

图 2.40　多级放大电路的通频带
(a) 两个单级放大电路的通频带；
(b) 耦合后，放大电路的通频带变窄

由上述分析可知，多级放大器的放大倍数与通频带是一对矛盾，多级放大器虽然使放大倍数提高了，但通频带却变窄了，且级数越多，通频带越窄。

3. 放大倍数的分贝表示方式

在实际应用中，放大倍数也可用对数单位分贝(dB)来表示，称为增益。

由电子技术发展史来看，放大器最初用于通信设备中。声学理论指出，人耳对声音的感觉实际上不是与声强成正比的，而是符合对数规律。于是，人们就取两个音响功率之比的对数为功率增益的单位并称为“贝尔”，实际应用时嫌“贝尔”单位太大，人们又取它的1/10，即以“分贝”(dB)作为功率增益单位。功率增益用“分贝”表示的定义是

$$A_p(\text{dB}) = 10\lg\frac{P_o}{P_i}\ (\text{dB}) \tag{2.57}$$

由于在给定的电阻下，电功率与电压或电流的平方成正比，因此，若取对数单位，则电压可表示为

$$A_u(\mathrm{dB}) = 20\ \lg\frac{U_o}{U_i}\ (\mathrm{dB}) \tag{2.58}$$

电流增益则可表示为

$$A_i(\mathrm{dB}) = 20\ \lg\frac{I_o}{I_i}\ (\mathrm{dB}) \tag{2.59}$$

式中，U_i、I_i、P_i 分别表示放大电路的输入电压、电流和功率；U_o、I_o、P_o 分别表示放大电路的输出电压、电流和功率。可以明显看出，当输出量大于输入量时，分贝值为正值；当输出量小于输入量时(称为衰减)，分贝值取负值；当输出量等于输入量时，分贝值为 0。

增益采用分贝计算的最大优点在于，它可以将多级放大电路的乘、除关系转化为对数的加、减关系，这样在计算和使用时都很方便。

知识点

1. 多级放大电路
2. 多级放大电路的耦合方式
3. 多级放大电路的性能指标
4. 放大电路的频率效应
5. 通频带

技能点

1. 多级放大电路性能指标的估算
2. 多级放大电路的级数与放大倍数及通频带的关系分析

思考题

1. 在分析多级放大电路时，为什么要考虑各级之间的相互影响？
2. 放大电路的高低频响应，主要取决于放大电路中的哪些元件？
3. 多级放大电路的通频带为什么比单级放大电路的通频带窄？

本 章 小 结

(1) 半导体三极管是由三层不同性质的半导体组合而成的，其特点是具有电流放大作用。三极管实现放大作用的条件是：发射结正向偏置，集电结反向偏置。三极管的输出特性曲线可划分为三个工作区域：放大区、饱和区、截止区。在放大区，三极管具有基极电流控制集电极电流的特性。在饱和区和截止区，具有开关特性。

(2) 根据三极管的结构特点，可用万用表判断三极管的类型、管脚及三极管质量的好坏。

(3) 放大电路的组成包括核心元件三极管(V)、偏置电源(U_{CC})、偏置电阻(R_b、R_c)、耦合电容(C_1、C_2)等。放大电路正常工作时具有交、直流并存的特点，即电路中的各种电流和电压信号既有直流分量，又有交流分量。在分析计算时，通过画交、直流通路，将交、直流分开，静态工作点通过直流通路分析估算，交流性能参数通过交流通路分析估算。

(4) 通过估算的静态工作点参数判断三极管的工作区域，以 NPN 管为例，当 U_{CEQ} 值大于 1 V 时，认为三极管工作于放大区，当 U_{CEQ} 值小于 1 V 时，认为三极管工作于饱和区。要求会根据输出波形的失真现象，判断产生失真的原因：I_{BQ} 太大→I_{CQ} 太大→产生饱和失真(底部失真)；I_{BQ} 太小→产生截止失真(顶部失真)。并通过调节 R_b，对各种失真加以改善：增大 R_b 可改善饱和失真；减小 R_b 可改善截止失真。

(5) 放大电路在具有了合适的静态工作点后，在输入小信号的前提下，可通过放大电路的微变等效电路来分析估算 A_u、r_i、r_o 的值。

(6) 多级放大电路常见的三种耦合方式为阻容耦合、直接耦合和变压器耦合。多级放大电路的电压放大倍数 A_u 等于各级放大倍数的乘积，输入电阻 r_i 为第一级的输入电阻，输出电阻 r_o 为末级的输出电阻。估算时应注意耦合后级与级之间的相互影响。

(7) 放大电路对不同频率的信号具有不同的放大能力，可用频率响应来表示这种特性。通过特性曲线可以看出，在低频区和高频区，电压放大倍数随频率的变化而下降；而在中频区，电压放大倍数几乎不受频率变化的影响。电压放大倍数在低频区下降的主要原因是耦合电容和旁路电容的存在；在高频区下降的主要原因是三极管的极间电容及电路中分布电容的影响。通频带用 BW 表示，$BW = f_H - f_L$，其中，f_H、f_L 分别表示上限、下限截止频率。

习　题

2.1　分别测得两个放大电路中三极管的各电极电位如题 2.1 图所示，判断：

(1) 三极管的管脚，并在各电极上注明 e、b、c；

(2) 判断三极管是 NPN 管还是 PNP 管，是硅管还是锗管。

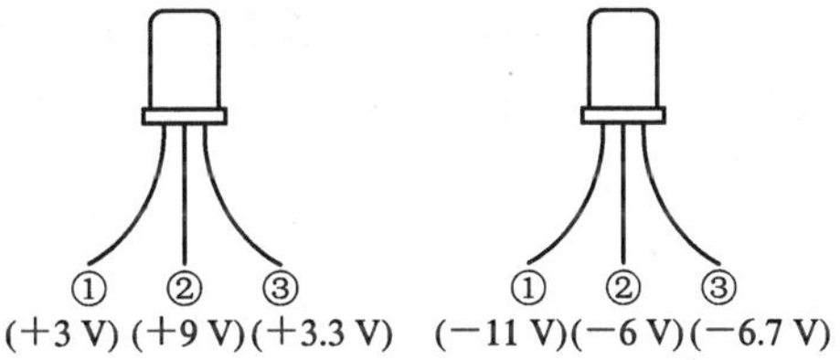

题 2.1 图

2.2　在两个放大电路中，测得三极管各极电流分别如题 2.2 图所示。求另一个电极的电流，并在图中标出其实际方向及各电极 e、b、c。试分别判断它们是 NPN 管还是 PNP 管。

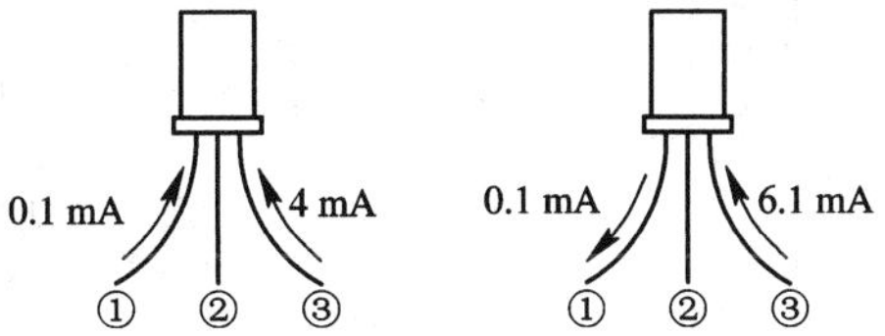

题 2.2 图

2.3　试根据三极管各电极的实测对地电压数据，判断题 2.3 图中各三极管的工作区域(放大区、饱和区、截止区)。

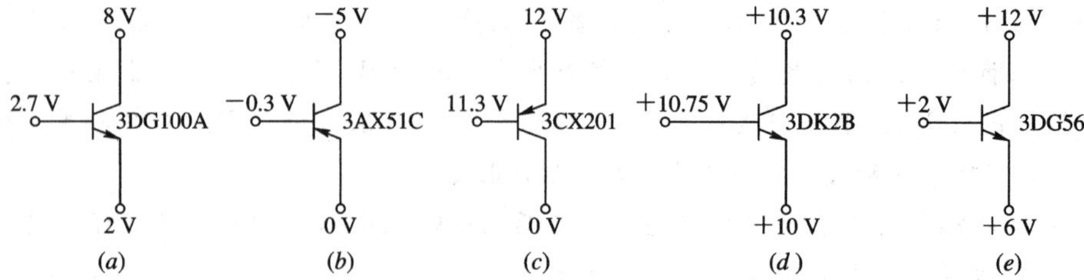

题 2.3 图

2.4　判断题 2.4 图中电路能否对交流信号电压实现正常的放大。若不能，说明原因。

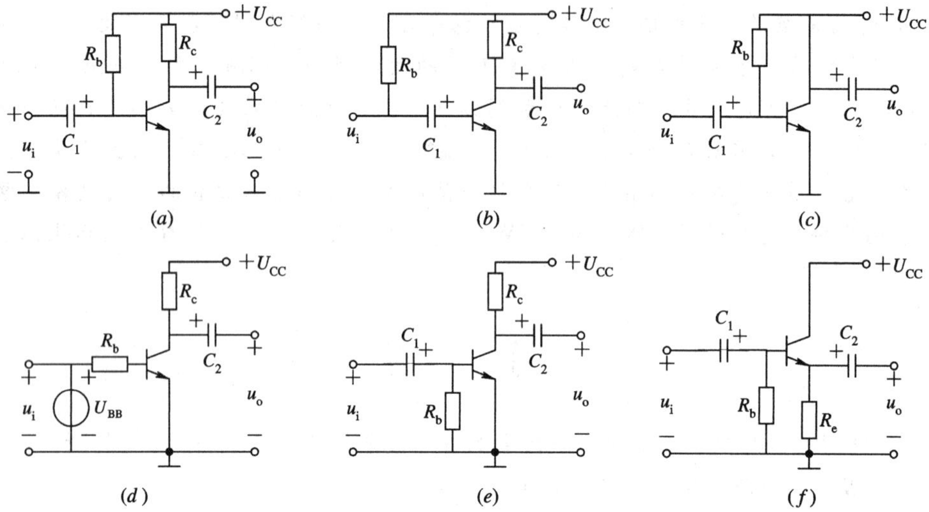

题 2.4 图

2.5　试画出题 2.5 图中电路的直流通路和交流通路，并将电路进行化简。

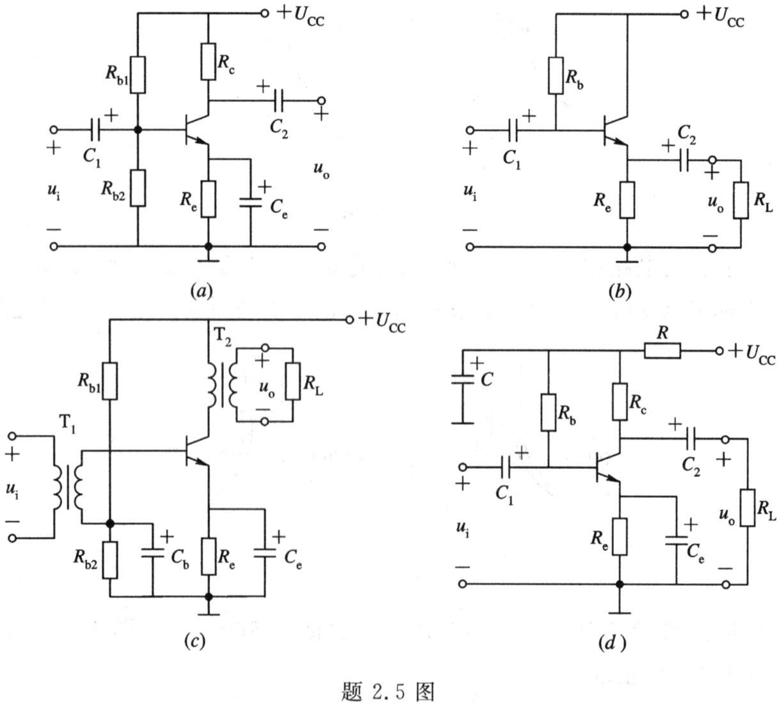

题 2.5 图

2.6　根据题 2.6 图中放大电路的直流通路，计算其静态工作点，并判断三极管的工作情况。(所需参数如图中标注，其中 NPN 型为硅管，PNP 型为锗管。)

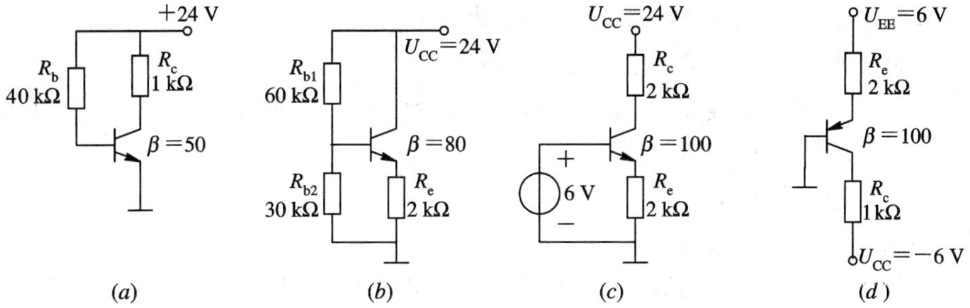

题 2.6 图

2.7　判断题 2.7 图中电路属于何种组态的放大电路。

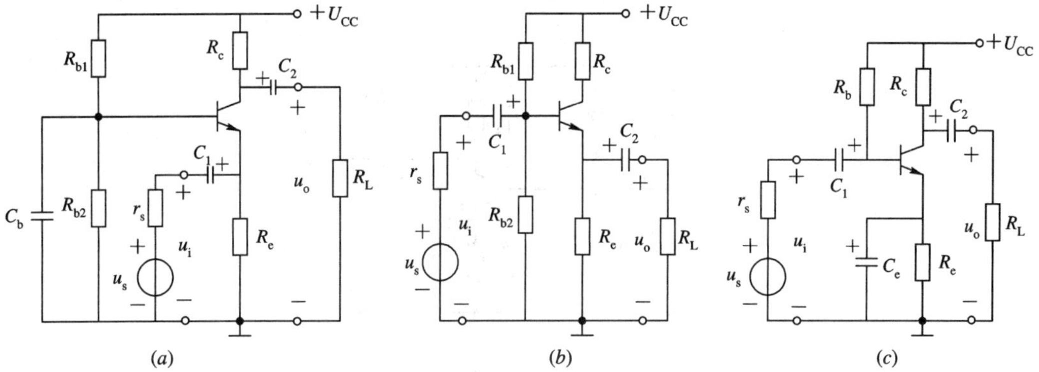

题 2.7 图

2.8　放大电路如题 2.8 图(*a*)所示，当输入交流信号时，出现题 2.8 图(*b*)所示的输出波形，试判断是何种失真。如何才能使其不失真？

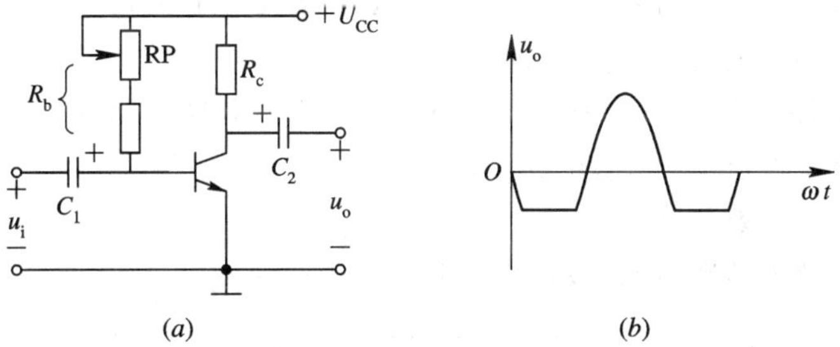

题 2.8 图

2.9　在上题电路中，当输出波形如题 2.9 图所示时，试判断是何种失真。产生该种失真的原因是什么？如何消除？

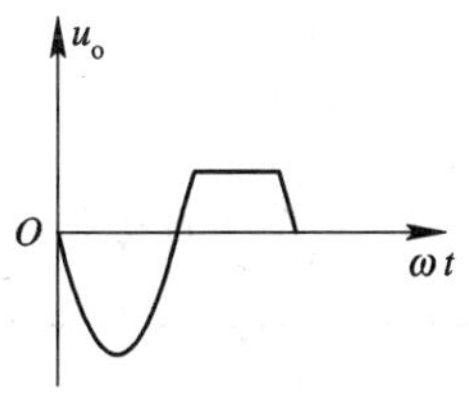

题 2.9 图

2.10　在题 2.8 图(a)所示电路中，当 $R_b=400$ kΩ，$R_c=5$ kΩ，$\beta=60$，$U_{CC}=12$ V 时，确定该电路的静态工作点。当调节 R_b 时，可改变其静态工作点。

(1) 如果要求 $I_{CQ}=2$ mA，则 R_b 应为多大?

(2) 如果要求 $U_{CEQ}=6$ V，则 R_b 应为多大?

2.11　基本共射放大电路如题 2.8 图(a)所示，$R_b=400$ kΩ，$R_c=5.1$ kΩ，$\beta=40$，$U_{CC}=12$ V，三极管为 NPN 型硅管。

(1) 估算静态工作点 I_{BQ}、I_{CQ}和 U_{CEQ}；

(2) 画出其微变等效电路；

(3) 估算空载电压放大倍数 A'_u 以及输入、输出电阻 r_i 和 r_o。

(4) 当负载 $R_L=5.1$ kΩ 时，$A_u=$?

2.12　分压式共射放大电路如题 2.12 图所示，$U_{BEQ}=0.7$ V，$\beta=50$，其他参数如图中标注。

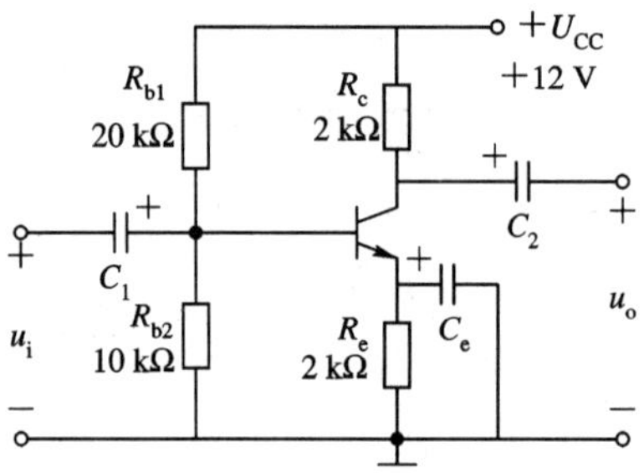

题 2.12 图

(1) 估算静态工作点 I_{BQ}、I_{CQ}和 U_{CEQ}；

(2) 画出其微变等效电路；

(3) 估算空载电压放大倍数 A'_u 以及输入、输出电阻 r_i 和 r_o。

(4) 当在输出端接上 $R_L=2$ kΩ 的负载时，$A_u=$?

2.13　放大电路如题 2.13 图所示，$\beta=50$，其他参数如图所示。

(1) 估算静态工作点 I_{BQ}、I_{CQ}和 U_{CEQ}；

(2) 画出其微变等效电路；

(3) 估算电压放大倍数 A_u 以及输入、输出电阻 r_i 和 r_o。

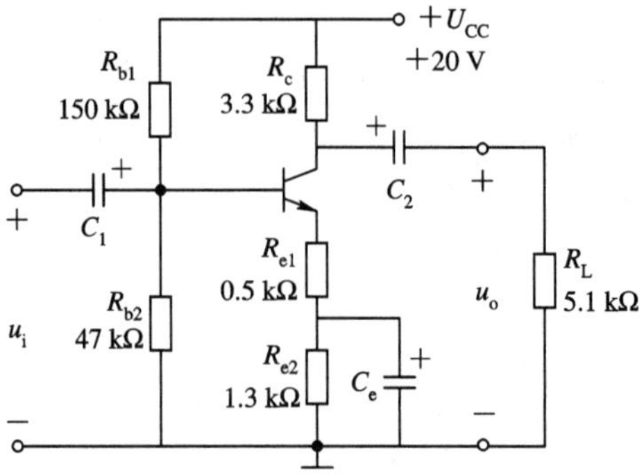

题 2.13 图

2.14　某射极跟随器的电路如题 2.14 图所示，已知 $U_{CC}=12$ V，$R_b=200$ kΩ，$R_e=2$ kΩ，$R_L=2$ kΩ，三极管 $\beta=100$，$r_{be}=1.2$ kΩ。信号源 $U_s=200$ mV，$r_s=1$ kΩ。

(1) 画出放大器的直流通路，并求静态工作点(I_{BQ}、I_{CQ}、U_{CEQ})；

(2) 画出放大电路的微变等效电路；

(3) 计算 A_u、r_i、r_o。

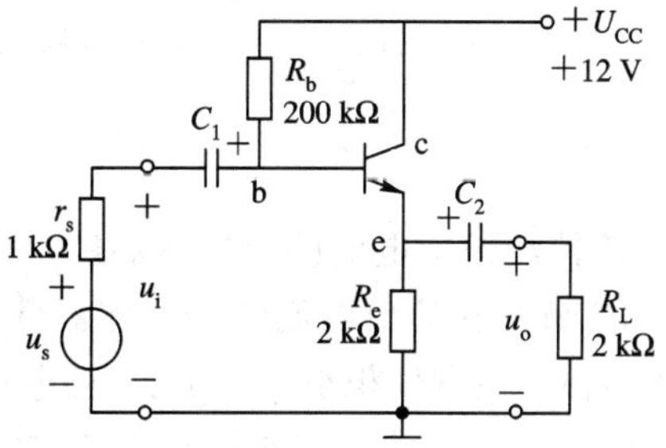

题 2.14 图

2.15　两级放大电路如题 2.15 图所示，已知 $\beta_1=\beta_2=50$，$U_{BE1}=U_{BE2}=0.6$ V，其他参数如图中标注。

(1) 求各级电路的静态工作点；

(2) 画出放大电路的微变等效电路；

(3) 估算电路总的电压放大倍数 A_u；

(4) 计算电路总的输入电阻 r_i 和总的输出电阻 r_o。

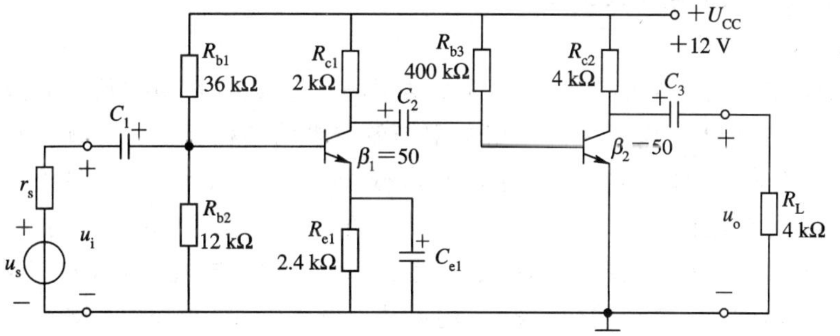

题 2.15 图

第 3 章

场效应管及其应用

晶体三极管是利用输入电流控制输出电流的半导体器件，因而被称为电流控制型器件。场效应管是利用电场效应(电压)来控制输出电流的半导体器件，因而被称为电压控制型器件。场效应管不仅具有一般半导体三极管体积小、重量轻、耗电省、寿命长等特点，而且还具有输入电阻高、噪声低、抗辐射能力强、功耗小、热稳定性好、制造工艺简单、易集成等优点，因此在电子电路中得到了广泛的应用。本章主要讨论它的原理、特性、参数及其放大电路。

3.1 场 效 应 管

场效应管按结构分为结型场效应管和绝缘栅型场效应管两类。

3.1.1 结型场效应管

1. 结型场效应管的结构及工作原理

1) 基本结构及符号

结型场效应管的外形如图 3.1(*a*)所示。结型场效应管(JFET)按其导电沟道分为 N 沟道和 P 沟道两种。现以 N 沟道为例介绍结型场效应管的结构及工作原理。如图 3.1(*b*)所示，在一块 N 型硅半导体两侧制作两个 P 型区域，形成两个 PN 结，把两个 P 型区相连后引出一个电极，称为栅极，用字母 G(或 g)表示。在 N 型硅半导体两端分别引出两个电极，称为漏极和源极，用字母 D(或 d)和S(或 s)表示。两个 PN 结中间的 N 型区域是电流流通的路径，称为导电沟道。这种结构称为 N 沟道结型场效应管。电路符号如图 3.1(*c*)所示。

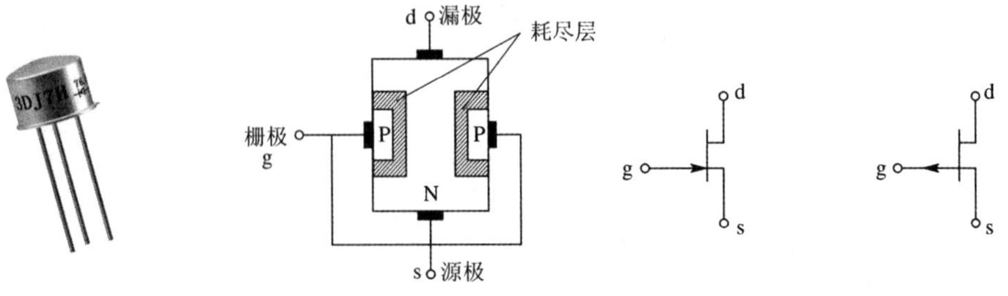

(*a*)　　(*b*)　　(*c*)　　(*d*)

图 3.1　结型场效应管结构与符号图

(*a*) 实物图；(*b*) 结构；(*c*) N 沟道结型场效应管符号；(*d*) P 沟道结型场效应管符号

同理，若在 P 型硅两侧各扩散一个高浓度的 N 型区，形成两个 PN 结，漏极和源极之间是由 P 型半导体构成的导电沟道，则称这种结构为 P 沟道结型场效应管，其电路符号如图3.1(d)所示。

2）工作原理

图 3.2 表示的是结型场效应管施加偏置电压后的接线图。由图可见，栅、源极之间加反向电压 u_{GS}时，耗尽层加宽，沟道变窄，电阻增大，在漏源电压 u_{DS}的作用下，将产生漏极电流 i_D。当栅、源极间反偏电压 u_{GS}改变时，沟道电阻也随之改变，从而引起漏极电流 i_D 的变化，即通过 u_{GS}实现了对漏极电流 i_D 的控制作用。

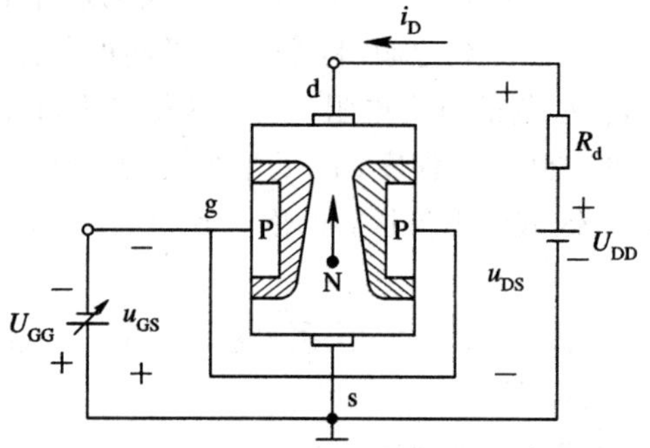

图 3.2　N 沟道结型场效应管工作原理

2. 特性曲线

场效应管的特性曲线分为转移特性曲线和输出特性曲线。

1）转移特性

在 u_{DS}一定时，漏极电流 i_D 与栅源电压 u_{GS}之间的关系称为转移特性，即

$$i_D = f(u_{GS}) \mid _{u_{DS}=常数} \tag{3.1}$$

图 3.3 为 N 沟道结型场效应管的转移特性曲线。当 $u_{GS}-0$ 时，i_D 最大，称为饱和漏极电流，并用 I_{DSS}表示。当$|u_{GS}|$增大时，沟道电阻增大，漏极电流 i_D 减小；当 $u_{GS}=U_{GS(off)}$时，沟道被夹断，此时 $i_D=0$。$U_{GS(off)}$称为夹断电压。

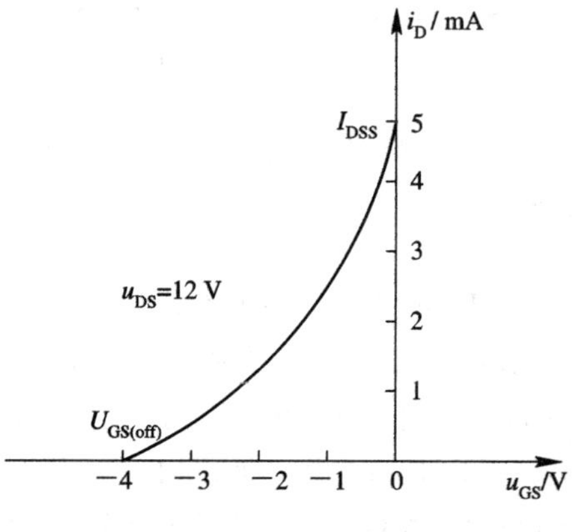

图 3.3　N 沟道结型场效应管转移特性曲线

在 $U_{GS(off)} \leqslant u_{GS} \leqslant 0$ 的范围内，漏极电流 i_D 与栅、源极间电压 u_{GS}的关系可用下式表示：

$$i_D = I_{DSS}\left(1-\frac{u_{GS}}{U_{GS(off)}}\right)^2 \tag{3.2}$$

2）输出特性

输出特性是指栅源电压 u_{GS} 一定时漏极电流 i_D 与漏极电压 u_{DS} 之间的关系，即

$$i_D = f(u_{DS})\mid_{u_{GS}=\text{常数}} \tag{3.3}$$

图 3.4 为 N 沟道结型场效应管的输出特性曲线，它可分成以下 4 个区域：

(1) 可变电阻区：当漏源电压 u_{DS} 很小时，场效应管工作于该区。此时，导电沟道畅通，场效应管的漏、源极之间相当于一个电阻。在栅源电压 u_{GS} 一定时，沟道电阻也一定，i_D 随 u_{GS} 的增大而线性增大。但当栅源电压变化时，特性曲线的斜率也随之发生变化。可以看出，栅源电压 u_{GS} 愈负，输出特性曲线愈倾斜，漏、源极间的等效电阻愈大。因此，场效应管可看作一个受栅源电压 u_{GS} 控制的可变电阻，故此区得名为可变电阻区。

(2) 恒流区：随着 u_{DS} 增大到一定程度，i_D 的增加变慢，随后 i_D 基本恒定，而与漏源电压 u_{DS} 基本无关，我们称这个区域为恒流区，也称为放大区。在恒流区，i_D 主要由栅源电压 u_{GS} 决定。

(3) 击穿区：如果继续增大 u_{DS} 到一定值后，漏极电流 i_D 急剧上升，漏、源极间发生击穿。若不加以限制，管子就会损坏。

(4) 夹断区：当 u_{GS} 负值增加到夹断电压 $U_{GS(off)}$ 后，$i_D\approx 0$，场效应管截止。

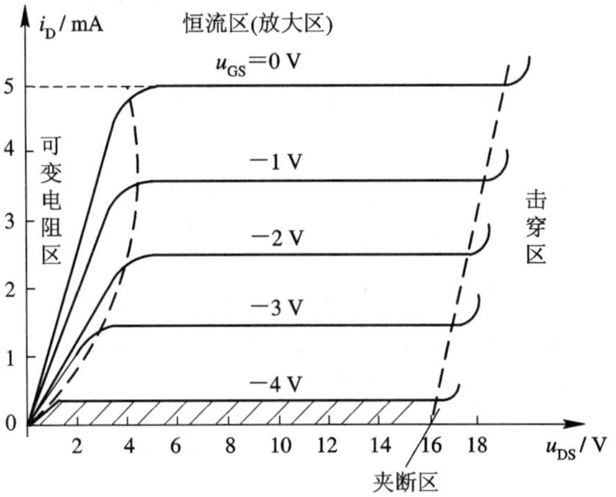

图 3.4　N 沟道结型场效应管输出特性曲线

3.1.2　绝缘栅型场效应管

结型场效应管的输入电阻一般可达 $10^6\sim10^9\ \Omega$，由于这个电阻是 PN 结的反向电阻，PN 结反偏时，总有一些反向电流存在，而且还受到温度影响，这就限制了输入电阻的进一步提高。绝缘栅型场效应管的栅极和沟道是绝缘的，因此，它的输入电阻可高达 $10^9\ \Omega$ 以上。

绝缘栅型场效应管(MOSFET)是由金属、氧化物、半导体组成的，所以又叫金属氧化物半导体场效应管，简称 MOS 管。MOS 管按其导电沟道分为 N 沟道管和 P 沟道管，即 NMOS 管和 PMOS 管，而每一种 MOS 管又分为增强型和耗尽型两类。现以 NMOS 管为例说明其结构及工作原理。

1. 增强型绝缘栅场效应管的结构及工作原理

1）结构及符号

图 3.5(*a*)为 N 沟道增强型绝缘栅场效应管的结构图。它在一块 P 型硅半导体衬底上，用扩散方法形成两个高掺杂浓度的 N 型区，并用金属导线引出两个电极作为场效应管的漏极和源极；在 P 型衬底表面上生成一层很薄的绝缘层(SiO_2)，再覆盖一层金属薄层并引出一个电极作为场效应管的栅极。由于栅极与源极和漏极之间都是绝缘的，因而称之为绝缘栅型。N 沟道增强型绝缘栅场效应管电路符号如图 3.5(*b*)所示，P 沟道增强型绝缘栅场效应管电路符号如图 3.5(*c*)所示。

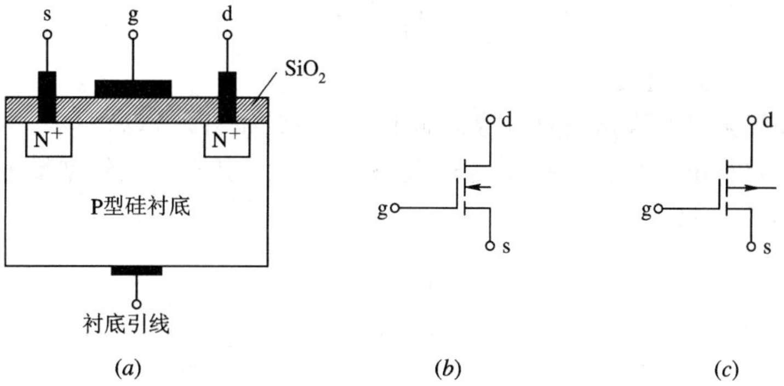

图 3.5　增强型 MOS 管结构及符号图

(*a*) N 沟道结构图；(*b*) N 沟道符号；(*c*) P 沟道符号

2）工作原理

如图 3.6 所示电路，在栅、源极之间加正向电压 u_{GS}，漏、源极之间加正向电压 u_{DS}。当 $u_{GS}=0$ 时，漏极与源极之间形成两个反向连接的 PN 结，其中一个 PN 结是反偏的，故漏极电流为零。

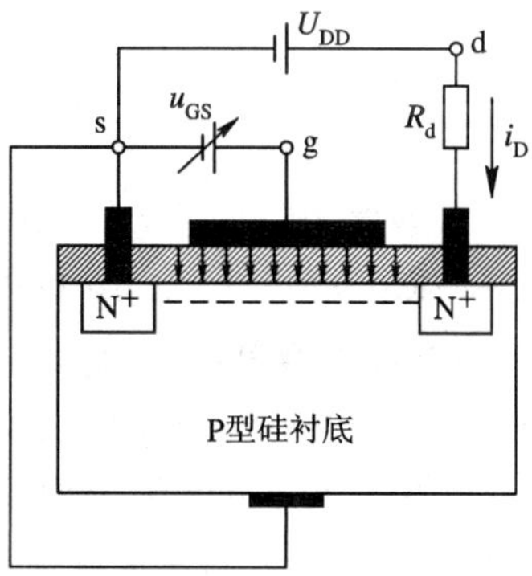

图 3.6　N 沟道增强型 MOS 管工作原理

当 $u_{GS}>0$ 时，在 u_{GS}作用下，会产生一个垂直于 P 型衬底的电场，这个电场将 P 区中的自由电子吸引到衬底表面，同时排斥衬底表面的空穴。u_{GS}越大，吸引到 P 衬底表面层的电子越多。当 u_{GS}达到一定值时，这些电子在栅极附近的 P 型半导体表面形成一个 N 型薄层，通常把这个在 P 型衬底表面形成的 N 型薄层称为反型层，这个反型层实际上就构成了漏极和源极之间的N型导电沟道。若在漏、源极之间加上电压 u_{DS}，就会产生漏极电流 i_D。我们将形成导电沟道时所需的最小栅源电压称为开启电压，用“$U_{GS(th)}$”表示。改变栅源电压就可以改变沟道的宽度，也就可以有效地控制漏极电流 i_D。

由于这种场效应管没有原始导电沟道，只有当 $u_{GS} \geqslant U_{GS(th)}$ 时才形成导电沟道，因而称其为增强型场效应管。

3) 特性曲线

(1) N沟道增强型绝缘栅场效应管的转移特性曲线如图3.7(a)所示。在 $u_{GS} \geqslant U_{GS(th)}$ 时，i_D 与 u_{GS} 的关系可用下式表示：

$$i_D = I_{D0}\left(\frac{u_{GS}}{U_{GS(th)}} - 1\right)^2 \tag{3.4}$$

其中 I_{D0} 是 $u_{GS} = 2U_{GS(th)}$ 时的 i_D 值。

(2) N沟道增强型绝缘栅场效应管的输出特性曲线如图3.7(b)所示。由图可见，特性曲线有4个区：可变电阻区、恒流区、击穿区和夹断区。其含义与结型场效应管输出特性曲线相应区域的含义相同。

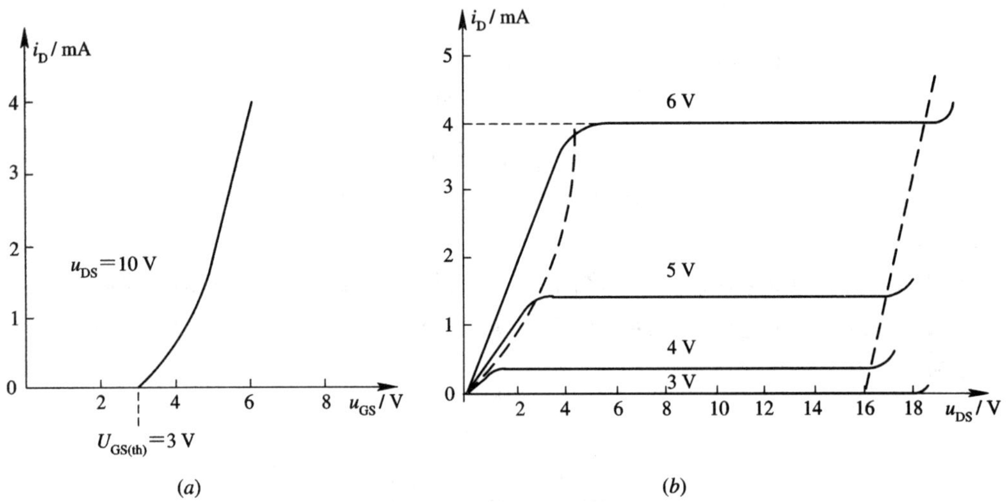

图 3.7 N沟道增强型场效应管特性曲线

(a) 转移特性曲线；(b) 输出特性曲线

2. 耗尽型绝缘栅场效应管的结构及工作原理

图3.8为N沟道耗尽型场效应管的结构及符号图。其结构与增强型场效应管的结构相似，不同的是这种管子在制造时，就在二氧化硅绝缘层中掺入了大量的正离子。由于正离子的作用，即使在 $u_{GS}=0$ 时也会在漏、源极之间形成导电沟道，此时，只要在漏、源极之间加上正向电压 u_{DS}，就会产生漏极电流 i_D。通常将 $u_{GS}=0$ 时的漏极电流 i_D 称为饱和漏极电流，用 I_{DSS} 表示。当栅、源极之间加反偏电压 u_{GS} 时，沟道中感应的负电荷减少，从而使 i_D 减小，反偏电压 u_{GS} 增大，沟道中感应的负电荷进一步减少。当反偏电压增大到某一值时，使 $i_D=0$，沟道被夹断，此时的 u_{GS} 称为夹断电压，用 $U_{GS(off)}$ 表示。N沟道耗尽型场效应管的特性曲线如图3.9所示。这种管子的 u_{GS} 不论是正是负或零都可以控制 i_D，这使它的使用更具有灵活性。

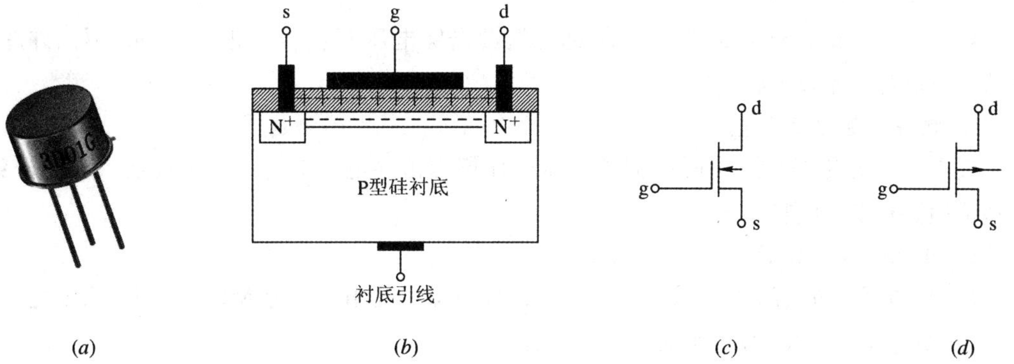

图 3.8　耗尽型 MOS 管结构及符号图
（a）实物图；（b）N 沟道结构图；（c）N 沟道符号；（d）P 沟道符号

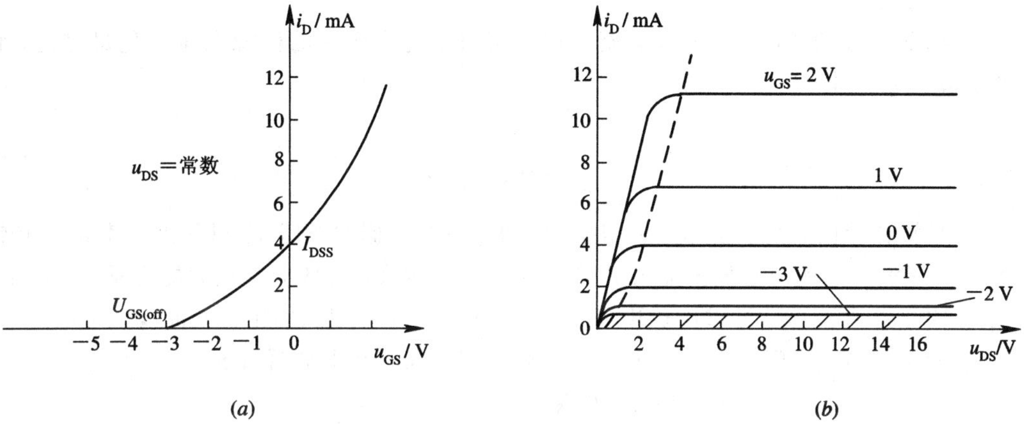

图 3.9　N 沟道耗尽型场效应管特性曲线
（a）转移特性曲线；（b）输出特性曲线

在 $u_{GS} \geqslant U_{GS(off)}$ 时，i_D 与 u_{GS} 的关系可用下式表示：

$$i_D = I_{DSS}\left(1 - \frac{u_{GS}}{U_{GS(off)}}\right)^2 \tag{3.5}$$

3.1.3　场效应管的主要参数及使用注意事项

1. 主要参数

1）夹断电压 $U_{GS(off)}$ 和开启电压 $U_{GS(th)}$

当漏源电压 u_{DS} 为某固定值时，使耗尽型管子的漏极电流 i_D 等于零（或按规定等于一个微小电流，例如 1 μA）时，所需施加的栅源电压 u_{GS} 的值，即为夹断电压 $U_{GS(off)}$。

在 u_{DS} 为定值的条件下，增强型场效应管开始导通（i_D 达到某一定值，如 10 μA）时，所需施加的栅源电压 u_{GS} 的值，称为开启电压 $U_{GS(th)}$。

2）饱和漏极电流 I_{DSS}

当 u_{DS} 为某固定值时，栅源电压为零时的漏极电流称为饱和漏极电流 I_{DSS}。

3）漏源击穿电压 $U_{(BR)DS}$

随 u_{DS} 的增加 i_D 开始剧增时的 u_{DS} 称为漏源击穿电压 $U_{(BR)DS}$。使用时，u_{DS} 不允许超过此值，否则会烧坏管子。

4）栅源击穿电压 $U_{(BR)GS}$

使二氧化硅绝缘层击穿时的栅源电压叫作栅源击穿电压 $U_{(BR)GS}$，一旦绝缘层被击穿，将造成短路现象，使管子损坏。

5）直流输入电阻 R_{GS}

R_{GS} 是指栅、源极间所加的一定电压与栅极电流的比值。因为 MOS 管栅、源极之间存在 SiO_2 绝缘层，故 R_{GS} 数值很大，在 10^{10} Ω 左右。

6）最大耗散功率 P_{DM}

P_{DM} 是管子允许的最大耗散功率，类似于半导体三极管中的 P_{CM}，是决定管子温升的参数。使用时，管耗功率 P_D 不允许超过 P_{DM}，否则会烧坏管子。

7）跨导 g_m

在 u_{DS} 为定值的条件下，漏极电流变化量与引起这个变化的栅源电压变化量之比，称为跨导或互导，即

$$g_m = \left.\frac{di_D}{du_{GS}}\right|_{u_{DS}=\text{常数}} \tag{3.6}$$

g_m 是转移特性曲线上工作点处斜率的大小，反映了栅源电压 u_{GS} 对漏极电流 i_D 的控制能力。g_m 是衡量场效应管放大能力的重要参数，g_m 越大，场效应管放大能力越好，即 u_{GS} 控制 i_D 的能力越强。g_m 可以从转移特性曲线上求取，也可以从输出特性曲线上求取。

g_m 的单位是毫西门子(mS)，其大小一般为零点几到几十毫西门子。

各种场效应管的符号和特性曲线见表 3.1。

2. 检测及使用注意事项

1）检测

由于绝缘栅型(MOS)场效应管输入阻抗很高，所以不宜用万用表测量，必须用测试仪测量，而且测试仪必须良好接地，测试结束后应先短接各电极，以防外来感应电势将栅极击穿。

结型场效应管可用万用表判别其管脚和性能的优劣。

(1) 管脚的判别：首先确定栅极，将万用表置 $R\times1$ k(Ω)或 $R\times100$ 挡，用黑表笔接假设的栅极，再用红表笔分别接另外两脚。若测得的阻值小，黑、红表笔对调后阻值很大，则假设的栅极正确，并知它是 N 沟道场效应管，反之为 P 沟道场效应管。其次确定源极和漏极，对于结型场效应管，由于漏、源极是对称的，可以互换，因此，剩余的两只管脚中任何一只都可以作为源极或漏极。

(2) 质量判定：把万用表置 $R\times1$ k(Ω)或 $R\times100$ 挡，红、黑两表笔分别交替接源极和漏极，阻值均小。随后将黑表笔接栅极，红表笔分别接源极和漏极，对 N 沟道管，阻值应很小；对 P 沟道，阻值应很大。再将红、黑表笔对调，测得的数值相反，这样的管子基本上是好的。否则，管子要么已被击穿，要么已断路。

表 3.1　各种场效应管的符号和特性曲线

结构种类	工作方式	符　号	电压极性 u_{GS}	电压极性 u_{DS}	转移特性 $i_D=f(u_{GS})$	输出特性 $i_D=f(u_{DS})$
绝缘栅(MOSFET)N 型沟道	耗尽型	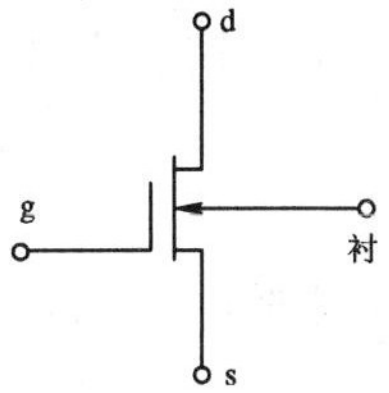	(−) (+)	(+)	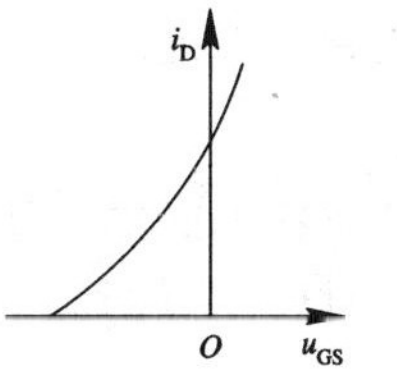	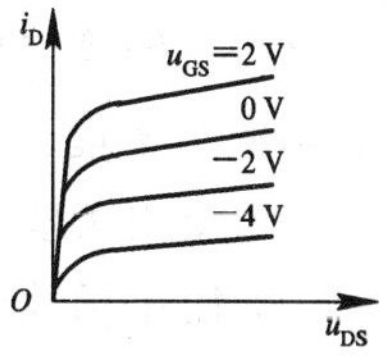
	增强型	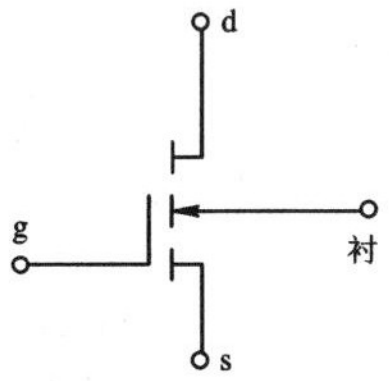	(+)	(+)	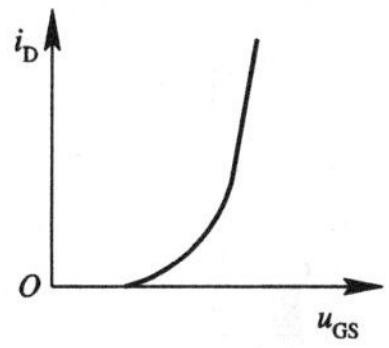	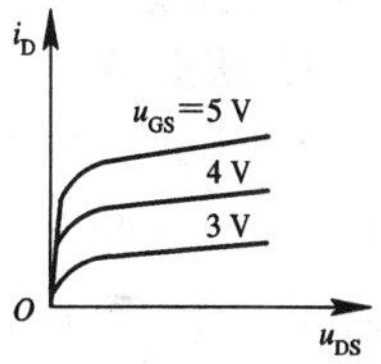
绝缘栅(MOSFET)P 型沟道	耗尽型	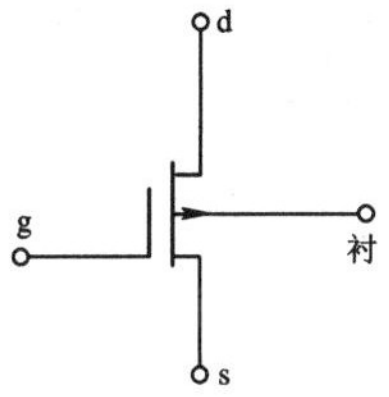	(+) (−)	(−)	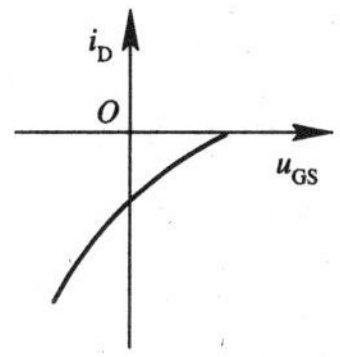	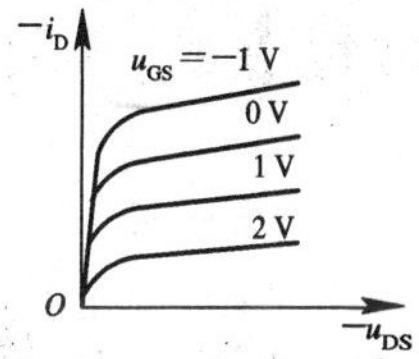
	增强型	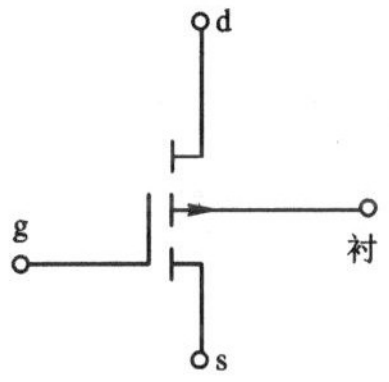	(−)	(−)	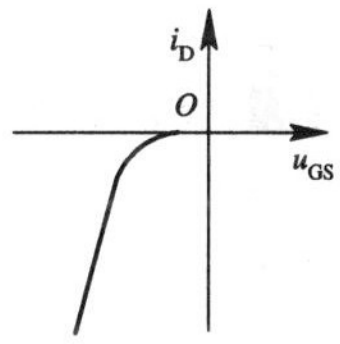	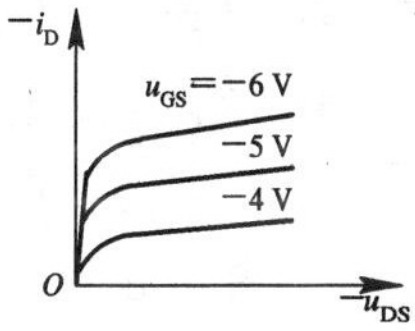
结型(JFET)P 型沟道	耗尽型	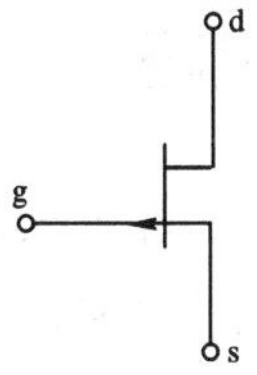	(+)	(−)	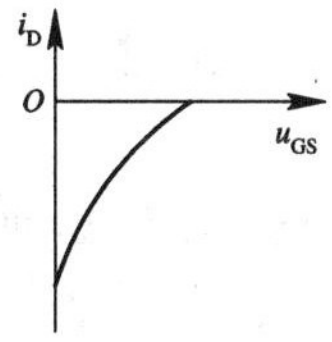	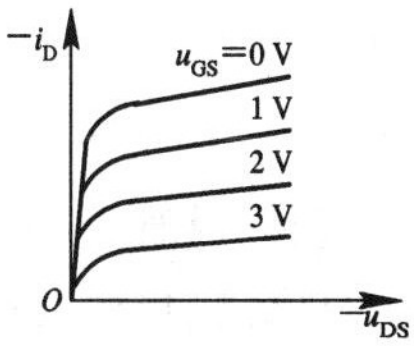
结型(JFET)N 型沟道	耗尽型	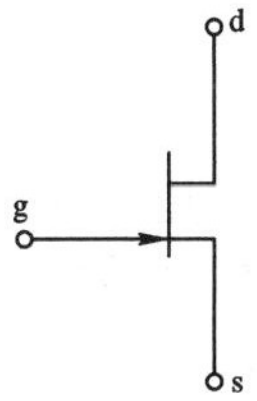	(−)	(+)	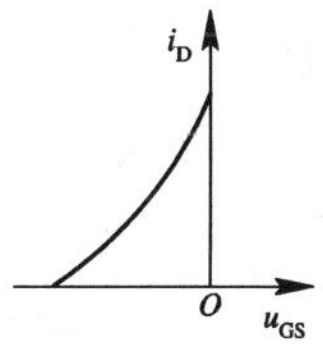	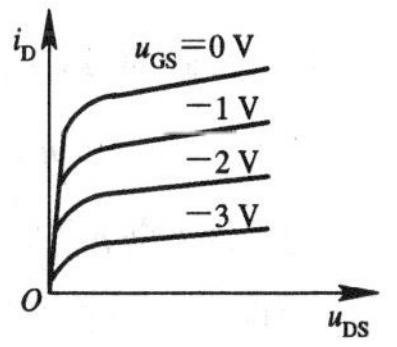

2) 注意事项

(1) MOS管栅、源极之间的电阻很高，使得栅极的感应电荷不易泄放，因极间电容很小，故会造成电压过高使绝缘层被击穿。因此，保存MOS管应使三个电极短接，避免栅极悬空。焊接时，电烙铁的外壳应良好接地，或烧热电烙铁后切断电源再焊。

(2) 有些场效应晶体管将衬底引出，故有4个管脚，这种管子的漏极与源极可互换使用。但有些场效应晶体管在内部已将衬底与源极接在一起，只引出3个电极，这种管子的漏极与源极不能互换。

(3) 使用场效应管时各极必须加正确的工作电压。

(4) 使用场效应管时要注意漏源电压、漏源电流及耗散功率等，不能超过规定的最大允许值。

知识点

1. 结型场效应管
2. 绝缘栅型场效应管
3. 增强型绝缘栅场效应管
4. 耗尽型绝缘栅场效应管
5. 场效应管的转移特性和输出特性

技能点

1. 结型场效应管的工作原理的分析
2. 场效应管正常工作时各电极施加电压的极性和大小分析
3. 场效应管的转移特性和输出特性的分析
4. 结型场效应管的管脚和性能的检测

思考题

1. N沟道结型场效应管栅、源极之间能否加正偏电压？为什么？
2. 能否用万用表测量绝缘栅型场效应管各管脚以及管子的性能？
3. 总结各种场效应管外加电压极性的规律。

3.2 场效应管放大电路

与三极管一样，根据输入、输出回路公共端选择不同，可将场效应管放大电路分成共源、共漏和共栅三种组态。本节主要介绍常用的共源和共漏两种放大电路。

3.2.1 共源放大电路

1. 电路组成及直流偏置

图3.10为场效应管共源放大电路。各元件的名称与作用如图中标注所示。

与三极管放大器一样，为了使场效应管能够正常工作，必须在栅、源极之间加上适当的偏置电压。该电路是利用漏极电流在源极电阻上产生的压降来获得偏置电压的，这种电路叫作自给栅偏压电路。

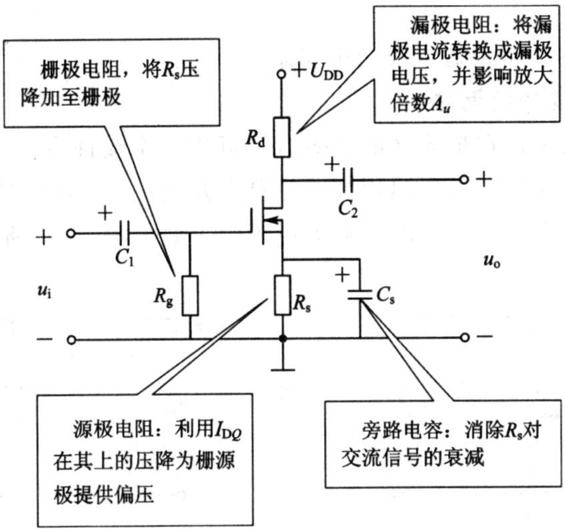

图 3.10　场效应管共源放大电路

由于栅极电阻上无直流电流，因而

$$U_{GS} = -I_D R_s \tag{3.7}$$

适当选择 R_s 值，可获得合适的栅偏压 U_{GS}。对于增强型场效应管，由于不能形成自偏压，故不能采用图 3.10 所示的自给栅偏压电路，而采用分压偏置式电路，如图 3.11 所示。该电路栅、源极间的偏置电压为

$$U_{GS} = U_G - U_S = \frac{R_{g2}}{R_{g1} + R_{g2}} U_{DD} - I_D R_s \tag{3.8}$$

场效应管放大电路的静态工作点 U_{GSQ} 和 I_{DQ} 可用式(3.4)或式(3.5)与式(3.7)或式(3.8)联立求出，漏源电压 U_{DSQ} 由下式求得：

$$U_{DSQ} = U_{DD} - I_{DQ}(R_d + R_s) \tag{3.9}$$

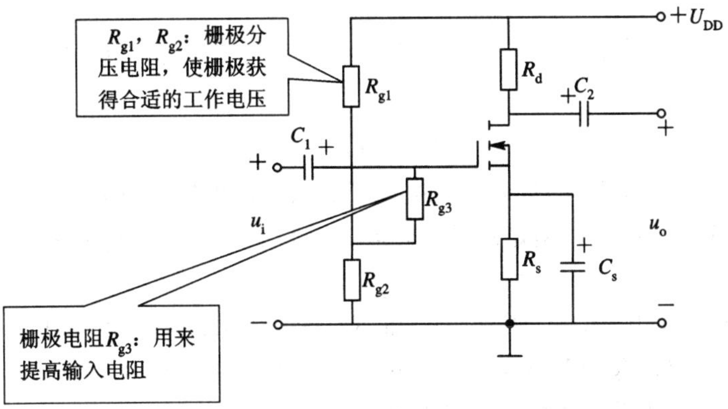

图 3.11　分压偏置式共源放大电路

2. 动态分析

放大电路的动态参数可由微变等效电路求出。

1）场效应管的微变等效电路

在小信号作用下，工作在恒流区的场效应管可用一个线性有源二端口网络来等效。由输入回路看，由于场效应管输入电阻很高，可看作开路；由输出回路看，$i_d = g_m u_{gs}$，可等效为受控电流源。这样在小信号情况下场效应管可等效成图 3.12 所示电路。

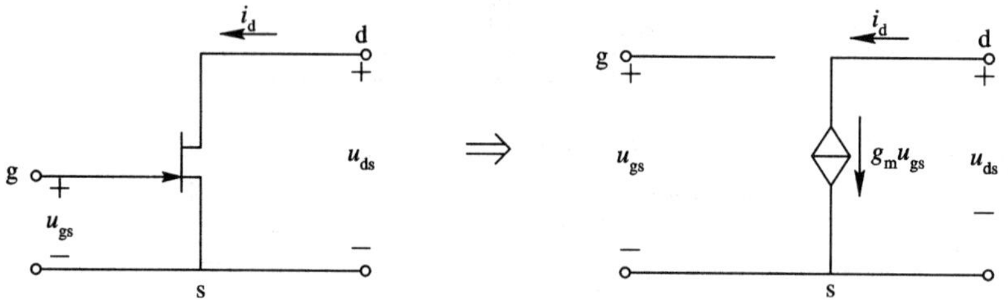

图 3.12　场效应管微变等效电路

2）共源放大电路的微变等效电路

共源放大电路的微变等效电路如图 3.13 所示。

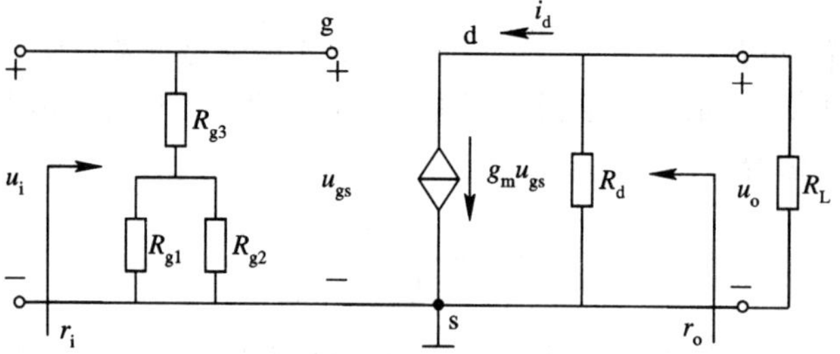

图 3.13　共源放大电路的微变等效电路

由图 3.13 所示的微变等效电路可求得：

(1) 电压放大倍数：

$$A_u = \frac{u_o}{u_i} = -\frac{i_d(R_d \mathbin{/\!/} R_L)}{u_{gs}} = -\frac{g_m\, u_{gs}\, R_L'}{u_{gs}} = -g_m R_L' \tag{3.10}$$

(2) 输入电阻：

$$r_i = R_{g3} + (R_{g1} \mathbin{/\!/} R_{g2}) \tag{3.11}$$

由式(3.11)可看出，R_{g3} 的接入大大提高了放大电路的输入电阻。

(3) 输出电阻：根据戴维南定理可知，当 $u_i=0$ 时，$u_{gs}=0$，$g_m u_{gs}=0$，因此

$$r_o = R_d \tag{3.12}$$

例 3.1　电路如图 3.14 所示，已知 $R_{g1}=200\ \text{k}\Omega$，$R_{g2}=30\ \text{k}\Omega$，$R_{g3}=10\ \text{M}\Omega$，$R_d=5\ \text{k}\Omega$，$R_L=5\ \text{k}\Omega$，$R_s=1\ \text{k}\Omega$，$g_m=4\ \text{mS}$，$C_1=C_2=10\ \mu\text{F}$，$C_s=50\ \mu\text{F}$。试画出微变等效电路并求出电压放大倍数和输入、输出电阻。

解　微变等效电路如图 3.13 所示。

电压放大倍数：

$$A_u = -g_m(R_d \,/\!/\, R_L) = -4 \times \frac{5 \times 5}{5+5} = -10$$

输入电阻：

$$r_i = R_{g3} + (R_{g1} \,/\!/\, R_{g2}) = 10^4 + \frac{200 \times 30}{200+30} \approx 10^4\ \text{k}\Omega = 10\ \text{M}\Omega$$

输出电阻：

$$r_o = R_d = 5\ \text{k}\Omega$$

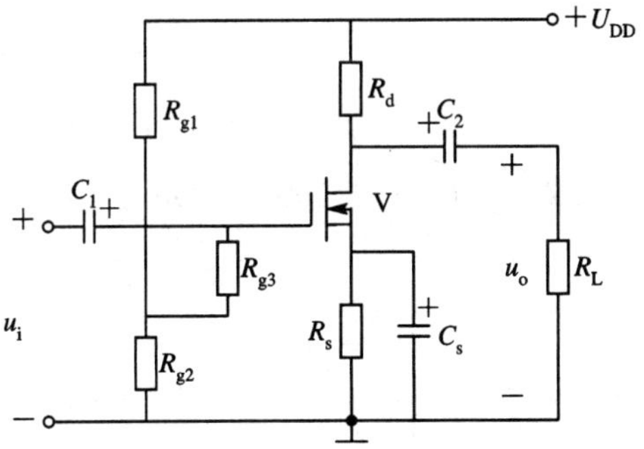

图 3.14　例 3.1 的图

3.2.2　共漏放大电路

共漏放大电路又称为源极输出器，电路如图 3.15(a)所示。其交流信号从栅极输入、源极输出，漏极作为交流输入、输出的公共端。其微变等效电路如图 3.15(b)所示。

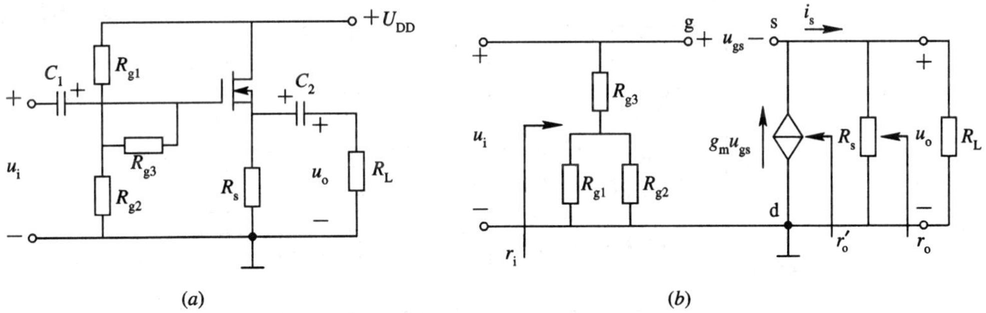

图 3.15　共漏放大电路

(a) 基本电路；(b) 微变等效电路

由图 3.15(b)可得：

$$u_o = i_d(R_s \,/\!/\, R_L) = g_m u_{gs} R_L'$$

$$u_i = u_{gs} + u_o = (1 + g_m R_L')u_{gs}$$

$$A_u = \frac{u_o}{u_i} = \frac{g_m R_L'}{1 + g_m R_L'} \leqslant 1 \tag{3.13}$$

即 $u_o \approx u_i$，说明输出电压具有跟随输入电压的作用，所以该电路又称为源极跟随器。

输入电阻：

$$r_i = (R_{g1} \mathbin{/\!/} R_{g2}) + R_{g3} \tag{3.14}$$

根据戴维南定理可得输出电阻为

$$r_o = R_s \mathbin{/\!/} \frac{1}{g_m} \tag{3.15}$$

例 3.2　在图 3.15 电路中，已知 $R_{g1}=200\ \text{k}\Omega$，$R_{g2}=64\ \text{k}\Omega$，$R_{g3}=500\ \text{k}\Omega$，$R_s=12\ \text{k}\Omega$，$R_L=12\ \text{k}\Omega$，场效应管为 3DJ6 管，$g_m=1.5\ \text{mS}$，求：

(1) 输入电阻；

(2) 输出电阻。

解　(1) 输入电阻：

$$r_i = R_{g3} + (R_{g1} \mathbin{/\!/} R_{g2}) = 500 + (200 \mathbin{/\!/} 64) \approx 548\ \text{k}\Omega$$

(2) 输出电阻：

$$r_o = R_s \mathbin{/\!/} \frac{1}{g_m} = \frac{12 \times \dfrac{1}{1.5}}{12 + \dfrac{1}{1.5}} = 0.63\ \text{k}\Omega = 630\ \Omega$$

3.2.3　场效应管放大电路的应用

1. 作为测量电路的输入级

图 3.16 所示为某测量电路的输入级，接入场效应管源极输出器是为了消除电路对被测信号源的影响。

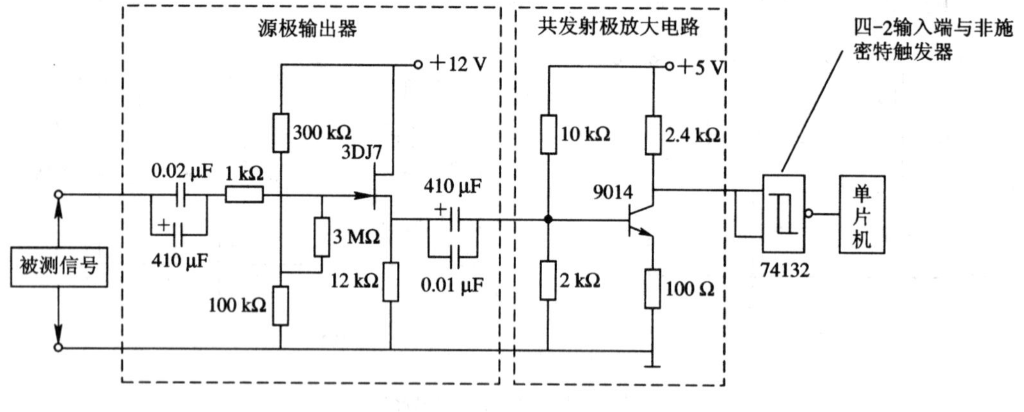

图 3.16　某测量电路的输入级及波形变换电路

***2. 用于驻极体送话器中**

电话通信中用来完成声/电转换的送话器有多种，其中驻极体送话器中就接有共源极放大器和共漏极放大器。

驻极体送话器中用驻极体薄膜作为振动膜片，在膜片的两面用真空镀膜机镀上一层金属做电极，两极间形成一小电容。通过静电感应，在薄膜上驻留大量静电荷 Q。当人们对着膜片讲话时，膜片振动使其电容 C 随声波而变化，膜片与后电极间的电压 $U=Q/C$ 也随之变化，从而完成了声/电转换。由于电容很小($C=30\ \text{pF}$)，送话器的输出阻抗高达几十兆欧，所以它产生出来的话音电压不能直接输出到下一级放大器中，通常是用一只场效应管接成漏极输出或者源极输出电路来进行阻抗变换，并把这个场效应管一并封装在送话器中，如图 3.17(*a*)、(*b*)中虚线框所示。为使用方便，封装后的驻极体送话器引出三个端子 d、s、g。

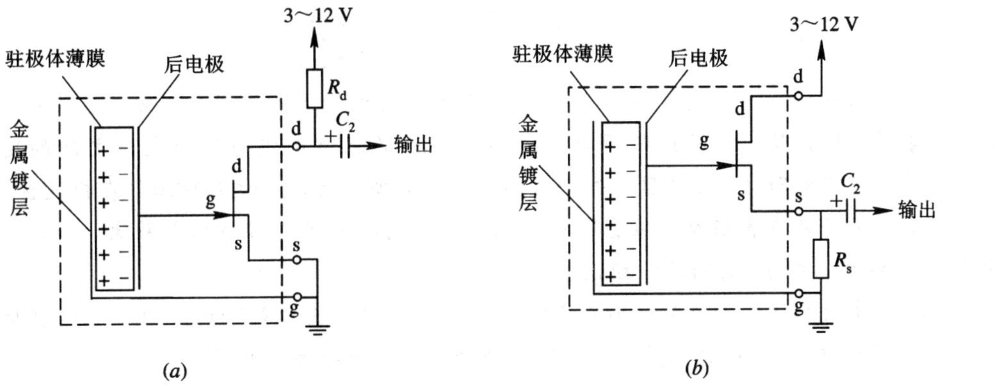

图 3.17　驻极体送话器原理图

(*a*) 漏极输出；(*b*) 源极输出

与其他送话器相比，驻极体送话器具有体积小、频带响应宽、噪声低、保真度高、耐振性强及成本低等优点。

知识点

1. 共源放大电路
2. 共源放大电路的组成
3. 共源放大电路的性能指标
4. 共漏放大电路
5. 共漏放大电路的组成
6. 共漏放大电路的性能指标

技能点

1. 共源、共漏放大电路图的识记
2. 共源、共漏放大电路性能指标的估算和分析

思考题

1. 增强型 MOS 管能否使用自给栅偏压偏置电路来设置静态工作点？
2. 试画出自给栅偏压共源放大电路的微变等效电路，并写出 A_u、r_i、r_o 的表达式。
3. 在场效应管放大电路中，给场效应管施加直流偏置电压的目的是什么？

本 章 小 结

(1) 场效应管是一种电压控制器件，它是利用栅源电压来控制漏极电流的。

(2) 由于结型场效应管的栅、源间是一个反偏的 PN 结，MOS 管栅、源极之间是绝缘的，故输入电阻非常大。

(3) 场效应管的种类很多，一般分类如下：

- 场效应管
  - 结型
    - N 沟道
    - P 沟道
  - 绝缘栅型
    - 增强型
      - N 沟道
      - P 沟道
    - 耗尽型
      - N 沟道
      - P 沟道

(4) 转移特性是漏极电流与栅源电压之间的变化关系，它反映了栅源电压对漏极电流的控制能力。输出特性表示以栅源电压为参变量时的漏极电流与漏源电压之间的变化关系，它分为可变电阻区、恒流区、击穿区和夹断区等四个区域，放大时工作在恒流区。

(5) 利用场效应管栅源电压能够控制漏极电流的特点可以实现信号放大。场效应管放大电路有共源、共漏、共栅三种组态。

(6) 在使用和保存场效应管时，要注意由于静电感应造成的“栅穿”问题。结型场效应管在使用时应注意电压极性。MOS 管在保存和装配时应把各极短路。

习　　题

3.1　有一场效应管不知是什么类型，通过实验测得它的输出特性曲线如题 3.1 图所示。

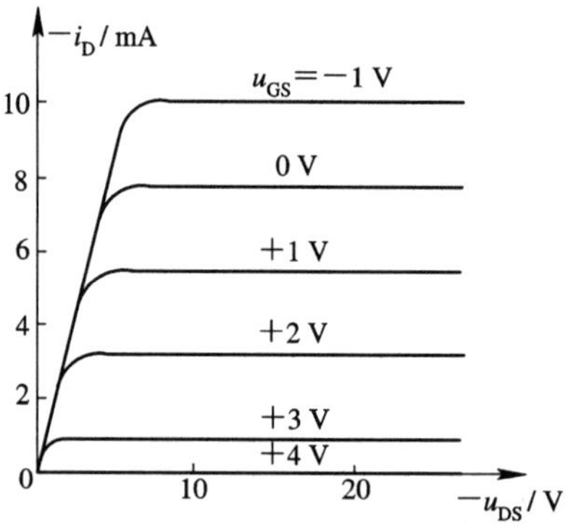

题 3.1 图

试问：

(1) 它是哪种类型的场效应管？

(2) 它的夹断电压 $U_{GS(off)}$ 和开启电压 $U_{GS(th)}$ 为多少？

(3) 它的 I_{DSS} 或 I_{DO} 为多大？

3.2　电路如题 3.2 图所示，已知：场效应管 3DJ6 的 $I_{DSS}=8$ mA，$U_{GS(off)}=-3$ V，$R_g=3$ MΩ，$R_d=3$ kΩ，$R_s=1$ kΩ，$R_L=6$ kΩ，$U_{DD}=12$ V，$g_m=5$ mS。

(1) 画出电路的微变等效电路；

(2) 求 A_u、r_i、r_o。

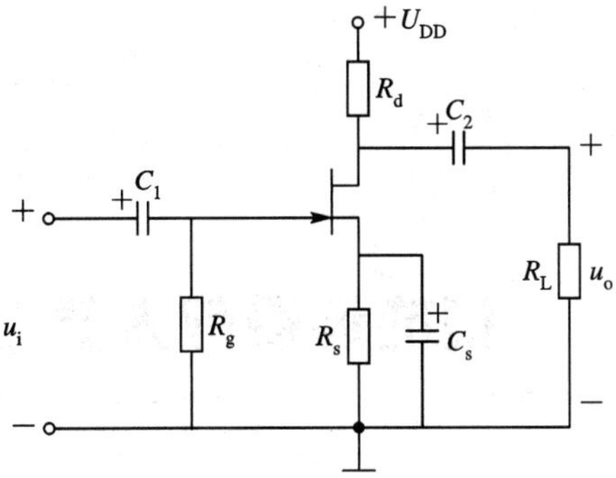

题 3.2 图

3.3　如题 3.3 图所示源极输出器，已知 $R_{g1}=2\ \mathrm{M\Omega}$，$R_{g2}=500\ \mathrm{k\Omega}$，$R_{g3}=1\ \mathrm{M\Omega}$，$R_s=10\ \mathrm{k\Omega}$，$U_{DD}=12\ \mathrm{V}$，场效应管的跨导 $g_m=1\ \mathrm{mS}$，试求电路的输入电阻和输出电阻。

3.4　画出 P 沟道结型场效应管组成的分压偏置式共源放大电路。

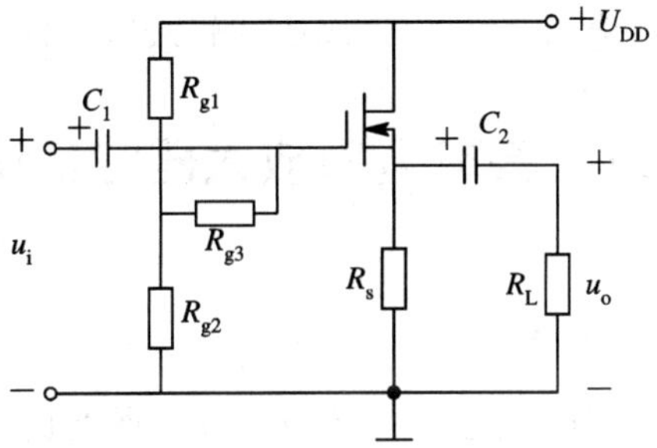

题 3.3 图

第 4 章

集成运算放大器

集成电路是利用半导体三极管常用的硅平面制造工艺技术，把组成电路的电阻、二极管、三极管等有源或无源器件及其内部连线同时制造在一块很小的硅基片上，构成的具有特定功能的电子电路。它具有体积小、重量轻、耗电省、可靠性高等优点。模拟集成电路的品种很多，有集成运算放大器、集成功率放大器、模拟乘法器、集成稳压电源及其他通用的和专用的模拟集成电路等。本章仅介绍集成运算放大器(简称集成运放)。

4.1　集成运算放大器的认识

4.1.1　集成运算放大器的识读

集成运算放大器是一个具有高增益、低漂移、带有深度负反馈并直接耦合的直流放大器，最初主要用作模拟计算机的运算放大器，且性能优良，后广泛用于运算、测量、控制以及信号的产生、处理和变换等领域。虽然运算放大器的用途早已不限于运算，但仍沿用此名称。

常见的集成运算放大器有扁平型、双列直插式等，有 8 引脚、14 引脚等不同封装，其外形如表 4.1 所示。其引脚号排列顺序的标记一般有色点、凹槽、管键及封装时压出的圆形标记等。

双列直插式集成块引线脚号的识别方法是：将集成块水平放置，管脚向下，从缺口或标记开始，按逆时针方向数，依次为 1 脚、2 脚、3 脚……

表 4.1　集成运放外形结构示意图

<table>
<tr><th>结构形式</th><th>外形及引脚识读方向</th><th>μA741 封装外形、引脚排列、引脚功能图</th></tr>
<tr><td>扁平型、双列直插式结构</td><td>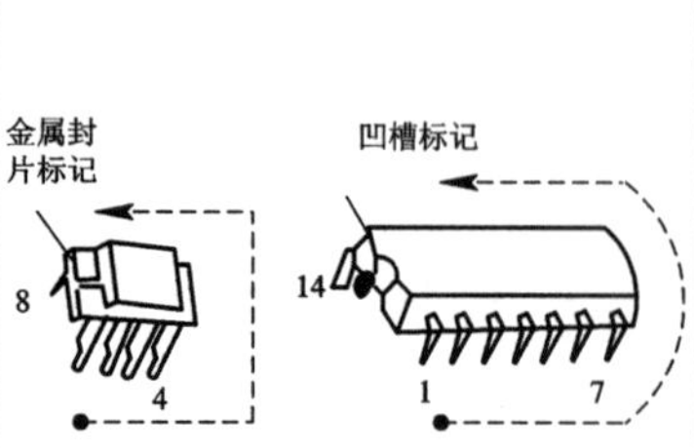
</td><td>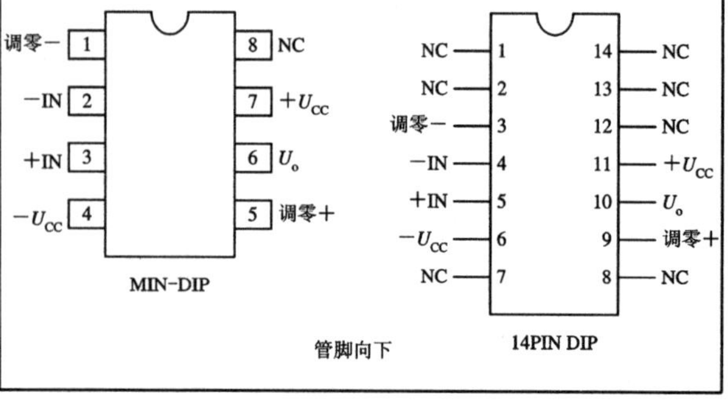
</td></tr>
</table>

4.1.2　集成运放的组成及其符号

集成运放内部实际上是一个高增益的直接耦合放大器，其内部组成原理框图用图 4.1 表示，它由输入级、电压放大级、输出级和偏置电路四部分组成。

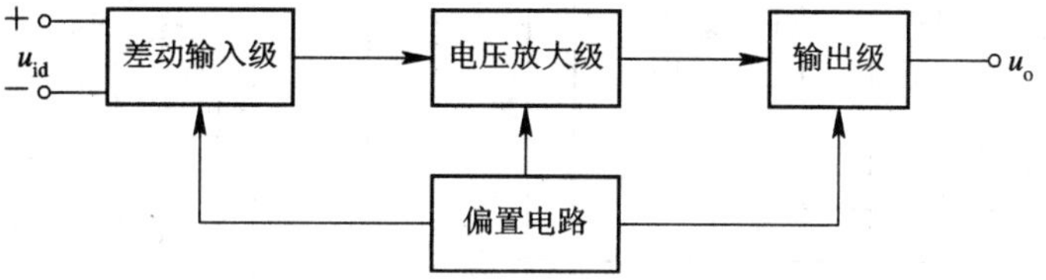

图 4.1　集成运算放大器内部组成原理框图

1. 输入级

输入级是提高运算放大器质量的关键部分，要求其输入电阻高。为了能减小零点漂移和抑制共模干扰信号，输入级都采用具有恒流源的差动放大电路，也称差动输入级。

2. 电压放大级

电压放大级的主要作用是提供足够大的电压放大倍数，也称为中间级。要求电压放大级本身具有较高的电压增益。为了减少前级的影响，还应具有较高的输入电阻。另外，电压放大级还应向输出级提供较大的驱动电流，并能根据需要实现单端输入、双端差动输出，或双端差动输入、单端输出。

3. 输出级

输出级的主要作用是输出足够的电流以满足负载的需要，同时还需要有较低的输出电阻和较高的输入电阻，以起到将电压放大级和负载隔离的作用。输出级一般由射极输出器组成，以减小输出电阻，提高带负载能力。

4. 偏置电路

偏置电路的作用是为各级提供合适的工作电流，一般由各种恒流源电路组成。

此外还有一些辅助环节，如电平移动电路、过载保护电路以及高频补偿环节等。

现以通用型集成运算放大器 μA741 作为模拟集成电路的典型例子进行介绍，其原理电路图如图 4.2 所示。

从图 4.2 可以看出，集成电路内部是很复杂的，但作为使用者来说，重点要掌握的是它的几个引脚的用途以及放大器的主要参数，不一定需要详细了解它的内部电路结构。

从原理图可以看出，这种运放有 7 个端点需要通过 7 个引脚与外电路相连。各引脚的用途是：

2 脚为反相输入端，由此端接输入信号，则输出信号与输入信号是反相的；

3 脚为同相输入端，由此端接输入信号，则输出信号与输入信号是同相的；

6 脚为输出端；

4 脚为负电源端，接 −3～−18 V 电源；

7 脚为正电源端，接 +3～+18 V 电源；

1 脚和 5 脚为外接调零电位器的两个端子，一般只需在这两个引脚上接入 10 kΩ 线绕电位器，即可调零；

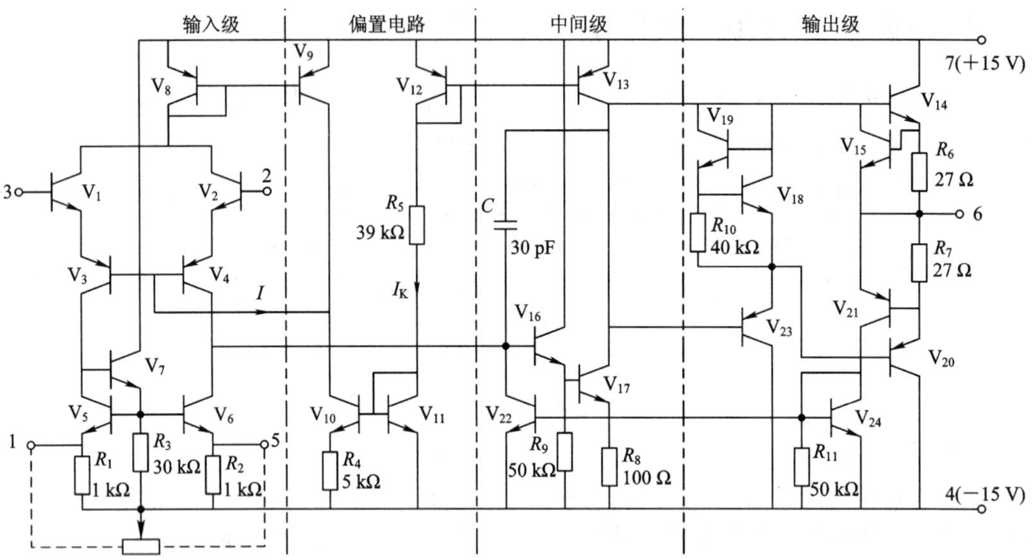

图 4.2　μA741 内部电路

8 脚为空脚。

μA741 的外部连接图如图 4.3 所示。

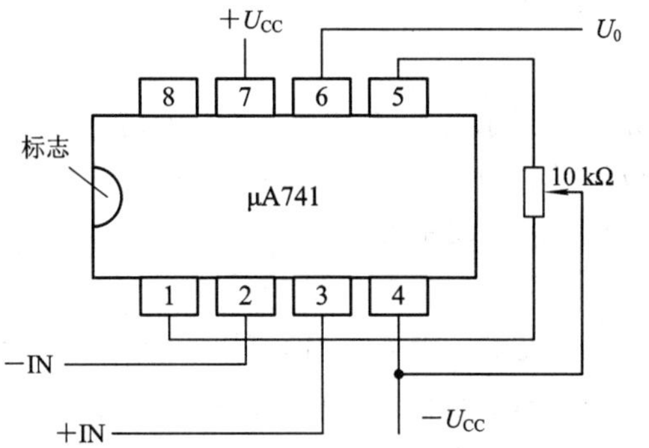

图 4.3　μA741 外部连接图

集成运放的代表符号如图 4.4 所示，图中“▷”表示信号的传输方向，“∞”表示放大倍数为极大。两个输入端中，“−”号表示反相输入端，电压用“u_-”表示；符号“+”表示同相输入端，电压用“u_+”表示。输出端的“+”号表示输出电压为正极性，电压用“u_o”表示。

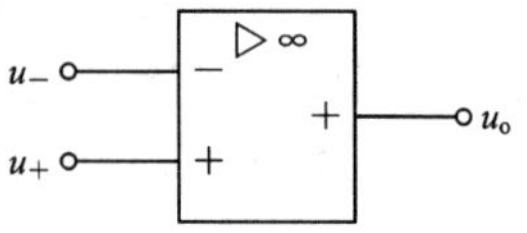

图 4.4　集成运放的符号

4.1.3　集成运算放大器的分类

自 1964 年 FSC 公司研制出第一块集成运算放大器 μA702 以来，经过几十年的发展，集成运算放大器已成为一种类别与品种系列繁多的模拟集成电路了。为了在工作中能够正确地选取使用，必须了解集成运算放大器的分类。

集成运算放大器有四种分类方法。

1. 按其用途分类

集成运算放大器按其用途分为通用型及专用型两大类。

1）通用型集成运算放大器

通用型集成运算放大器的参数指标比较均衡全面，适用于一般的工程设计。一般认为，在没有特殊参数要求情况下工作的集成运放可列为通用型。由于通用型应用范围广、产量大，因而价格便宜。作为一般应用，首先考虑选择通用型。

2）专用型集成运算放大器

这类集成运算放大器是为满足某些特殊要求而设计的，其参数中往往有一项或几项非常突出，因而可分为：

(1) 低功耗或微功耗集成运算放大器：电源电压在±15 V时，功耗小于6 mW或达到微瓦级。

(2) 高速集成运算放大器。

(3) 宽带集成运算放大器：一般增益带宽积应大于10 MHz。

(4) 高精度集成运算放大器：特点是高增益、高共模抑制比、低偏流、低温漂、低噪声等。

(5) 高电压集成运算放大器：正常输出电压U_o大于22 V。

(6) 功率型集成运算放大器。

(7) 高输入阻抗集成运算放大器。

(8) 电流型集成运算放大器。

(9) 跨导型集成运算放大器。

(10) 程控型集成运算放大器。

(11) 低噪声集成运算放大器。

(12) 集成电压跟随器。

2. 按其供电电源分类

集成运算放大器按其供电电源分类，可分为以下两类：

(1) 双电源集成运算放大器。绝大部分运算放大器在设计中都是正、负对称的双电源供电，以保证运放的优良性能。

(2) 单电源集成运算放大器。这类运放采用特殊设计，在单电源下能实现零输入、零输出，且在交流放大时失真较小。

3. 按其制作工艺分类

集成运算放大器按其制作工艺分类，可分为三类：

(1) 双极型集成运算放大器；

(2) 单极型集成运算放大器；

(3) 双极－单极兼容型集成运算放大器。

4. 按运放级数分类

按单片封装中的运放级数分类，集成运放可分为四类：

(1) 单运放;

(2) 双运放;

(3) 三运放;

(4) 四运放。

4.1.4 模拟集成运放的型号命名方法

1. 国标命名方式

我国半导体集成运放的型号命名按照 GB3430—89，应由五部分组成：

X　X　XXXX　X　X

①　②　③　④　⑤

其符号与定义见附录九，如 CF0741CT 的含义如图 4.5 所示。

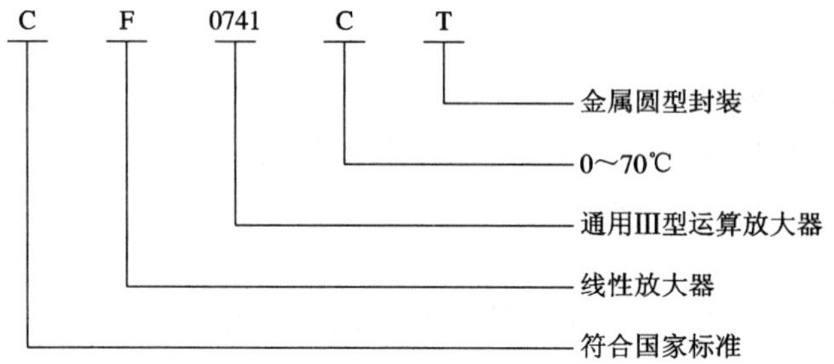

图 4.5　型号命名举例

2. 国内部分厂家自命名方法

国内部分厂家的模拟集成电路型号的字头见附录十。

3. 国外模拟集成电路型号的识别

由于国外集成电路生产厂家对产品的型号命名没有统一的规定，因而要识别一个集成电路是什么功能的电路就比较困难，但是大部分集成电路型号的前缀可以表明它是属于哪家公司的产品以及属于什么类型的电路，据此，再查阅该公司的产品手册，就可以知道这一集成电路的功能。国外部分模拟集成电路的型号前辍及其生产厂家的代号见附录十一。

例如，通用型集成运放 741 有：

国产型号：CF741;

国外型号：μA741、MC1741、μpc151、TA7504、M5141、OP02、LM741 等。

知识点

1. 集成运算放大器

1. 集成运放的组成框图

2. 集成运放的电路符号

技能点

1. 集成运放电路符号的识记

2. 集成运放引脚的识读

3. 集成运放具有两个输入端的解读

思考题

1. 集成电路的引脚是如何排列的？μA741 各引脚的用途是什么？
2. 集成运放符号框内各符号的含义是什么？
3. 国产半导体集成电路是如何命名的？

4.2　集成运放输入级原理电路——差动放大器的分析

在放大电路中，电源电压的波动、元器件参数的变化、环境温度的变化等，往往会使放大器的输出电压偏离初始静态值，出现缓慢的、无规则的漂移。这种漂移会被逐级放大，严重时会淹没有用信号，使放大电路无法工作。这种现象称为零点漂移。为了抑制零点漂移，常采用差动放大器。

4.2.1　电路组成与性能分析

1. 电路组成

图 4.6(*a*)所示为一个基本差动放大电路，它由两个特性相同的三极管 V_1、V_2 组成对称电路，电路参数也对称，即 $R_{c1}=R_{c2}=R_c$ 等，电路中有两个电源 $+U_{CC}$ 和 $-U_{EE}$。两管的发射极连在一起并接电阻 R_e。在集成运放内的差动放大电路中，R_e 用恒流源替代。恒流源差分电路的等效电路如图 4.6(*b*)所示。图中，差动放大电路有两个输入端和两个输出端，称为双端输入双端输出差动放大电路。

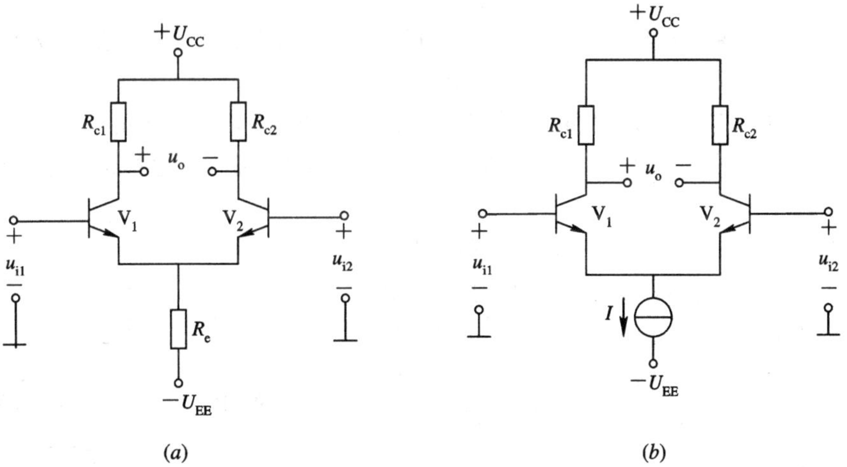

图 4.6　差动放大电路

(*a*) 基本差放电路；(*b*) 恒流源差放电路

2. 工作原理

1）静态分析

当没有输入信号电压，即 $u_{i1}=u_{i2}=0$ 时，放大电路的直流通路如图 4.7 所示。由于电路完全对称，$R_{c1}=R_{c2}=R_c$，两管发射结的压降 $U_{BE1}=U_{BE2}=0.7$ V。这时

$$I_{R_e}=\frac{-0.7-(-U_{EE})}{R_e}=\frac{U_{EE}-0.7}{R_e}$$

$$I_{EQ1}=I_{EQ2}=\frac{1}{2}I_{R_e}$$

$$I_{CQ1}=I_{CQ2}\approx I_{EQ}$$

$$I_{BQ1}=I_{BQ2}=\frac{I_{CQ1}}{\beta}$$

$$U_{CE1}=U_{CE2}=U_{CC}-I_{CQ1}R_c-(-0.7)$$
$$=U_{CC}-I_{CQ1}R_c+0.7$$

两管集电极之间的输出电压

$$U_O=U_{C1}-U_{C2}=0$$

由此可知，输入信号电压为0时，输出信号电压也为0，故常称此时放大器的输出状态为零点。

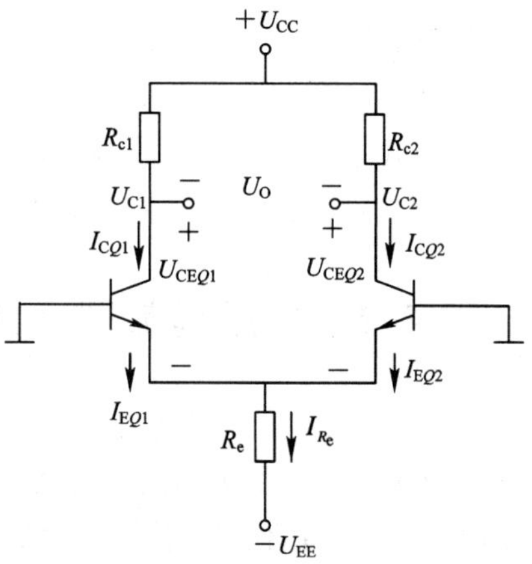

图 4.7 直流通路

2）抑制零漂的原理

当输入电压为0时，若输出电压偏离零点变化，称之为零点漂移，简称为零漂。在图4.7中，当外界因素发生变化时，两管的静态值会同时发生漂移。例如当温度上升时，I_{CQ1}、I_{CQ2}同时上升，结果U_{C1}与U_{C2}同时下降，即两管集电极电压的变化也是相同的，因此其输出电压为0，输出电压没有漂移，其过程表示如下：

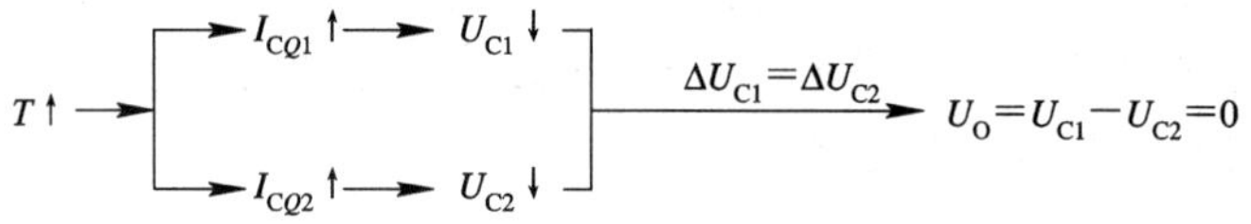

可以看出，差动放大电路是利用电路的对称性来抑制零点漂移的。差动放大电路两边的对称性愈好，对零点漂移的抑制作用就愈强。

差动放大电路不仅可以抑制由于外界因素变化所引起的输出电压的变化，而且还可以抑制两输入端输入的大小相等、方向相同的信号对输出端的影响，这样的信号可以表示为

$$u_{ic1}=u_{ic2}=u_{ic} \tag{4.1}$$

我们把这样的信号称为共模信号，用下标符号"c"表示，如图4.8所示。在共模信号电压作用下，两管的电流同时增加或减少，由于电路对称，输出端的电压u_{oc1}和u_{oc2}也是大小相等、极性相同，输出电压$u_{oc}=u_{oc1}-u_{oc2}=0$，其输出端的共模电压放大倍数为

$$A_{uc}=\frac{u_{oc}}{u_{ic}}=\frac{u_{oc1}-u_{oc2}}{u_{ic}}=0 \tag{4.2}$$

外界温度变化使两个三极管的静态电流I_{C1}和I_{C2}同时变化，相当于在差放电路两输入端施加了大小相等、方向相同的共模信号。因此，差动放大器对零点漂移的抑制可以归类为对共模信号的抑制。

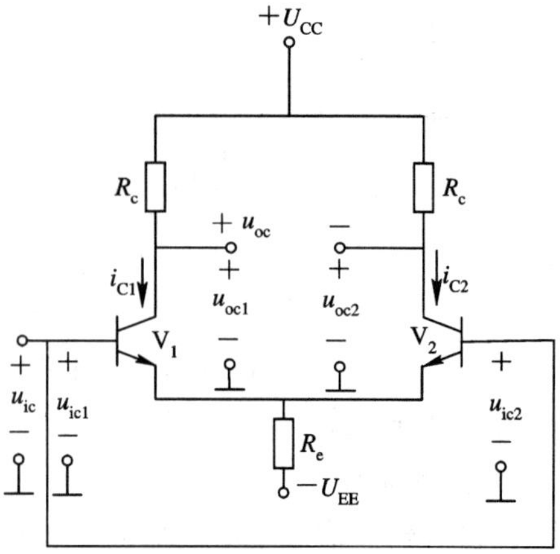

图 4.8 共模输入电路

3）对差模信号的放大作用

在差动放大器两个输入端之间加入需要放大的输入信号 u_{id}，如图 4.9 所示。由于电路对称，每个输入端得到的输入信号电压是总的输入信号电压的一半，即

$$u_{id1}=-u_{id2}=\frac{1}{2}u_{id} \tag{4.3}$$

我们把这样的大小相等、相位相反的信号称为差模信号，用下标符号"d"表示。由于两管的输入电压方向相反，流过两管的电流方向也相反，一管电流增加，另一管电流减少，在电路完全对称的情况下，i_{c1} 增加的量与 i_{c2} 减小的量相等，所以流过 R_e 的电流变化为 0，即 $u_{R_e}=0$，可以认为 R_e 对差模信号呈短路状态。差模输入时的交流通路如图 4.10 所示。

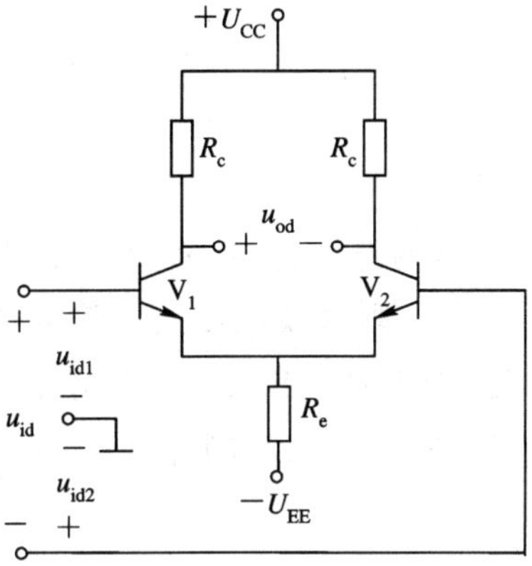

图 4.9　差模输入电路

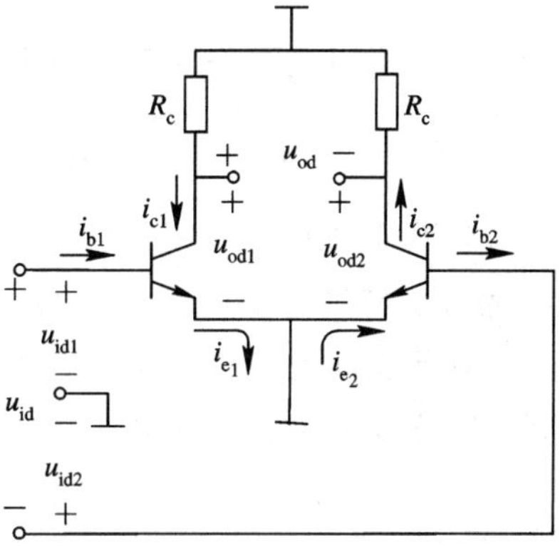

图 4.10　差模输入时的交流通路

由图 4.10 可以看出，当从两管集电极取电压时，其差模电压放大倍数表示为

$$A_{ud}=\frac{u_{od}}{u_{id}}=\frac{u_{od1}-u_{od2}}{u_{id1}-u_{id2}}=\frac{2u_{od1}}{2u_{id1}}=-\frac{\beta R_c}{r_{be}}=A_{u1} \tag{4.4}$$

由式(4.4)可以看出，差动放大电路的差模电压放大倍数与单管共射放大电路的电压放大倍数相同。可见，差动放大电路是用增加了一个单管共射放大电路作为代价来换取对零点漂移的抑制能力的。

4）共模抑制比

差动放大电路两输入端的输入信号不仅仅只是一个单纯的差模信号或者一个单纯的共模信号，还可以是大小不等的任意信号，信号的输入方式如图 4.6 所示。此时，可以将其分解为差模信号与共模信号。差模信号为两输入信号之差，即

$$u_{id}=u_{i1}-u_{i2} \tag{4.5}$$

每一管的差动信号输入为

$$u_{id1}=-u_{id2}=\pm\frac{1}{2}(u_{i1}-u_{i2}) \tag{4.6}$$

共模信号为两输入信号的算术平均值

$$u_{ic}=\frac{1}{2}(u_{i1}+u_{i2}) \tag{4.7}$$

则

$$u_{i1}=u_{ic}+u_{id1} \tag{4.8}$$

$$u_{i2}=u_{ic}-u_{id2} \tag{4.9}$$

此时可利用叠加原理来求总的输出电压，即

$$u_o=A_{ud}u_{id}+A_{uc}u_{ic} \tag{4.10}$$

差模信号是有用信号，共模信号是无用信号或者是干扰噪声等有害信号。所以，在差动放大器的输出电压中，总希望差模输出电压越大越好，而共模输出电压越小越好。差动放大器对差模信号的放大能力及对共模信号的抑制能力，常用共模抑制比作为一项重要技术指标来衡量，其定义为放大电路对差模信号的电压放大倍数 A_{ud} 与对共模信号的放大倍数 A_{uc} 之比的绝对值，即

$$K_{CMR}=\left|\frac{A_{ud}}{A_{uc}}\right| \tag{4.11}$$

共模抑制比有时也用分贝(dB)数来表示：

$$K_{CMR}=20\lg\left|\frac{A_{ud}}{A_{uc}}\right|\ \text{dB} \tag{4.12}$$

显然，共模抑制比越大，差动放大电路分辨差模信号的能力越强，受共模信号的影响越小。对于双端输出的差动放大电路，若电路完全对称，则共模电压放大倍数 $A_{uc}=0$，$K_{CMR}\to\infty$。对于实际电路，虽然 K_{CMR} 不能趋于无穷大，但也希望其数值越大越好。常通过增加差动放大电路的发射极电阻 R_e 或用恒流源代替 R_e 来提高共模抑制比。

知识点

1. 差动放大电路
2. 零点漂移
3. 差模信号
4. 差模电压放大倍数
5. 共模信号
6. 共模抑制比

技能点

1. 差动放大电路图的识记
2. 差动放大电路抑制零漂的过程分析
3. 差动放大电路对差模信号放大作用的分析
4. 差模电压放大倍数的估算

思考题

1. 什么是零点漂移？产生零漂的主要原因是什么？

2. 差动放大电路是如何抑制零点漂移的？

3. 已知差动放大电路输入交流信号的有效值 $U_{i1}=20$ mV，$U_{i2}=10$ mV，试求差模和共模输入信号的大小。

4. 共模抑制比的定义是什么？如何提高共模抑制比？

4.2.2　差动放大电路的输入与输出方式

差动放大电路有两个对地输入端和两个对地输出端，所以信号源与两个输入端的连接方式及负载从输出端取出电压的方式有以下几种方式：

(1) 双端输入双端输出，如图 4.6 所示。

(2) 双端输入单端输出，如图 4.11 所示。

由于只从 V_1 管的集电极输出，所以输出电压只有双端输出的一半，即差模电压放大倍数为

$$A_{ud1}=\frac{1}{2}A_{ud}=-\frac{1}{2}\frac{\beta R_c}{r_{be}} \tag{4.13}$$

如果从 V_2 管的集电极输出，仅是 u_o 的相位与前者相反，差模电压放大倍数的表达式去掉上式中的"－"号即可。

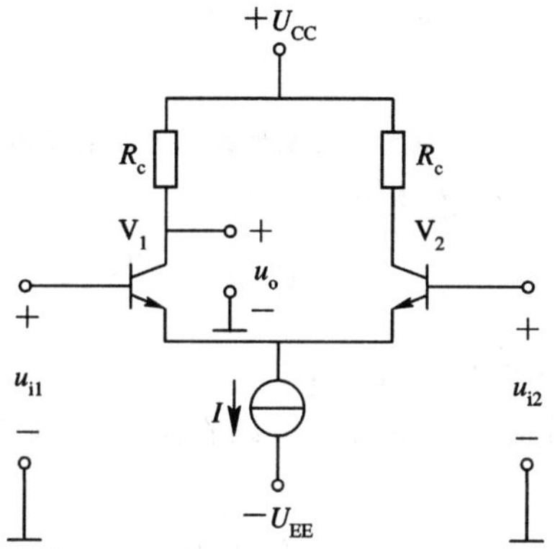

图 4.11　双端输入单端输出差动放大电路

(3) 单端输入双端输出，如图 4.12 所示。

放大倍数的表达式同式(4.4)。

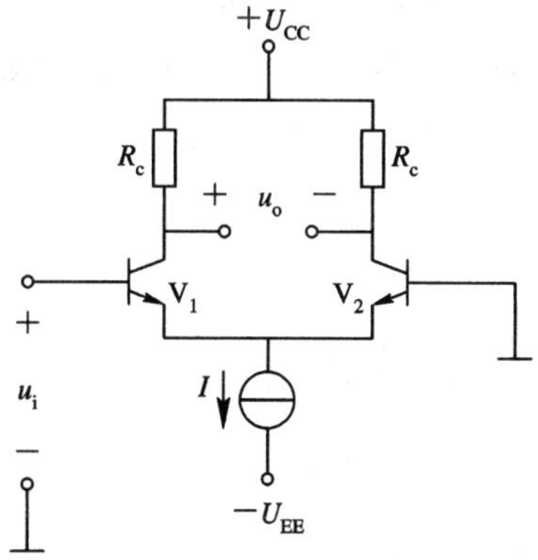

图 4.12　单端输入双端输出差动放大电路

(4) 单端输入单端输出，如图 4.13 所示。

图 4.13(*a*)的差模电压放大倍数的表达式同式(4.13)，即

$$A_{ud1} = \frac{1}{2}A_{ud} = -\frac{1}{2}\frac{\beta R_c}{r_{be}}$$

式中的“—”号表示输出电压与输入电压反相。

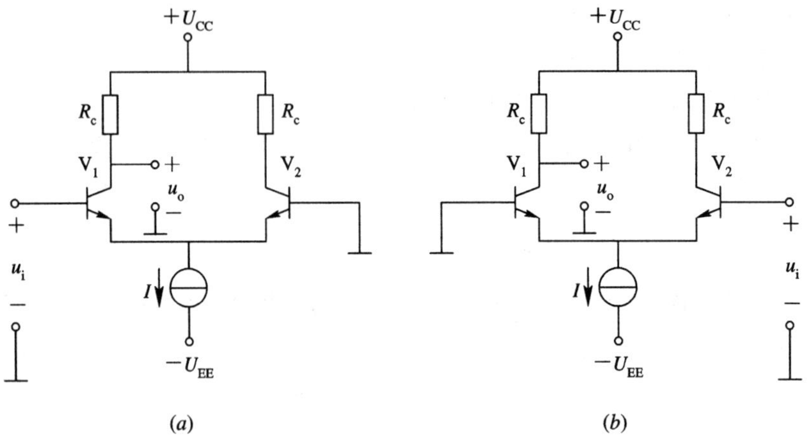

图 4.13　单端输入单端输出差动放大电路

图 4.13(b)的差模电压放大倍数的表达式为

$$A_{ud2} = \frac{1}{2}A_{ud} = \frac{1}{2}\frac{\beta R_c}{r_{be}} \tag{4.14}$$

式中无“—”号表示输出电压与输入电压同相。

可以看出：单端输入单端输出差动放大电路在输出端确定的前提下，可根据不同的输入端得到同相和反相的关系。

总结四种不同的输入与输出方式的差动放大电路可以得出这样的结论：其差模电压放大倍数的大小与它的输入方式无关，而只取决于它的输出方式；其相位关系既与它的输入方式有关，也与它的输出方式有关。

在实际应用中，可根据是否需要对地平衡输入(出)及对地不平衡输入(出)，选择相应的双端输入(出)或单端输入(出)的差动放大电路。

例 4.1　在图 4.6(b)所示的双端输入双端输出的恒流源差动放大器中，$U_{CC}=U_{EE}=12$ V，$R_c=10$ kΩ，$\beta_1=\beta_2=\beta=50$，$I=1$ mA。试求：

(1) 电路的静态工作点 Q；

(2) 差模电压放大倍数 A_{ud}；

(3) 共模抑制比 K_{CMR}；

(4) 将输出方式改为图 4.11 所示的单端输出时的 A_{ud1}。

解　(1)

$$I_{EQ1} = \frac{1}{2}I = 0.5\ \text{mA} = I_{EQ2} \approx I_{CQ1} = I_{CQ2}$$

$$I_{BQ1} = I_{BQ2} = \frac{I_{CQ1}}{\beta} = \frac{0.5}{50} = 10\ \mu\text{A}$$

$$U_{EQ} = -0.7\ \text{V}$$

$$U_{CEQ1} = U_{CEQ2} = U_{CC} - I_{CQ1}R_c - U_{EQ} = 12 - 0.5 \times 10 - (-0.7) = 7.7\ \text{V}$$

(2)

$$r_{be} = 300 + (1+\beta)\frac{26}{I_{EQ}} = 300 + (1+50)\frac{26}{0.5} \approx 2.95\ \text{k}\Omega$$

$$A_{ud}=-\beta\frac{R_c}{r_{be}}=-50\times\frac{10}{2.95}=-169.5$$

(3)　$K_{CMR}\rightarrow\infty$

(4)　$A_{ud1}=\frac{1}{2}A_{ud}=-84.7$

知识点

1. 双端输入双端输出
2. 双端输入单端输出
3. 单端输入双端输出
4. 单端输入单端输出

技能点

不同输入与输出方式下差模电压放大倍数的估算

思考题

1. 单端输入差动放大器中，信号从一端输入，而另一输入端接地，输入端接地的三极管对输入信号是否仍有放大作用？为什么？

2. 差动放大器有哪几种接法？怎样计算它们的差模电压放大倍数 A_{ud}？

4.3　集成运算放大器的主要参数及其选择

4.3.1　集成运算放大器的主要参数

运算放大器(简称运放)的特性参数是评价运放性能优劣的依据。为了正确地挑选和使用集成运放，必须弄清参数的含义。运放的特性参数分为极限参数和电气参数，极限参数是器件生产厂家规定的最大允许使用条件，在使用过程中，如果超过极限参数，会导致器件性能劣化，甚至被烧毁；电气参数是集成运放在典型工作条件(温度、电源电压、负载等)下的性能指标。

1. 极限参数

1) 供电电压范围($+U_{CC}$、$-U_{CC}$，或$+U_s$、$-U_s$)

定义：加到运放上的最小和最大允许的安全工作电源电压，称为运放的供电电压范围。采用双电源的运放，其正、负电源电压通常是对称的，标准设计值为±15 V，但多数运放可在较宽的电源电压范围内工作，有的可低到±1 V以下，有的则可高到±40 V。

2) 功耗 P_D

定义：运放在规定的温度范围工作时，可以安全耗散的功率称为功耗。功耗除了与运放的设计有关外，还随封装形式的不同而异。一般来说，陶瓷封装允许的功耗最大，金属封装次之，塑料封装的功耗最小。通用型运放的静态功耗(无负载时)一般为 60～180 mW。

3) 工作温度范围

定义：能保证运放在额定的参数范围内工作的温度称为它的工作温度范围。军用级器件的工作温度范围为－55～＋125℃，工业用级器件的工作温度范围是－25～＋85℃，民用级器件的工作温度范围为 0～+70℃。例如，LM124/LM224/LM324 是相同品种的运放，它们的差别仅仅是工作温度范围依次为军用级、工业用级和民用级。

4) 最大差模输入电压 U_{idmax}

定义：能安全地加在运放的两输入端之间的最大差模电压称为最大差模输入电压。不同运放有不同的 U_{idmax} 值，小的可以在±0.5 V 以下，大的可高达±30 V。

5) 最大共模输入电压 U_{icmax}

定义：能安全地加在运放的两个输入端的短接点与运放地线之间的最大电压称为最大共模输入电压，有时也把使共模抑制比下降 6 dB 时的正向或负向共模电压值称为 U_{icmax}。如果共模成分超过一定限度，则输入级将进入非线性区工作，就会造成失真，并会使输入端晶体管反向击穿。

2. 电气参数

1) 输入特性

(1) 差模输入电阻 r_{id}。差模输入电阻是指运放对差模信号所呈现的电阻，即运放两输入端之间的电阻。

普通双极型运放，其 r_{id} 一般在 20 kΩ～2 MΩ 之间，超 β 输入级运放的 r_{id} 在 5 MΩ 以上，场效应管输入级运放的 $r_{id} \geqslant 10^9 \sim 10^{12}$ Ω，理想运放的 r_{id} 为无限大。

(2) 输入偏置电流 I_{IB}。输入偏置电流是指运放在静态时，流经两个输入端的基极电流的平均值，即

$$I_{IB} = \frac{1}{2}(I_{B1} + I_{B2}) \tag{4.15}$$

其值愈小愈好。通用型集成运放的 I_{IB} 约为几个微安数量级。

(3) 输入失调电压 U_{IO} 及其温漂 dU_{IO}/dT。一个理想的集成运放能实现零输入时零输出，而实际的集成运放，当输入电压为零时，存在一定的输出电压，将其折算到输入端就是输入失调电压，它在数值上等于输出电压为零时，输入端应施加的直流补偿电压；在运放输入级集电极电阻匹配的情况下，它反映了差动输入级元件的失调程度。通用型运放的 U_{IO} 在 2～10 mV 之间，高性能运放的 U_{IO} 小于 1 mV。

失调电压的温漂是失调电压 U_{IO} 随温度的相对变化量 dU_{IO}/dT，这个指标说明运放温漂性能的好坏，一般以 μV/℃ 为单位。

(4) 输入失调电流 I_{IO} 及其温漂 dI_{IO}/dT。一个理想的集成运放的两输入端的静态电流应该完全相等。实际上，当集成运放的输出电压为零时，流入两输入端的电流不相等，这个静态电流之差 $I_{IO}=I_{B1}-I_{B2}$ 就是输入失调电流。造成输入电流失调的主要原因是差分对管的 β 失调。I_{IO} 愈小愈好，一般为 1～10 nA。

输入失调电流对温度的变化率 dI_{IO}/dT 称为输入失调电流温漂，用以表征 I_{IO} 受温度变化的影响程度。这类温漂一般为 1～5 nA/℃，好的可达 pA/℃数量级。

2) 输出特性

(1) 最大输出电压 U_{omax}。最大输出电压是指运放在标称电源电压时，其输出端所能提供的最大不失真峰值电压。其值一般比电源电压低 2 V。

(2) 最大输出电流 I_{omax}。最大输出电流是指运放在标称电源电压和最大输出电压下，运放所能提供的正向或负向的峰值电流。

(3) 输出电阻 r_o。在开环条件下，运放等效为电压源时的等效动态内阻称为运放的输出电阻。r_o 的理想值为零，实际值一般为 100 Ω～1 kΩ 左右。

3) 增益特性

(1) 差模电压增益 A_{ud}。差模电压增益是指在标称电源电压和额定负载下，运放在开环时对差模信号的电压放大倍数。A_{ud}是频率的函数，但通常给出直流开环增益。

(2) 共模电压增益 A_{uc}。共模电压增益是指运放对输入共模信号的电压放大倍数。理想运放的输入级匹配，因此共模电压增益为零，但实际运放不可能完全匹配，因而 A_{uc}不可能真正为零。

(3) 共模抑制比 K_{CMR}。共模抑制比是指运放的差模电压增益与共模电压增益之比，并用对数表示，即

$$K_{CMR} = 20\ \lg\left|\frac{A_{ud}}{A_{uc}}\right| \tag{4.16}$$

K_{CMR}越大越好。

4) 频率特性

(1) 开环带宽 BW(f_H)。开环带宽是指运放在放大小信号时，开环增益下降到直流增益的 $1/\sqrt{2}$(0.707)时所对应的频率范围。

(2) 单位增益带宽 BW_G(f_T)。当输入小信号的信号频率增大到使运放开环增益下降为 1 时所对应的频率范围称为单位增益带宽。

(3) 转换速率 S_R。转换速率又称为上升速率或压摆率，通常是指运放在单位增益组态和额定输出电压情况下，输出电压的最大变化速率，定义为

$$S_R = \left|\frac{du_o}{dt}\right|_{max} \tag{4.17}$$

S_R 的大小反映了运放输出对于高速变化的输入信号的响应能力。S_R 越大，表示运放的高频性能越好。

附录十二列出了几种运放的典型参数值。

在运放电路的分析中，为简化起见，通常把实际运放视为理想器件。在理想运放中，把 A_{ud}、r_{id}、BW、S_R 和 K_{CMR} 视为无穷大，把 r_o、U_{IO}、I_{IO}、I_{IB}、dU_{IO}/dT 和 dI_{IO}/dT 视为零。

4.3.2　集成运算放大器的选择

1. 选择集成运算放大器的方法

根据集成运放的分类及国内外常用集成运放的型号，查阅集成运放的性能和参数，选择合适的集成运放。

2. 选择集成运放应考虑的其他因素

首先考虑尽量采用通用型集成运放，因为它们容易买到，价格较低，只有在通用型集成运放不能满足要求时，才去选择特殊型的集成运放，这时应考虑以下因素：

(1) 信号源的性质：是电压源还是电流源，源阻抗大小，输入信号幅度及其变化范围，

信号频率范围。

(2) 负载的性质：是纯电阻负载还是电抗负载，负载阻抗大小，需要集成运放输出的电压和电流的大小。

(3) 对精度的要求：对集成运放精度要求恰当，过低则不能满足要求，过高将增加成本。

(4) 环境条件：选择集成运放时，必须考虑到工作温度范围、工作电压范围、功耗与体积限制及噪声源的影响等因素。

知识点

1. 集成运放的极限参数
2. 集成运放的电气参数

技能点

1. 集成运放的选择
2. 集成运放电气参数数值大小与集成运放性能优劣关系的分析

思考题

1. A_{ud}、r_{id}、BW、K_{CMR}的物理意义是什么？
2. 在实际使用中，集成运放的极限参数能否超过所规定的值？为什么？
3. 如何选择你所需要的集成运放？

本章小结

(1) 集成运放是高增益的直接耦合放大器，它由输入级、中间级、输出级、偏置电路四部分组成。为了有效抑制零点漂移和提高共模抑制比，常采用差动放大电路作为输入级。

(2) 差动放大电路利用其电路的对称性使零输入时达到零输出，对差模信号具有很强的放大能力，而对共模信号具有很强的抑制作用。由于电路输入、输出方式的不同组合，共有四种典型电路。影响电路指标的接线方式主要取决于是单端输出方式还是双端输出方式。

(3) 对于集成运放的内部电路只作了解，其目的是为各引脚的功能及主要技术指标提供依据。要求掌握引脚号的识别方法，会查阅手册，正确选择和使用集成运放器件。

习　题

4.1　如题4.1图所示，电路参数完全对称，已知 $\beta_1=\beta_2=60$，$U_{BEQ1}=U_{BEQ2}=0.7$ V，设$r_{be1}=r_{be2}=2.2$ kΩ，试问：

(1) 输入信号是差模信号还是共模信号？

(2) 差模电压放大倍数 A_{ud}等于多少？

(3) 共模抑制比 K_{CMR}等于多少？

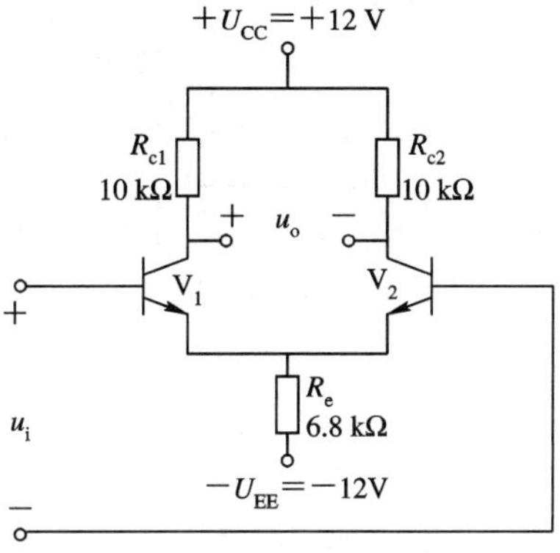

题 4.1 图

4.2　如题 4.2 图所示，已知 $\beta_1=\beta_2=80$，$U_{BEQ1}=U_{BEQ2}=0.7$ V，试求：

(1) 电路的静态工作点；

(2) 差模电压放大倍数 A_{ud2}。

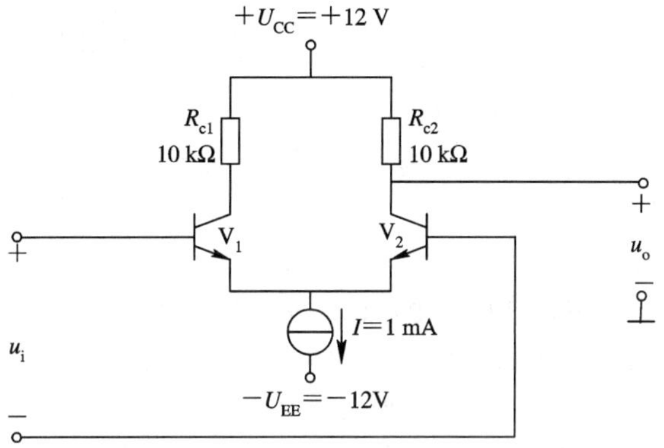

题 4.2 图

4.3　一个单端输入双端输出的差动放大电路如题 4.3 图所示。已知晶体管的 $\beta_1=\beta_2=100$，U_{BE} 均为 0.6 V，$r_{be1}=r_{be2}=2.73$ kΩ，试求电路的差模电压放大倍数 A_{ud}。

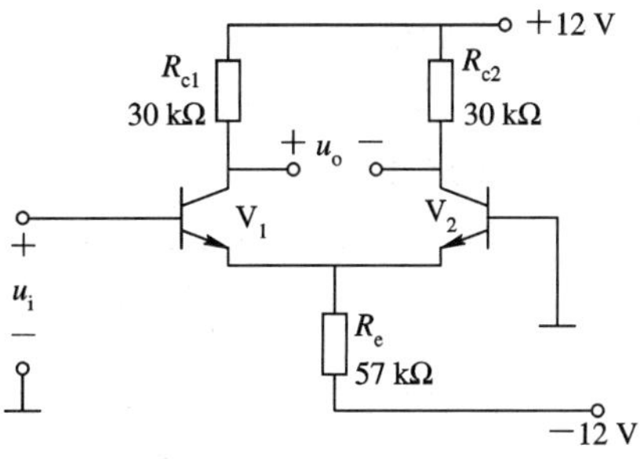

题 4.3 图

4.4　在题 4.4 图所示差动放大电路中，设 $u_{i2}=0$（接地），试选择正确的答案填空。

(1) 若希望负载电阻 R_L 的一端接地，输出电压 u_o 与输入电压 u_{i1} 极性相同，则 R_L 的另一端应接______(C_1，C_2)。

(2) 若希望 R_L 的一端接地，而 u_o 与 u_{i1} 极性相反，则 R_L 的另一端应接______(C_1，C_2)。

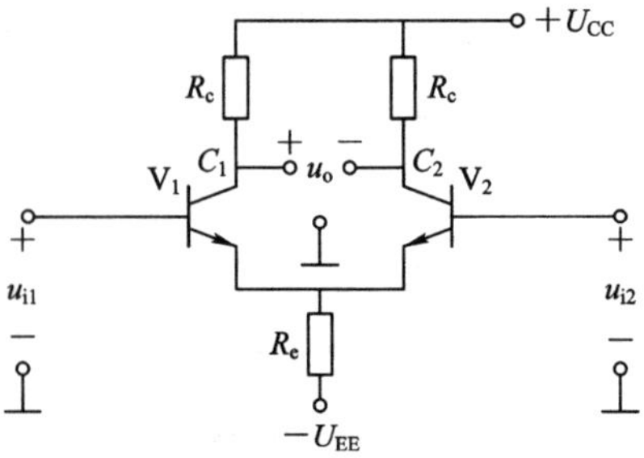

题 4.4 图

4.5 已知某运放的开环增益 A_{ud} 为 80 dB，最大输出电压 $U_{omax}=\pm10$ V，输入信号按题 4.5 图所示的方式加入，设 $u_i=0$ 时 $u_o=0$，图中标注的 u_i 及 u_o 为交流信号的瞬时值。试问：

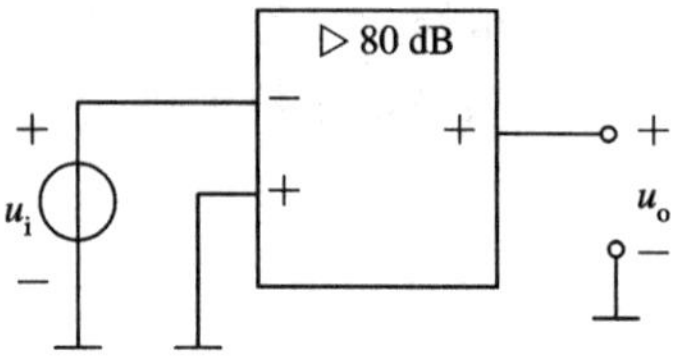

题 4.5 图

(1) 输入电压的有效值 $U_i=0.5$ mV 时，输出电压的有效值 $U_o=$(   )；

(2) $U_i=-1$ mV 时，$U_o=$(   )；

(3) $U_i=1.5$ mV 时，$U_o=$(   )；

(4) 若输入失调电压 $U_{IO}=2$ mV，该运放能否正常放大，为什么？

4.6 差动放大电路如题 4.4 图所示。试回答：

(1) 静态时，两个三极管的集电极电流的关系如何？($I_{CQ1}=I_{CQ2}$；$I_{CQ1}>I_{CQ2}$；$I_{CQ1}<I_{CQ2}$)

(2) 加入差模信号时，两个三极管的集电极电流关系如何？($I_{CQ1}=I_{CQ2}$；$i_{C1}=i_{C2}$；$i_{C1}\neq i_{C2}$)

(3) 加入共模信号时，两个三极管的集电极电流关系如何？($i_{C1}=i_{C2}$；$i_{C1}>i_{C2}$；$i_{C1}<i_{C2}$)

(4) 静态时，若温度增加，两个三极管的集电极电流如何变化？

4.7 双端输入双端输出的理想差动放大电路如题 4.7 图所示。

(1) 若输入交流信号的有效值分别为：$U_{i1}=1.5$ mV，$U_{i2}=0.5$ mV，求差模输入电压 U_{id}、共模输入电压 U_{ic} 的值；

(2) 若 $A_{ud}=150$，求输出电压 u_{od} 的值；

(3) 当输入电压为差模输入 u_{id} 时，若从 V_1 的集电极输出，求 u_{od1} 与 u_{id} 的相位关系；若从 V_2 的集电极输出，再求 u_{od2} 与 u_{id} 的相位关系。

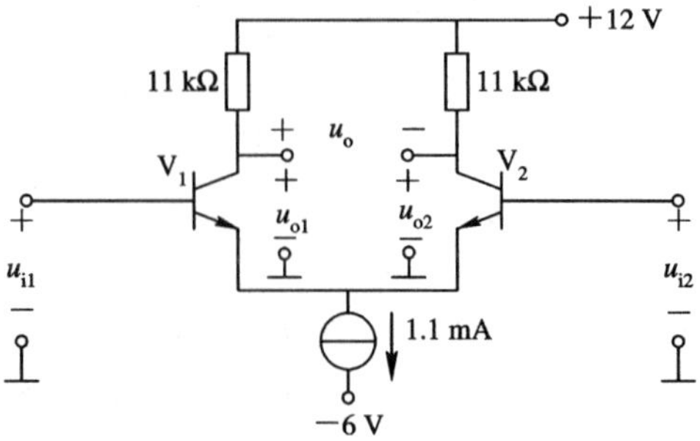

题 4.7 图

第 5 章

负反馈放大器

前面我们学习的各种类型的基本放大电路，都是将信号从输入端输入，经过放大器后从输出端送给负载。而在实际应用中，往往将输出量的一部分或者全部又返回到放大器的输入端，这称为反馈。反馈有正、负极性之分。负反馈可以改善放大器性能，可以减小非线性失真，改变输入、输出电阻，稳定放大倍数，扩展通频带等。因此，几乎所有的实用放大电路都是带负反馈的电路。本章从反馈的概念入手，介绍负反馈放大电路的分析方法、负反馈对放大器性能的改善以及为达到此目的而引入负反馈的一般原则，为今后选择合适的反馈电路做准备。

5.1　反馈的基本概念

1. 什么是反馈

将放大电路输出量(电压或电流)的一部分或全部，通过某些元件或网络(称为反馈网络)，反向送回到输入端，来影响原输入量(电压或电流)的过程称为反馈。

有反馈的放大电路称为反馈放大电路，其组成框图如图 5.1(*a*)所示。图中 A 代表没有反馈的放大电路，F 代表反馈网络，符号⊗代表信号的比较环节。x_i、x_f、x_{id} 和 x_o 分别表示电路的输入量、反馈量、净输入量和输出量，它们可以是电压，也可以是电流。

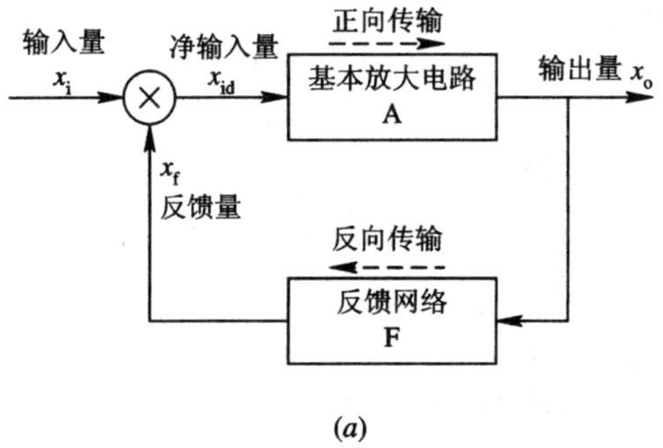

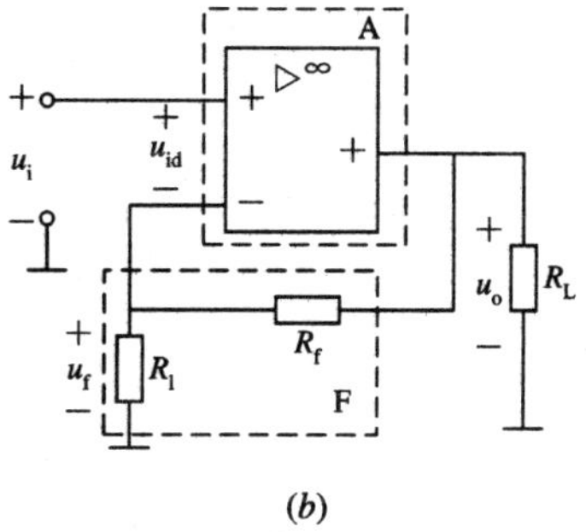

图 5.1　反馈放大电路组成

(*a*) 反馈放大电路组成框图；(*b*) 反馈放大电路

图 5.1(*b*)是一个具体的反馈放大电路。图中除了基本放大电路外，还有一条由 R_f 和 R_1 组成的电路接在输入端和输出端之间，由于它将输出量反送到放大器输入端，因此称为

反馈元件，或称反馈网络。u_i、u_f、u_{id}和 u_o 分别表示电路的输入电压、反馈电压、净输入电压和输出电压。

2. 反馈极性(正、负反馈)

在反馈放大电路中，反馈量使放大器净输入量得到增强的反馈称为正反馈，使净输入量减弱的反馈称为负反馈。

通常采用“瞬时极性法”来区别是正反馈还是负反馈，具体方法如下：

(1) 假设输入信号某一瞬时的极性。

(2) 根据输入与输出信号的相位关系，确定输出信号和反馈信号的瞬时极性。

(3) 再根据反馈信号与输入信号的连接情况，分析净输入量的变化，如果反馈信号使净输入量增强，即为正反馈，反之为负反馈。

现以图 5.2(*a*)所示电路为例进行说明。首先假定输入信号电压对地瞬时极性为正，在图中用“⊕”表示，这个电压使同相输入端的电压瞬时极性为正。由于输出端与同相输入端的极性是相同的，因而此时输出电压的瞬时极性为正，故标“⊕”。通过反馈支路将输出电压反送到反相输入端，用 u_f 表示，且瞬时极性为正。由于 $u_{id}=u_i-u_f$，u_f 的正极性会使净输入量 u_{id}减小，因此这个电路的反馈是负反馈。

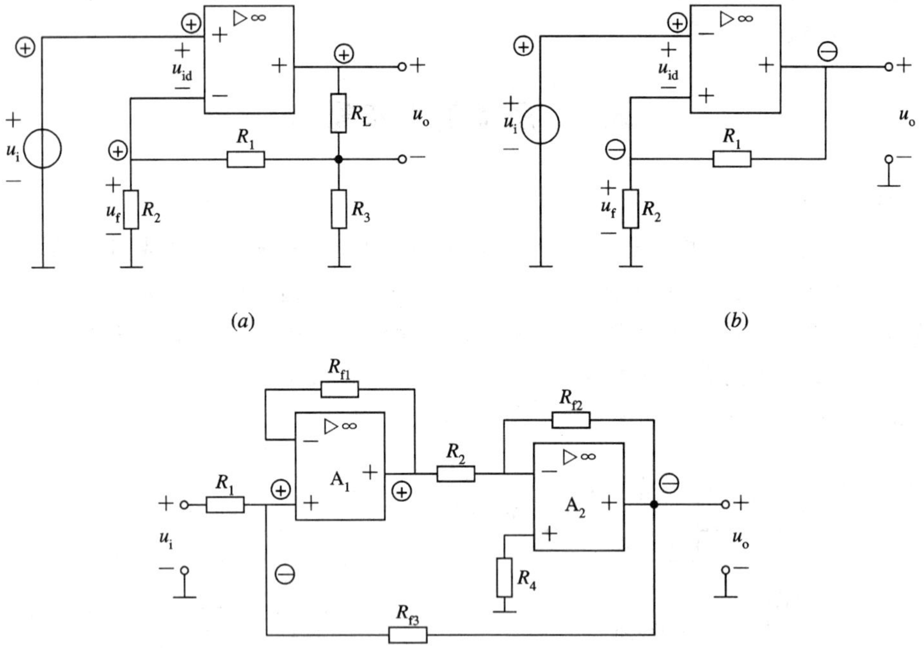

图 5.2　用瞬时极性法判断反馈极性的几个例子

对于图 5.2(*b*)所示电路也是这样分析的。假定 u_i 为⊕，由于输出端与反相输入端的信号极性是相反的，因而输出电压应该为⊖，并通过 R_1 反送到同相输入端，使 u_f 为负极性，这个极性使净输入量 u_{id}增大，因此这个电路的反馈是正反馈。

同理，我们可以判断出图 5.2(*c*)所示电路各反馈的极性。每一级放大电路有自己的反馈支路。图中 R_{f1} 和 R_{f2}形成的反馈称为本级反馈，它们都是负反馈；图中还有一条跨级经

R_{f3} 的反馈支路，称为级间反馈。级间反馈的瞬时极性如图 5.2(*c*)所示，显然，R_{f3} 引入的反馈也为负反馈。

通过以上分析可以总结出如下结论：对于由运算放大器组成的反馈电路，对于本级反馈，若反馈支路接在反相输入端，则为负反馈；若接在同相输入端，则为正反馈。但对于级间反馈则不能这样判断。

3. 交流反馈与直流反馈

在放大电路中存在有直流分量和交流分量，若反馈信号是交流量，则称此反馈为交流反馈，它影响电路的交流性能；若反馈信号是直流量，则称此反馈为直流反馈，它影响电路的直流性能，如静态工作点。若反馈信号中既有交流量又有直流量，则反馈对电路的交流性能和直流性能都有影响。

例如，在图 5.3(*a*)所示电路中，有两条反馈支路。一条是从输出端接到反相输入端的反馈支路，很容易分析出这是交、直流都有的负反馈。另一条由 C_2、R_1、R_2 形成的反馈网络是正反馈。由于 C_2 的隔直作用，这个反馈只引入交流反馈。从电路的交、直流通路中可以看得更清楚，如图 5.3(*b*)、(*c*)所示。

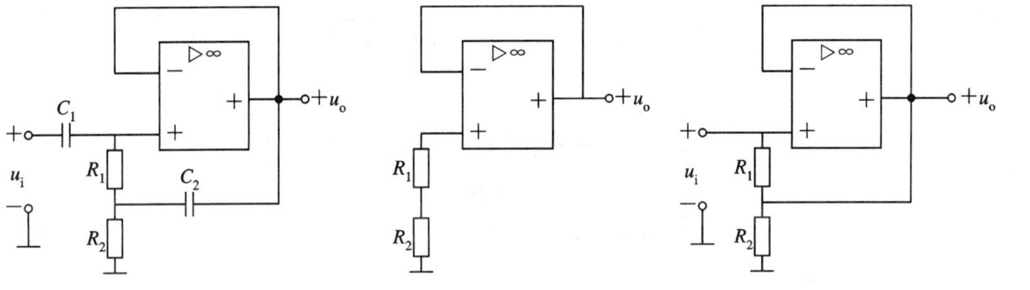

图 5.3　具有不同反馈的电路

(*a*) 原电路；(*b*) 直流通路；(*c*) 交流通路

4. 反馈电路的类型

1) 反馈在输出端的取样方式

从输出端看，若反馈信号取自输出电压，则为电压反馈；若取自输出电流，则为电流反馈。

(1) 电压反馈。现将图 5.1(*b*)所示电路改为图 5.4，从电路的输出端看，反馈电压 u_f 是经 R_f 和 R_1 组成的分压器由输出电压取样得来的，反馈电压 u_f 是 u_o 的一部分，即反馈电压与输出电压成比例，故是电压反馈。很明显，一旦放大器的输出电压消失(将 R_L 短路)，反馈信号也就不存在了。

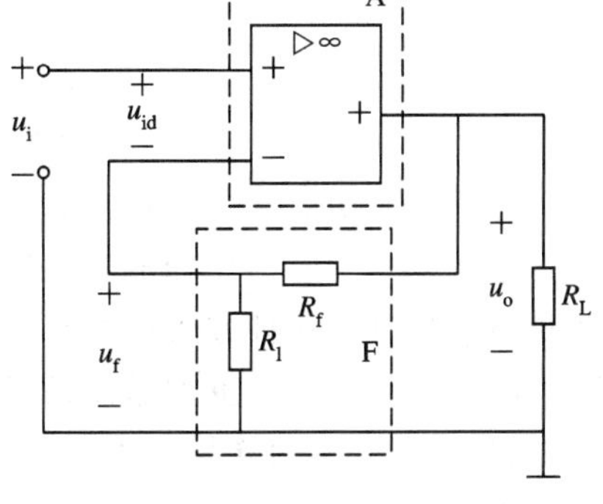

图 5.4　电压反馈

在判断电压反馈时，根据电压反馈的定义——反馈信号与输出电压成比例，可以假设将负载 R_L 两端短路($u_o=0$，但 $i_o\neq0$)，判断反馈量是否为零，如果是零，就是电压反馈。图 5.4 所示电压反馈电路正是如此：R_L 短路 $\longrightarrow u_o=0\longrightarrow u_f=0$。

电压反馈的重要特性是能稳定输出电压。无论反馈信号以何种方式引回到输入端，实际上利用的都是输出电压本身通过反馈网络对放大电路所起的自动调节作用，这是电压反馈的实质。

在图 5.4 电路中，若负载电阻增加引起 u_o 的增加，则电路的自动调节过程如下：

$$u_o\uparrow\longrightarrow u_f\uparrow\longrightarrow u_{id}\downarrow\longrightarrow u_o\downarrow$$

(2) 电流反馈。电路如图 5.5 所示。从电路的输出端看，反馈电压 u_f 为 i_o 流过 R 产生的电压，即 $u_f=i_oR$。因此，反馈电压是与输出电流成比例的，故是电流反馈。显然，一旦放大器无输出电流(R_L 开路)，则反馈信号随之消失。

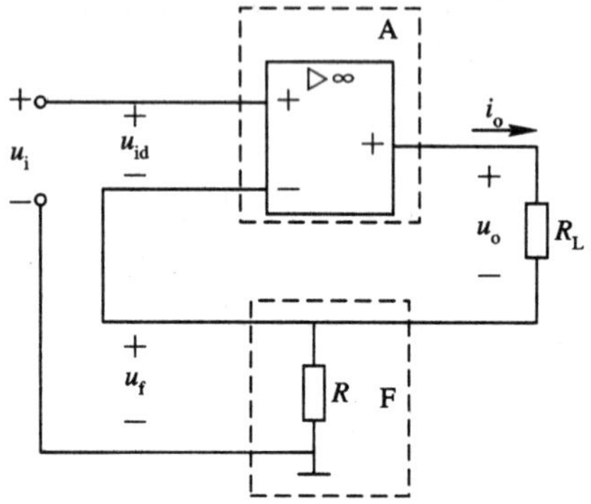

图 5.5 电流反馈

在判断电流反馈时，根据电流反馈的定义——反馈信号与输出电流成比例，可以假设将负载 R_L 两端开路($i_o=0$，但 $u_o\neq0$)，判断反馈量是零，就是电流反馈。图 5.5 所示电路正是如此，R_L 开路$\longrightarrow i_o=0\longrightarrow i_f=0\longrightarrow u_f=0$。

电流反馈的重要特点是能稳定输出电流。无论反馈信号以何种方式引回到输入端，实际上利用的都是输出电流 i_o 本身通过反馈网络对放大器所起的自动调节作用，这就是电流反馈的实质。图 5.5 电路稳流的自动调节过程如下：

$$i_o\uparrow\longrightarrow u_f\uparrow\longrightarrow u_{id}\downarrow\longrightarrow i_o\downarrow$$

由上述分析可知，判断电压反馈、电流反馈的简便方法是用负载短路法和负载开路法。由于输出信号只有电压和电流两种，输出端的取样不是取自输出电压便是取自输出电流，因此可利用其中一种方法就能判定。常用的方法是负载短路法，具体表述为：假设将负载 R_L 短路，即 $u_o=0$，此时若反馈量为零，就是电压反馈，否则为电流反馈。

2) *反馈在输入端的连接方式*

电路如图 5.6(a)所示，反馈网络的出口与信号源串联，因此称为串联反馈。

在图 5.6(b)中，反馈网络的出口与信号源并联，因此称为并联反馈。

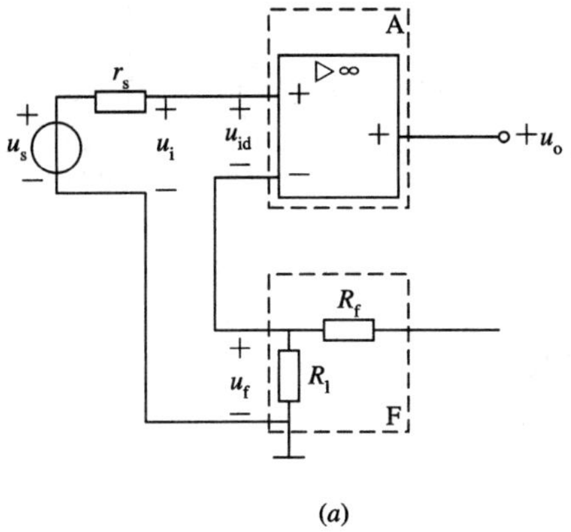

图 5.6　串联接法和并联接法

(a) 串联负反馈；(b) 并联负反馈

由上述分析可以看出，若反馈信号与信号源接在不同的端子上，即为串联反馈。若接在同一个端子上，则为并联反馈。

根据输出端的取样方式和输入端的连接方式，可以组成四种不同类型的负反馈电路：

(1) 电压串联负反馈；

(2) 电压并联负反馈；

(3) 电流串联负反馈；

(4) 电流并联负反馈。

5. 负反馈放大器的基本关系式

由图 5.7 所示负反馈放大器的方框图可得各信号量之间的基本关系式：

$$x_{id} = x_i - x_f \tag{5.1}$$

$$A = \frac{x_o}{x_{id}} \tag{5.2}$$

$$F = \frac{x_f}{x_o} \tag{5.3}$$

$$A_f = \frac{x_o}{x_i} = \frac{x_o}{x_{id} + x_f} = \frac{A}{1 + AF} \tag{5.4}$$

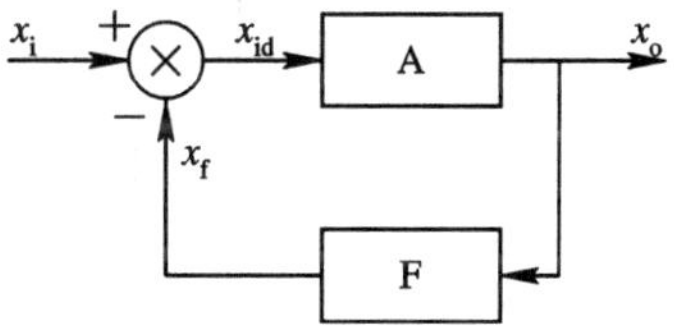

图 5.7　负反馈放大器的方框图

式(5.4)表明闭环增益 A_f 是开环增益 A 的$\frac{1}{1+AF}$，小于 A。其中，F 为反馈系数，$1+AF$ 称为反馈深度，它的大小反映了反馈的强弱；乘积 AF 常称为环路增益。

知识点

1. 反馈
2. 负反馈
3. 电压反馈
4. 电流反馈
5. 串联反馈

6. 并联反馈

技能点

1. 反馈网络(反馈支路)的找出
2. 反馈类型的判别
3. 反馈极性的判别

思考题

1. 什么是反馈？如何判断一个电路是否有反馈？
2. 如何判断正反馈和负反馈？
3. 如何判断电压反馈和电流反馈？
4. 如何判断并联反馈和串联反馈？
5. 什么是反馈信号？反馈信号与输出信号的类型是否一定相同？

5.2 负反馈对放大器性能的影响

1. 减小非线性失真

我们可以通过一个具体的电路演示来说明此问题。

1) 演示电路

演示电路如图 5.8 所示。

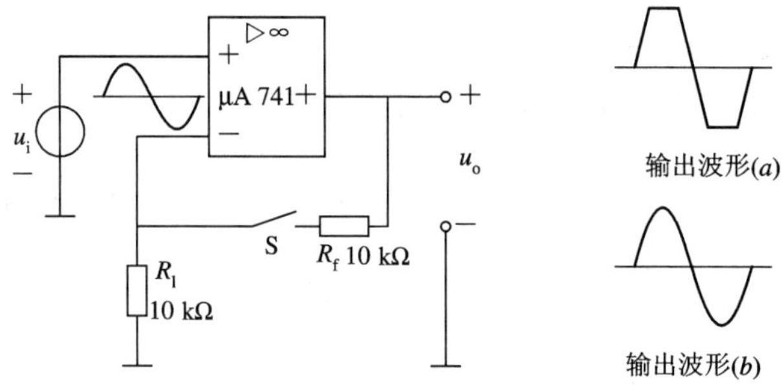

图 5.8 演示电路

2) 演示内容

(1) 由信号发生器输入一频率为 1 kHz，峰一峰值为 1 V 的正弦波。

(2) 将开关 S 断开，用示波器观察输出波形，可看到输出波形有明显失真，如图 5.8 中的输出波形(a)所示。

(3) 将开关 S 闭合，观察输出波形，可看到失真波形得到明显改善，如图 5.8 中的输出波形(b)所示。

3) 演示现象分析

在开环放大器中，由于开环增益很大，放大器工作在非线性区，输出波形为双向失真波形。开关闭合后，电路加上了负反馈，电路增益减小，放大器工作在线性区，输出波形为标准的正弦波，即负反馈能减小非线性失真。

2. 提高增益的稳定性

放大器的放大倍数是由电路元件的参数决定的。若元件老化或更换，负载变化或环境温度变化，则可能引起放大器放大倍数的变化，为此通常都要在放大器中引入负反馈，用以提高放大倍数的稳定性。

放大倍数的稳定性可用放大倍数的相对变化量来衡量。

根据闭环增益方程

$$A_f = \frac{A}{1+AF}$$

求 A_f 对 A 的导数，得

$$\frac{dA_f}{dA} = \frac{1}{(1+AF)^2}$$

即微分

$$dA_f = \frac{dA}{(1+AF)^2}$$

闭环增益的相对变化量为

$$\frac{dA_f}{A_f} = \frac{1}{1+AF}\frac{dA}{A} \tag{5.5}$$

上式表明，闭环增益的相对变化量只有开环增益相对变化量的 $1/(1+AF)$。也就是说，引入负反馈后，虽然放大倍数下降到了 A 的 $1/(1+AF)$，但其稳定性却提高到原来的 $(1+AF)$倍。

3. 扩展通频带

利用负反馈能使放大倍数稳定的概念很容易说明负反馈具有展宽频带的作用。我们知道，在阻容耦合放大电路中，当信号在低频区和高频区时，其放大倍数均要下降，如图 5.9 所示。负反馈具有稳定放大倍数的作用，它使低频区和高频区的放大倍数下降的速度减慢，相当于通频带展宽了。通常情况下，放大电路的增益带宽积为一常数，即

$$A_f(f_{Hf} - f_{Lf}) = A(f_H - f_L) \tag{5.6}$$

一般情况下，$f_H \gg f_L$，所以 $A_f f_{Hf} \approx A f_H$，这表明引入负反馈后，电压放大倍数下降为几分之一，通频带就扩展几倍。可见，引入负反馈能扩展通频带，但这是以降低放大倍数为代价的。

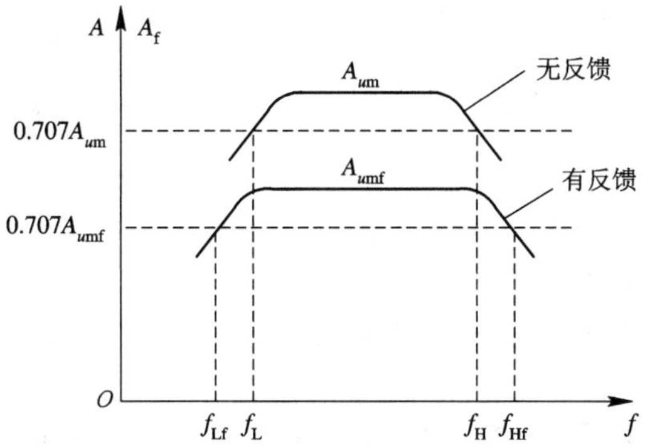

图 5.9　开环与闭环的幅频特性

应当指出，由于负反馈的引入，在减小非线性失真的同时，降低了输出幅度。此外输入信号本身固有的失真，是不能通过引入负反馈来改善的。

4. 负反馈对输入电阻的影响

负反馈对输入电阻的影响，取决于反馈网络在输入端的连接方式。

1）串联负反馈

图 5.10(*a*)是串联负反馈电路框图。由图可知，开环放大器的输入电阻为

$$r_i=\frac{u_{id}}{i_i}$$

引入负反馈后，闭环输入电阻 r_{if} 为

$$r_{if}=\frac{u_i}{i_i}=\frac{u_{id}+u_f}{i_i}=\frac{u_{id}+AFu_{id}}{i_i}=r_i(1+AF) \tag{5.7}$$

上式表明，引入串联负反馈后，输入电阻是无反馈时输入电阻的(1+AF)倍。这是由于引入负反馈后，输入信号与反馈信号串联连接。从图中可以看出，等效的输入电阻相当于原开环放大电路的输入电阻与反馈回路的反馈电阻串联，其结果必然是增加了。所以串联负反馈使输入电阻增大。

2）并联负反馈

图 5.10(*b*)是并联负反馈电路框图。由图可知，开环放大器的输入电阻为$r_i=u_i/i_{id}$。引入负反馈后，闭环输入电阻 r_{if} 为

$$r_{if}=\frac{u_i}{i_i}=\frac{u_i}{i_{id}+i_f}=\frac{u_i}{i_{id}+AFi_{id}}=r_i\frac{1}{1+AF} \tag{5.8}$$

上式表明，引入并联反馈后，输入电阻是无反馈时输入电阻的 1/(1+AF)。这是由于引入反馈后，输入信号与反馈信号并联连接。从图中可以看出，等效的输入电阻相当于原开环放大电路输入电阻与反馈回路的反馈电阻并联，其结果必然是减小了，因此并联负反馈使输入电阻减小。

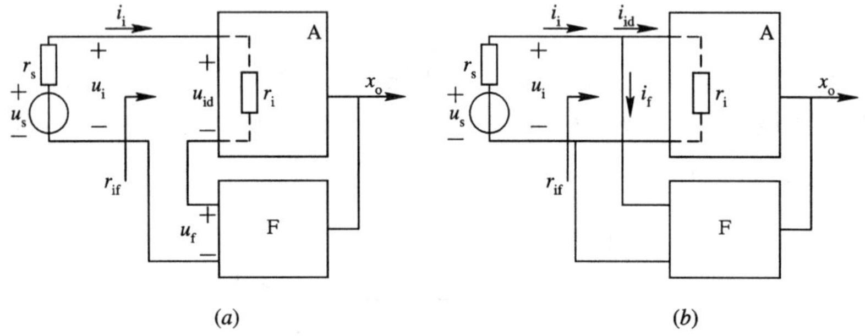

图 5.10 负反馈对输入电阻的影响

(*a*) 串联负反馈电路框图；(*b*) 并联负反馈电路框图

5. 负反馈对输出电阻的影响

负反馈对输出电阻的影响，取决于反馈网络在输出端的取样量。

1）电压负反馈

图 5.11 (*a*)是电压负反馈电路框图。从放大器的输出端看进去，等效的输出电阻相当于原开环放大电路输出电阻与反馈网络电阻的并联，其结果必然使输出电阻减小。经分析，两者的关系为

$$r_{of}=\frac{r_o}{1+AF} \tag{5.9}$$

即引入电压负反馈后的输出电阻是开环输出电阻的 $1/(1+AF)$。

2) 电流负反馈

图 5.11(*b*)是电流负反馈电路框图。从放大器的输出端看进去，等效的输出电阻相当于原开环放大电路输出电阻与反馈网络电阻的串联，其结果必然使输出电阻增大。经分析，两者的关系为

$$r_{of}=(1+AF)r_o \tag{5.10}$$

即引入电流负反馈后的输出电阻是开环输出电阻的$(1+AF)$倍。

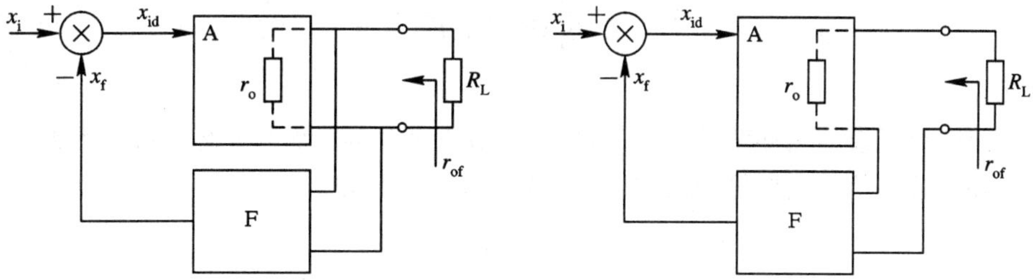

图 5.11　负反馈对输出电阻的影响
(*a*) 电压负反馈电路框图；(*b*) 电流负反馈电路框图

需要注意的是，在讨论负反馈放大电路的输入电阻和输出电阻时，还要考虑反馈环节以外的电阻。

以上分析说明：引入负反馈能改善放大器的性能。那么，在实际电路中如何引入负反馈呢？可归纳为三点：

(1) 要稳定交流性能，应引入交流负反馈；要稳定静态工作点，应引入直流负反馈；

(2) 要稳定输出电压，应引入电压负反馈；要稳定输出电流，应引入电流负反馈；

(3) 要提高输入电阻，应引入串联负反馈；要减小输入电阻，应引入并联负反馈。

知识点

1. 非线性失真
2. 增益的稳定性
3. 负反馈对通频带的影响
4. 负反馈对输入电阻的影响
5. 负反馈对输出电阻的影响

技能点

负反馈对放大器性能影响的分析

思考题

1. 负反馈可以改善放大器的哪些性能？所付出的代价是什么？
2. 一个放大电路只要接成负反馈，就一定能改善性能吗？
3. 有人认为电压负反馈可以稳定输出电压，流过负载的电流也就必然稳定，因此电压

负反馈和电流负反馈都可以稳定输出电流，在这一点上电压负反馈和电流负反馈没有区别。你是怎样分析的？

5.3　深度负反馈放大电路的分析

1. 深度负反馈的特点

在负反馈放大电路中，将反馈深度 $1+AF\gg1$ 时的反馈称为深度负反馈。一般在 $1+AF\geqslant10$ 时，就可以认为是深度负反馈。此时，由于 $1+AF\approx AF$，因此有

$$A_f=\frac{A}{1+AF}\approx\frac{A}{AF}=\frac{1}{F} \tag{5.11}$$

由上式得出：

(1) 深度负反馈的闭环增益 A_f 只由反馈系数 F 来决定，而与开环增益几乎无关。

(2) 外加输入信号近似等于反馈信号，由式(5.11)可知

$$\frac{x_o}{x_i}\approx\frac{x_o}{x_f}$$

即

$$x_i\approx x_f \tag{5.12}$$

上式表明，在深度负反馈条件下，由于 $x_i\approx x_f$，则有 $x_{id}\approx0$，即净输入量近似为零。

2. 深度负反馈放大电路的参数估算

1) 电压串联负反馈电路

图 5.12 是电压串联负反馈电路，其输入量为 u_i，输出量为 u_o，反馈量为 u_f，净输入量为 u_{id}。由于集成运放的开环增益很高，很容易实现深度负反馈，即容易满足式(5.12)的条件，此时，$u_{id}\approx0$，这称为运放两输入端的虚假短路，即“虚短”；同时，因运放的输入电阻很高(1 MΩ 以上)，则有 $i_{id}\approx0$，这称为运放两输入端的虚假断路，即“虚断”。

运用“虚短”和“虚断”的概念，由图 5.12 可得

$$u_i\approx u_f\approx\frac{R_1}{R_1+R_f}u_o$$

即

$$F=\frac{u_f}{u_o}\approx\frac{R_1}{R_1+R_f}$$

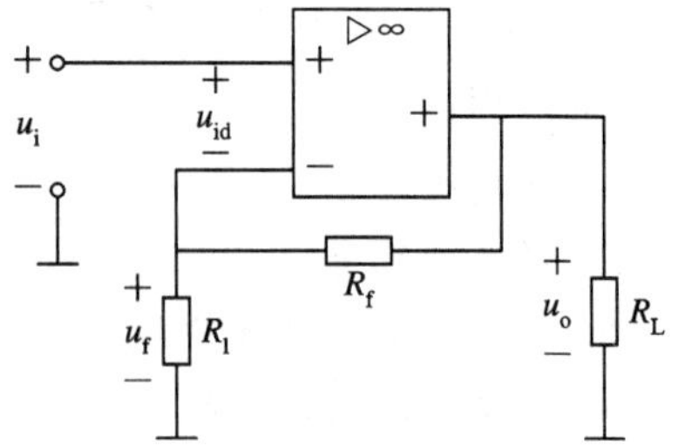

图 5.12　电压串联负反馈电路

在深度负反馈条件下，已知 F 值则可估算出 A_{uf} 值：

$$A_{uf}\approx\frac{1}{F}=\frac{R_1+R_f}{R_1}=1+\frac{R_f}{R_1} \tag{5.13}$$

也可利用在深度负反馈条件下 $x_f\approx x_i$ 的结论，在这里 $u_f\approx u_i$，同样可得

$$A_{uf}=\frac{u_o}{u_i}\approx\frac{u_o}{u_f}=\frac{R_1+R_f}{R_1}=1+\frac{R_f}{R_1}$$

“虚短”和“虚断”是两个非常重要的概念，它们适用于所有深度负反馈放大电路。运用“虚短”和“虚断”的概念分析电路，可以使分析过程大为简便。

2）电压并联负反馈电路

图 5.13 所示是电压并联负反馈电路，由于输入端的连接为并联负反馈，因而其输入量为 i_i，反馈量为 i_f，净输入量为 i_{id}。根据“虚断”的概念，$i_{id}\approx 0$，因而有

$$i_i \approx i_f$$

再根据“虚短”的概念，$u_{id}\approx 0$，可知 $u_-\approx 0$，则有

$$u_o = -i_f R_f$$

$$u_i = i_i R_1$$

因此

$$A_{uf} = \frac{u_o}{u_i} \approx \frac{-i_f R_f}{i_i R_1} \approx -\frac{R_f}{R_1} \tag{5.14}$$

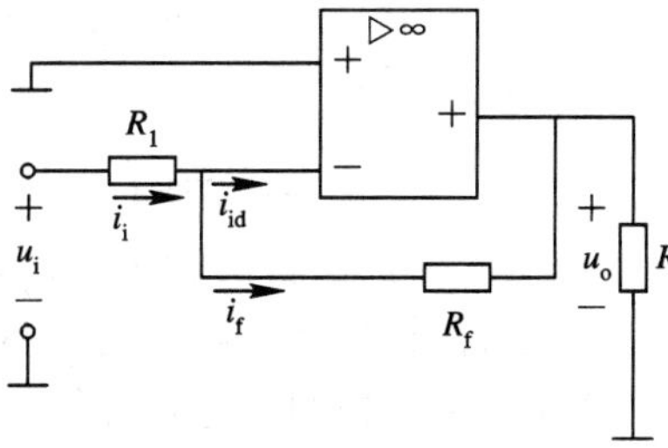

图 5.13　电压并联负反馈电路

3）电流串联负反馈电路

图 5.14 所示是电流串联负反馈电路，由“虚短”和“虚断”的概念可得

$$u_f = i_o R_f = \frac{u_o}{R_L} R_f$$

因此，电压放大倍数为

$$A_{uf} = \frac{u_o}{u_i} \approx \frac{u_o}{u_f} = \frac{R_L}{R_f} \tag{5.15}$$

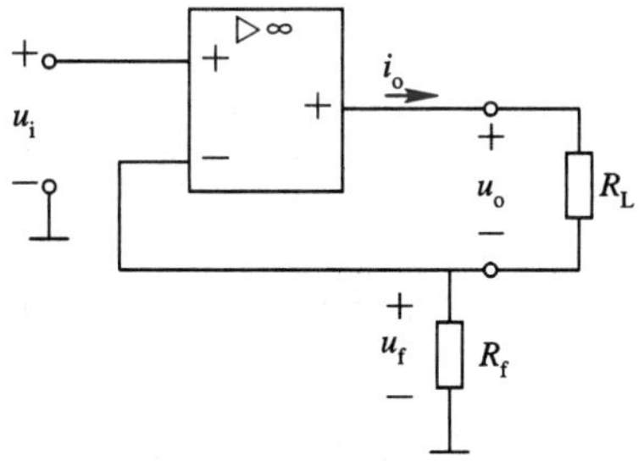

图 5.14　电流串联负反馈电路

4）电流并联负反馈电路

图 5.15 是电流并联负反馈电路，根据“虚断”的概念，$i_{id}\approx 0$，因而有

$$i_i \approx i_f$$

根据 $u_{id}\approx 0$，可知 $u_-\approx 0$，则有

$$u_i \approx i_i R_1$$

$$u_o = -i_o R_L = -i_f \frac{R_2 + R_f}{R_2} R_L$$

因此

$$A_{uf}=\frac{u_o}{u_i}=-\left(1+\frac{R_f}{R_2}\right)\frac{R_L}{R_1} \tag{5.16}$$

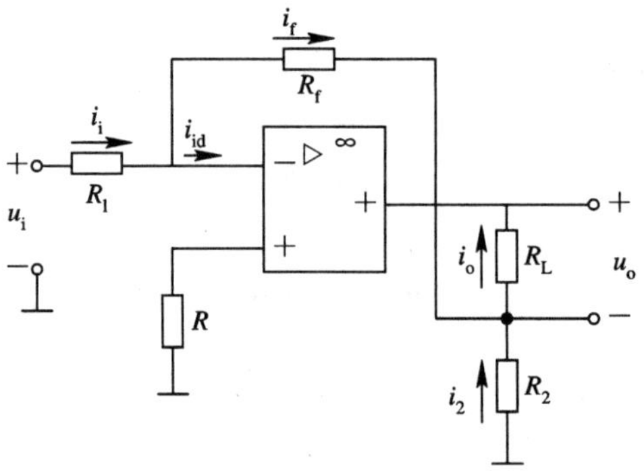

图 5.15 电流并联负反馈电路

上述四种反馈类型的计算是利用深度负反馈的特定关系，即输入量近似等于反馈量，再结合电工知识估算出来的。这种方法比较简便。如果电路不满足深度负反馈条件，用以上的方法估算就有较大的误差，这时可用方框图法进行计算，这里不再叙述。

知识点

1. 深度负反馈
2. 虚短
3. 虚断

技能点

1. 四种典型深度负反馈电路图的识记
2. 四种典型深度负反馈电路电压放大倍数的估算

思考题

1. 既然在深度负反馈的条件下放大倍数只与反馈系数 F 有关，那么是不是可以说：“放大器件的参数就没有什么实用意义了，随便取一个管子或组件，只要 F 不变，都能得到同样的放大倍数。”这种说法对吗？

2. 如何理解在深度负反馈的条件下，净输入量为零的概念？

本章小结

本章主要讨论了正、负反馈的判断，负反馈类型的判别，负反馈放大电路的性能以及深度负反馈放大电路的分析方法。

(1) 反馈的实质是输出量参与控制，反馈使净输入量减弱的为负反馈，使净输入量增强的为正反馈。常用“瞬时极性法”来判断反馈的极性。

(2) 反馈的类型按输出端的取样方式分为电压反馈和电流反馈，常用负载短路法判别；按输入端的连接方式分为串联反馈和并联反馈，常用观察法判别。

(3) 负反馈的重要特性是能稳定输出端的取样对象，从而使放大器的性能得到改善，包括静态和动态性能。改善动态性能是以牺牲放大倍数为代价的。反馈愈深，愈有益。但也不能够无限制地加深反馈，否则易引起电路的不稳定。这在以后章节中讨论。

(4) 当电路为深度负反馈时，反馈量近似等于外加的输入信号，利用这个结论可以简便地计算出电压放大倍数。

习　　题

5.1　判断下列说法是否正确(在括号中打×或√)。

(1) 由于接入负反馈，则反馈放大电路的电压放大器倍数 A_{uf} 就一定是负值，接入正反馈后电压放大倍数 A_{uf} 一定是正值。　(　　)

(2) 在负反馈放大电路中，放大器的开环放大倍数越大，闭环放大倍数就越稳定。　(　　)

(3) 在深度负反馈放大电路中，只有尽可能地增大开环放大倍数，才能有效地提高闭环放大倍数。　(　　)

(4) 在深度负反馈的条件下，闭环放大倍数 $A_{uf}\approx 1/F$，它与反馈网络有关，而与放大器开环放大倍数 A 无关，故可以省去放大器，仅留下反馈网络，以获得稳定的放大倍数。　(　　)

(5) 在深度负反馈的条件下，由于闭环放大倍数 $A_{uf}\approx 1/F$，与管子的参数几乎无关，因此可以任意选择晶体管来组成放大级，管子的参数也就没什么意义了。　(　　)

(6) 若放大电路负载固定，为使其电压放大倍数稳定，可以引入电压负反馈，也可以引入电流负反馈。　(　　)

5.2　判断题 5.2 图所示各电路的反馈极性及交、直流反馈。

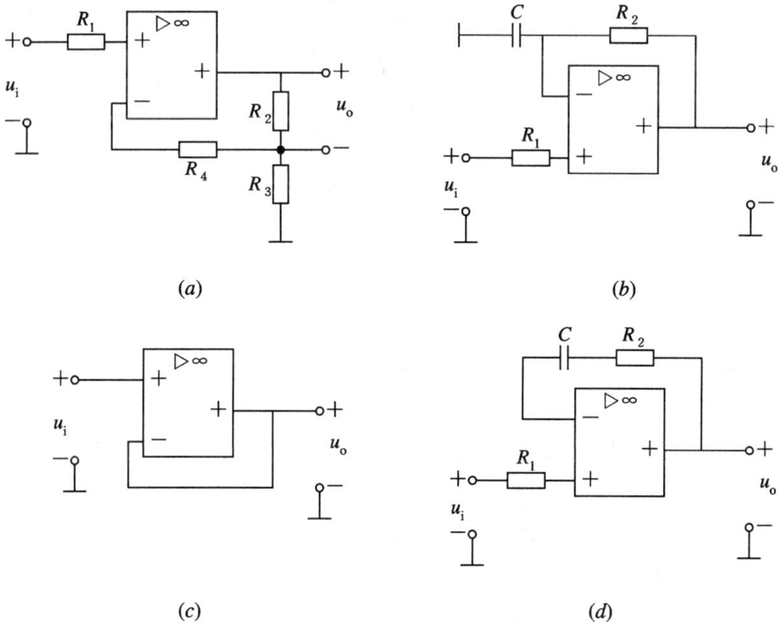

题 5.2 图

5.3　判断题 5.3 图所示各电路级间反馈极性。

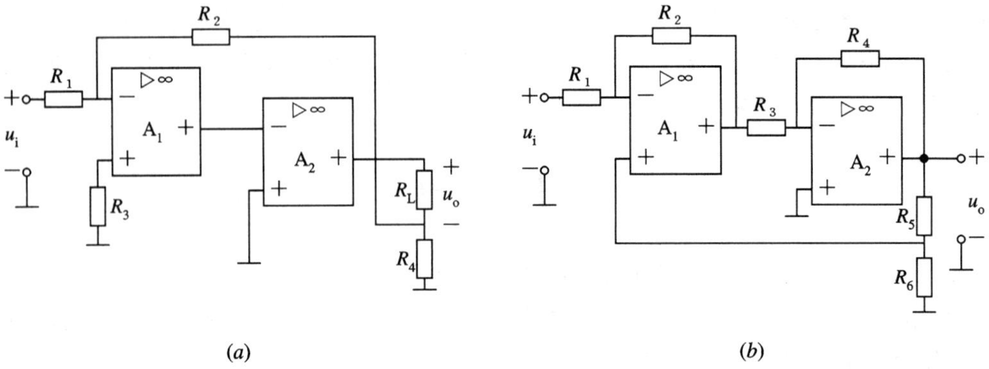

题 5.3 图

5.4　分别判断题 5.4 图所示各电路中的反馈类型。

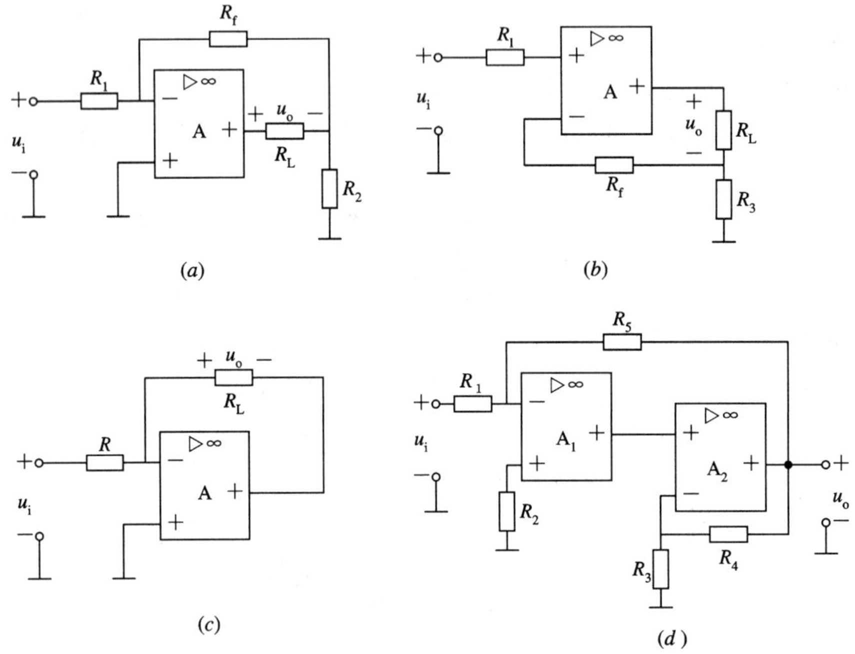

题 5.4 图

5.5　有一负反馈放大器，其开环增益 $A=100$，反馈系数 $F=1/10$。它的反馈深度和闭环增益各是多少？

5.6　有一负反馈放大器，当输入电压为 0.1 V 时，输出电压为 2 V，而在开环时，对于 0.1 V 的输入电压，其输出电压则有 4 V。试计算其反馈深度和反馈系数。

5.7　分析题 5.7 图所示电路的 A_{uf}。

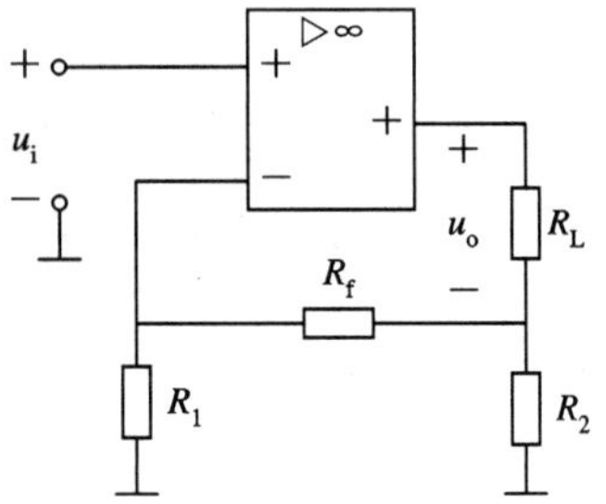

题 5.7 图

第 6 章

集成运算放大器的基本应用

集成运算放大器(简称集成运放)加上一定形式的外接电路可构成具有各种功能的电路，例如能对信号进行加、减、乘、微分和积分的运算电路，有源整流和滤波电路，波形产生和变换电路等。

6.1 概　　述

通过前面的学习，我们了解到集成运放实际上是一种各项性能指标都比较理想的放大器件。一般情况下，我们把在应用电路中的集成运放看作理想集成运放。

1. 理想集成运放的性能指标

理想集成运放的主要性能指标有：

(1) 开环电压放大倍数 $A_{ud}\rightarrow\infty$；

(2) 输入电阻 $r_{id}\rightarrow\infty$；

(3) 输出电阻 $r_{od}\rightarrow 0$。

此外还有：没有失调，没有失调温漂，共模抑制比趋于无穷大等。尽管理想运放并不存在，但由于集成运放的技术指标都比较接近理想值，在具体分析时将其理想化是允许的，这种分析所带来的误差一般比较小，可以忽略不计。

2. 集成运放的传输特性

实际电路中集成运放的传输特性如图 6.1 所示。图中曲线上升部分的斜率为开环电压放大倍数 A_{ud}。以 μA741 为例，其开环电压放大倍数 A_{ud} 可达 10^5，最大输出电压受到电源电压的限制，不超过±18 V。此时，输入端的电压 $u_{id}=u_{od}/A_{ud}$，不超过±0.18 mV，也就是说，当 $|u_{id}|$ 在 0～0.18 mV之间时，u_{od} 与 u_{id} 为线性放大关系，称此区域为线性工作区。若 $|u_{id}|$ 超过 0.18 mV，则集成运放内部的输出级的三极管进入饱和区工作，输出电压 u_{od} 的值近似等于电源电压，与 u_{id} 不再呈线性关系，称此区域为非线性工作区。

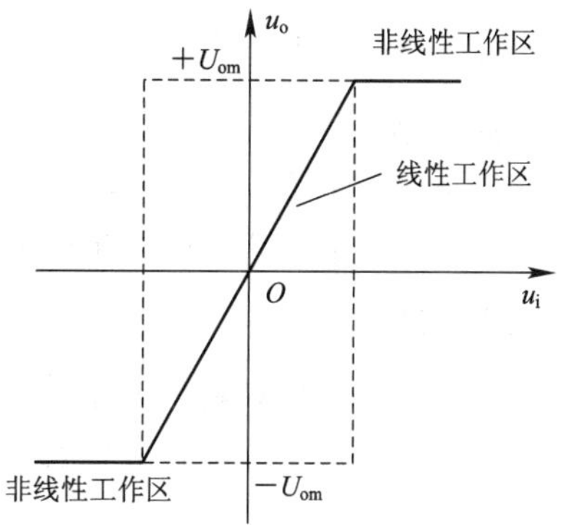

图 6.1　集成运放的传输特性

3. 集成运放的线性应用

集成运放工作在线性区的必要条件是引入深度负反馈。第5章在讨论深度负反馈条件下对负反馈放大电路进行计算时，曾经得出两个重要的概念：

(1) 集成运放两个输入端之间的电压通常接近于0，即 $u_{id}=u_{+}-u_{-}\approx 0$，若把它理想化，则有 $u_{id}=0$，但不是短路，故称为“虚短”。由此得出

$$u_{+}\approx u_{-} \tag{6.1}$$

上式说明，工作在线性区的集成运放的同相端和反相端的电压近似相等。

(2) 流入集成运放的净输入电流近似为0，即 $i_{id}\approx 0$，若把它理想化，则有 $i_{id}=0$，但不是断开，故称为“虚断”。由此得出

$$i_{+}=i_{-}\approx 0 \tag{6.2}$$

上式说明，集成运放同相端和反相端的电流近似为0。

利用“虚短”和“虚断”的概念分析工作于线性区的集成运放电路将十分简便。

4. 集成运放的非线性应用

当集成运放工作在开环状态或外接正反馈时，由于集成运放的 A_{ud} 很大，只要有微小的电压信号输入，集成运放就一定工作在非线性区。其特点是：

(1) 输出电压只有两种状态，不是正饱和电压 $+U_{om}$，就是负饱和电压 $-U_{om}$。

当同相端电压大于反相端电压，即 $u_{+}>u_{-}$ 时，$u_{o}=+U_{om}$；

当反相端电压大于同相端电压，即 $u_{+}<u_{-}$ 时，$u_{o}=-U_{om}$。

(2) 由于集成运放的输入电阻 $r_{id}\to\infty$，工作在非线性区的集成运放的净输入电流仍然近似为0，即 $i_{+}=i_{-}\approx 0$，“虚断”的概念仍然成立。

综上所述，在分析具体的集成运放应用电路时，首先判断集成运放工作在线性区还是非线性区，再运用线性区和非线性区的特点分析电路的工作原理。

知识点

1. 理想集成运放的性能指标
2. 集成运放的传输特性
3. 集成运放的线性运用
4. 集成运放的非线性运用

技能点

1. 集成运放的线性应用特点的分析
2. 集成运放的非线性应用特点的分析

思考题

1. 如何判断集成运放工作在线性区还是非线性区?
2. 无论集成运放工作在线性区还是非线性区，是否都存在“虚短”和“虚断”现象?

6.2 基本运算电路

常见的由集成运放构成的基本运算电路有比例运算、加法、减法、微积分和乘法运

算等。

6.2.1　比例运算

1. 反相输入比例运算电路

如图 6.2(*a*)所示为反相输入比例运算电路。图中，输入信号 u_i 经过外接电阻 R_1 接到集成运放的反相端，反馈电阻 R_f 接在输出端和反相输入端之间，构成电压并联负反馈，则集成运放工作在线性区；同相端加平衡电阻 R_2，主要目的是使同相端与反相端外接电阻相等，即 $R_2 = R_1 /\!/ R_f$，以保证运放处于平衡对称的工作状态，从而消除输入偏置电流及其温漂的影响。

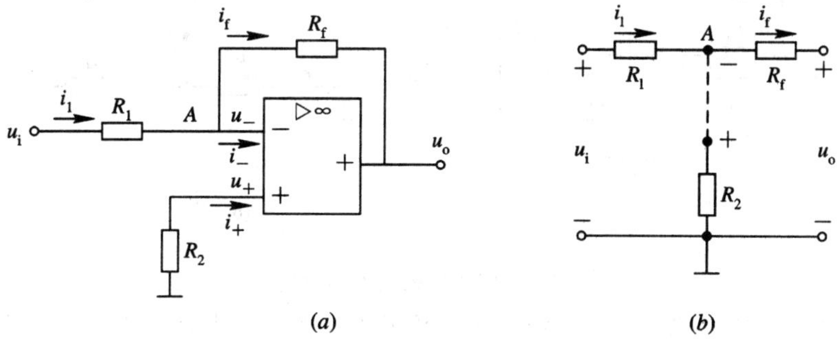

图 6.2　反相输入比例运算电路

根据“虚短”的概念，$u_A = u_- \approx u_+ = 0$，$A$ 点的电位接近于 0，所以称 A 点为“虚地”点。“虚地”是反相输入比例运算电路的一个重要特点，今后，凡是信号由反相端输入的集成运放，只要工作在线性区，其反相端均可应用“虚地”的特点。

图 6.2(*a*)可等效为图 6.2(*b*)，根据“虚断”的概念，$i_+ = i_- \approx 0$，得出：

$$i_1 = i_f$$

又因为

$$i_1 = \frac{u_i}{R_1}, \qquad i_f = \frac{0 - u_o}{R_f} = -\frac{u_o}{R_f}$$

所以

$$\frac{u_i}{R_1} = -\frac{u_o}{R_f}$$

即

$$A_{uf} = \frac{u_o}{u_i} = -\frac{R_f}{R_1} \tag{6.3}$$

或

$$u_o = -\frac{R_f}{R_1} u_i$$

即输出电压与输入电压成比例关系，且相位相反。此外，由于反相端和同相端的对地电压都接近于 0，所以集成运放输入端的共模输入电压极小，这就是反相输入电路的特点。

当 $R_1 = R_f = R$ 时，$u_o = -R_f/R_1 u_i = -u_i$，输入电压与输出电压大小相等、相位相反，称为反相器。

由于反相输入比例运算电路引入的是深度电压并联负反馈，由第 5 章所学知识可知，

输入电阻为

$$r_{if} \approx R_1$$

输出电阻为

$$r_{of} \approx 0$$

2. 同相输入比例运算电路

在图 6.3(a)中，输入信号 u_i 经过外接电阻 R_2 接到集成运放的同相端，反馈电阻接到其反相端，构成电压串联负反馈。

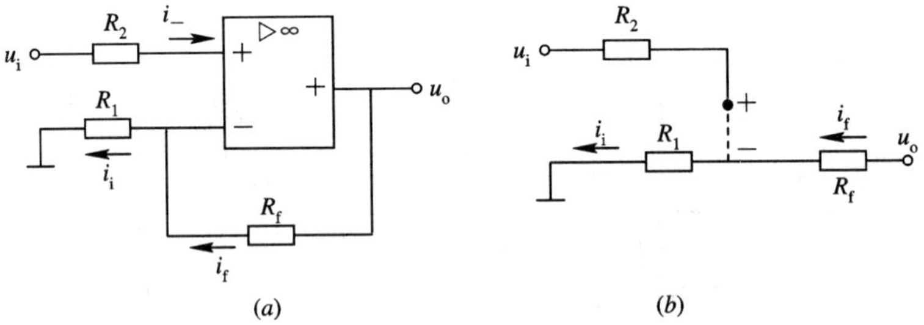

图 6.3　同相输入比例运算电路

根据 $u_+ \approx u_-$，再根据 $i_+ \approx i_- \approx 0$，则同相输入比例运算电路可等效为图 6.3($b$)。由图可得：

$$u_+ = u_i, \qquad u_i \approx u_- = u_o \frac{R_1}{R_1 + R_f}$$

所以

$$A_{uf} = \frac{u_o}{u_i} = 1 + \frac{R_f}{R_1} \tag{6.4}$$

或

$$u_o = \left(1 + \frac{R_f}{R_1}\right) u_i$$

即 u_o 与 u_i 为同相比例运算关系。其特点是集成运放的两输入端电位等于输入电压，存在较高的共模输入电压。

当 $R_f = 0$ 或 $R_1 \to \infty$ 时，如图 6.4 所示，$u_o = \left(1 + \frac{R_f}{R_1}\right) u_i = u_i$，即输出电压与输入电压大小相等、相位相同，该电路称为电压跟随器。

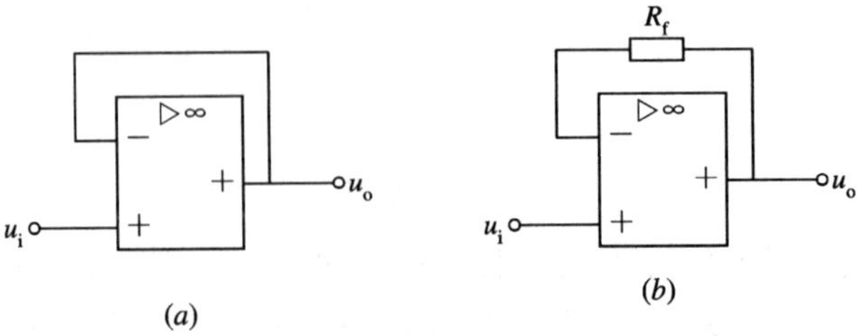

图 6.4　电压跟随器

由于同相输入比例运算电路引入的是深度电压串联负反馈，由第 5 章所学知识可知，输入电阻为

$$r_{if} \rightarrow \infty$$

输出电阻为

$$r_{of} \approx 0$$

6.2.2　加法运算

在自动控制电路中，往往需要将多个采样信号按一定的比例叠加起来输入到放大电路中，这就需要用到加法电路，如图 6.5 所示。

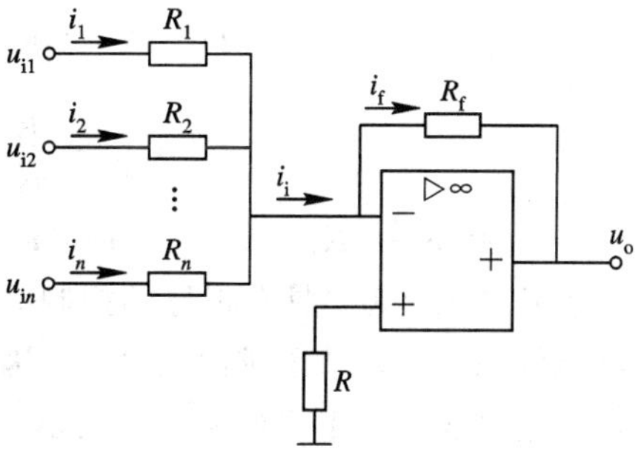

图 6.5　加法电路

根据“虚断”的概念可得

$$i_f = i_i$$

其中

$$i_i = i_1 + i_2 + \cdots + i_n$$

再根据“虚地”的概念可得

$$i_1 = \frac{u_{i1}}{R_1},\ i_2 = \frac{u_{i2}}{R_2},\ \cdots,\ i_n = \frac{u_{in}}{R_n}$$

则

$$u_o = -R_f i_f = -R_f\left(\frac{u_{i1}}{R_1} + \frac{u_{i2}}{R_2} + \cdots + \frac{u_{in}}{R_n}\right) \tag{6.5}$$

实现了各信号按比例进行加法运算。

如取

$$R_1 = R_2 = \cdots = R_n = R_f$$

则 $u_o = -(u_{i1} + u_{i2} + \cdots + u_{in})$，实现了各输入信号的反相相加。

6.2.3　减法运算

能实现减法运算的电路如图 6.6(*a*)所示。

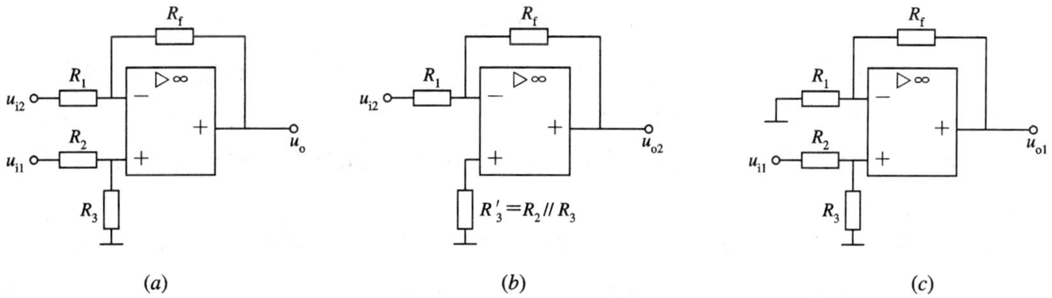

图 6.6　减法电路

根据叠加定理，首先令 $u_{i1}=0$，当 u_{i2} 单独作用时，电路成为反相比例运算电路，如图 6.6(*b*)所示，其输出电压为

$$u_{o2} = -\frac{R_f}{R_1} u_{i2}$$

再令 $u_{i2}=0$，u_{i1} 单独作用时，电路成为同相比例运算电路，如图 6.6(*c*)所示，同相端电压为

$$u_{+}=\frac{R_3}{R_2+R_3}u_{i1}$$

其输出电压为

$$u_{o1}=\left(1+\frac{R_f}{R_1}\right)\left(\frac{R_3}{R_2+R_3}\right)u_{i1}$$

这样

$$u_o=u_{o1}+u_{o2}=-\frac{R_f}{R_1}u_{i2}+\left(1+\frac{R_f}{R_1}\right)u_{+}$$

$$=\left(1+\frac{R_f}{R_1}\right)\left(\frac{R_3}{R_2+R_3}\right)u_{i1}-\frac{R_f}{R_1}u_{i2}$$

当 $R_1=R_2=R_3=R_f=R$ 时，$u_o=u_{i1}-u_{i2}$。在理想情况下，它的输出电压等于两个输入信号电压之差，具有很好的抑制共模信号的能力。但是，该电路作为差动放大器有输入电阻低和增益调节困难两大缺点。因此，为了满足输入阻抗和增益可调的要求，在工程上常采用多级运放组成的差动放大器来完成对差模信号的放大。

* **例 6.1**　图 6.7 是一个由三级集成运放组成的仪器用放大器，试分析该电路的输出电压与输入电压的关系式。

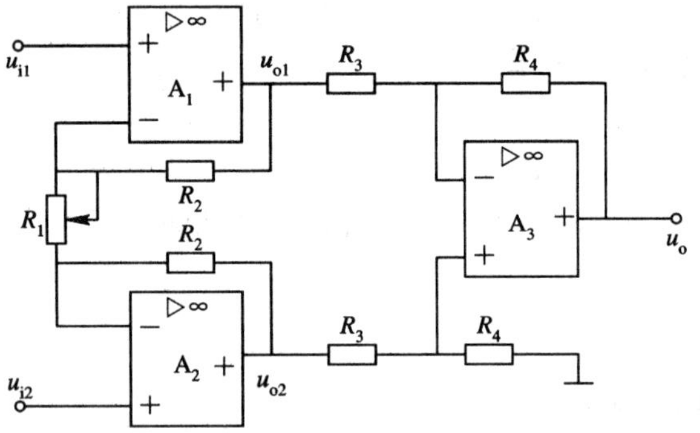

图 6.7　仪器用放大器

由图 6.7 可以看出，A_1、A_2 构成了两个特性参数完全相同的同相输入比例运算放大器，输入信号分别从 A_1、A_2 的同相端输入，并从 A_1、A_2 的输出端取电压($u_{o1}-u_{o2}$)，作为 A_3 的输入电压。所以 A_1、A_2 所构成的电路是双端输入、双端输出差动放大器。而 A_3 组成了第二级差动放大器。

由于电路采用同相输入结构，故具有很高的输入电阻。利用虚短特性可得可调电阻 R_1 上的电压降为 $u_{i1}-u_{i2}$，鉴于理想运放的虚断特性，流过 R_1 上的电流($u_{i1}-u_{i2}$)/R_1 就是流过电阻 R_2 的电流，所以

$$\frac{u_{o1}-u_{o2}}{R_1+2R_2}=\frac{u_{i1}-u_{i2}}{R_1}$$

故得

$$u_{o1}-u_{o2}=\left(1+\frac{2R_2}{R_1}\right)(u_{i1}-u_{i2})$$

A_3 组成的差动放大器与图 6.6(*a*)完全相同，所以电路的输出电压为

$$u_o = -\frac{R_4}{R_3}\left(1+\frac{2R_2}{R_1}\right)(u_{i1}-u_{i2})$$

可见，电路保持了差动放大的功能，而且通过调节单个电阻 R_1 的大小就可自由调节其增益。同时该电路具有很强的抑制信号的能力。目前，这种仪器用放大器已有多种型号的单片集成电路，如 LH0036 就是其中的一种。

6.2.4　微积分运算

1. 积分运算

图 6.8(a)所示为积分(运算)电路。图中，根据“虚地”的概念，$u_A \approx 0$，再根据“虚断”的概念，$i_- \approx 0$，则 $i_R \approx i_C$，即电容 C 以 $i_C = u_i/R$ 进行充电。假设电容 C 的初始电压为零，那么

$$u_o = -\frac{1}{C}\int i_C\,dt = -\frac{1}{C}\int \frac{u_i}{R}\,dt = -\frac{1}{RC}\int u_i\,dt \tag{6.6}$$

上式表明，输出电压为输入电压对时间的积分，且相位相反。

积分电路的波形变换作用如图 6.8(b)所示，可将矩形波变成三角波输出。积分电路在自动控制系统中用以延缓过渡过程的冲击，使被控制的电动机外加电压缓慢上升，避免其机械转矩猛增，造成传动机械的损坏。积分电路还常用来做显示器的扫描电路，以及模/数转换器、数学模拟运算等。

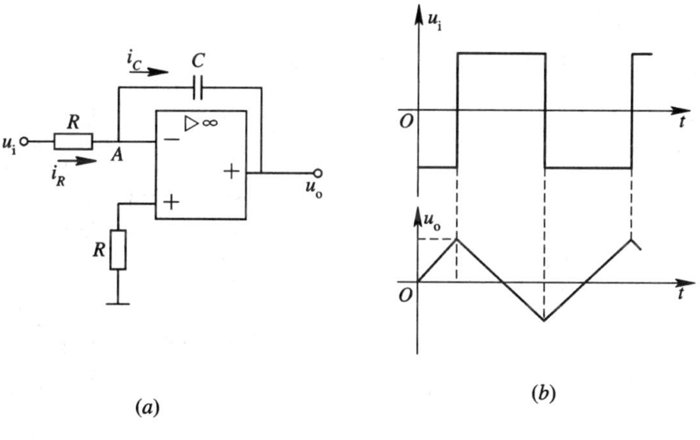

图 6.8　积分运算电路

2. 微分运算

将积分电路中的 R 和 C 互换，就可得到微分(运算)电路，如图 6.9(a)所示。在这个电路中，A 点同样为“虚地”，即 $u_A \approx 0$，再根据“虚断”的概念，$i_- \approx 0$，则 $i_R \approx i_C$。假设电容 C 的初始电压为 0，那么

$$i_C = C\frac{du_i}{dt}$$

则输出电压为

$$u_o = -i_R R = -RC\frac{du_i}{dt} \tag{6.7}$$

上式表明，输出电压为输入电压对时间的微分，且相位相反。

微分电路的波形变换作用如图 6.9(*b*)所示，可将矩形波变成尖脉冲输出。微分电路在自动控制系统中可用作加速环节，例如电动机出现短路故障时，起加速保护作用，迅速降低其供电电压。

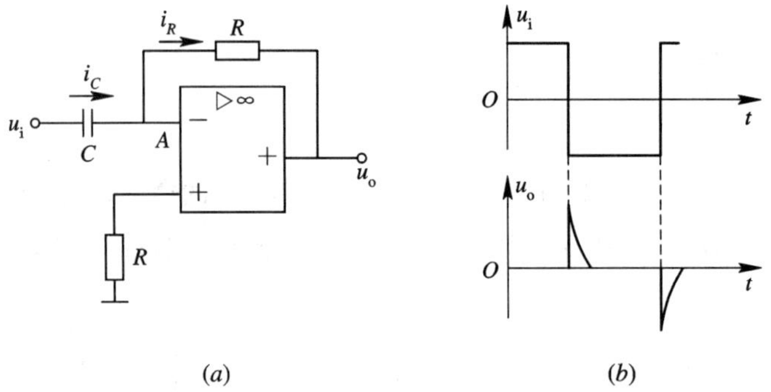

图 6.9 微分运算电路

*6.2.5 乘法运算电路

1. 变跨导式乘法电路

变跨导式乘法电路如图 6.10 所示。它是一个带有恒流源的差分放大电路，u_x 和 u_y 作为输入信号，u_o 作为输出信号。

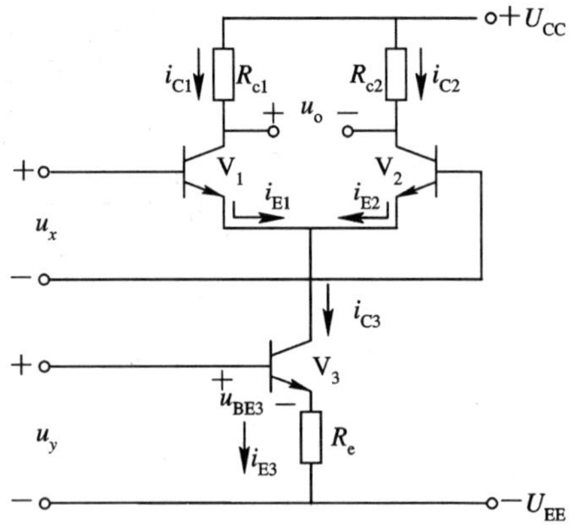

图 6.10 乘法运算

图中三极管的控制作用可以用跨导来表示，即

$$g_m = \frac{i_c}{u_{be}} = \frac{\beta i_b}{u_{be}} = \frac{\beta}{r_{be}} \tag{6.8}$$

其中

$$r_{be} = 300 + \frac{26}{I_E}(1+\beta)$$

I_E 单位取 mA (下同)。

当工作电流较小时

$$r_{be} \approx \beta \frac{26}{I_E}$$

代入式(6.8)得

$$g_m = \frac{I_E}{26}$$

用跨导来表示差分放大电路的放大倍数：

$$A_u = \frac{u_o}{u_x} = -\frac{\beta R_c}{r_{be}} = -g_m R_c$$

电路的输出电压为

$$u_o = -g_m R_c u_x = -\frac{I_E R_c}{26} u_x \tag{6.9}$$

其中

$$I_E = \frac{1}{2} I_{E3} \approx \frac{u_y}{2R_e}$$

代入式(6.9)得

$$u_o = -\frac{R_c}{R_e \cdot 52} u_x u_y = K u_x u_y \tag{6.10}$$

其中

$$K = -\frac{R_c}{R_e \cdot 52}$$

称为乘法增益系数。式(6.10)表明输出电压与两个输入电压的乘积成正比。

图 6.10 所示的乘法器要求 u_y 必须为正值，以保证 V_3 管在 u_y 的偏置下能工作于线性放大区。为使 u_y 不论是正值还是负值，都能得到乘法运算的结果，常采用双平衡式变跨导乘法器。如图 6.11 所示，图中 V_5 和 V_6 由恒流管 V_8 和 V_9 提供偏置电流，因此不论 u_y 是正值还是负值，输出均可得到 u_y 和 u_x 的乘积。

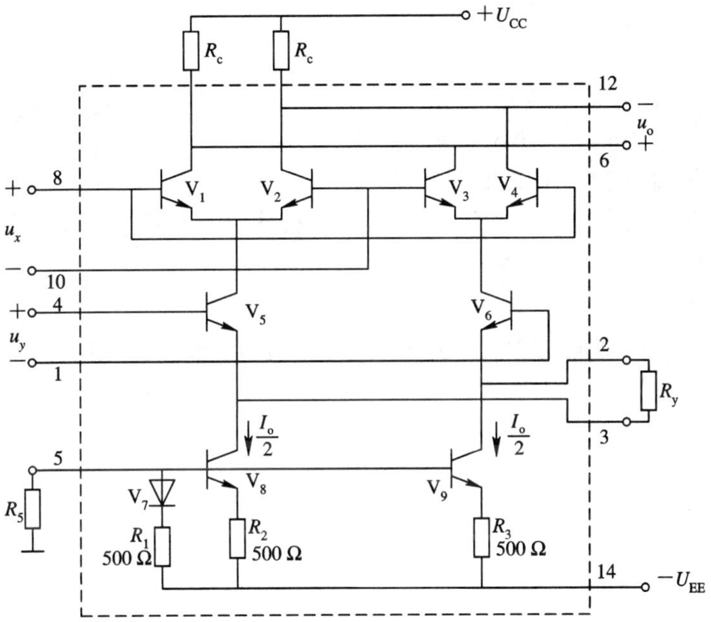

图 6.11　双平衡式变跨导乘法器

2. 集成模拟乘法器

集成模拟乘法器是实现两个模拟信号相乘功能的器件，电路中的符号如图 6.12 所示。

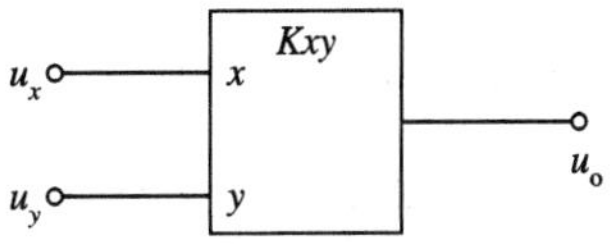

图 6.12　模拟乘法器电路符号

它有两个输入端 u_x 和 u_y 及一个输出端 u_o，它们之间的关系是

$$u_o = K u_x u_y$$

其中，K 称为乘法增益系数。

模拟乘法器目前种类很多，如 AD634、AD534L、MC1496 等，且不需外接元件、无须调零即可使用。

3. 模拟乘法器的应用

1) 平方电路

若 $u_y = u_x$，则 $u_o = Ku_x^2$，此时，模拟乘法器就成为平方电路。

2) 除法电路

变跨导乘法器还可组成除法电路，如图 6.13 所示。根据“虚短”和“虚断”概念可得

$$i_1 = i_2$$

即

$$\frac{u_1}{R_1} = -\frac{u_3}{R_2}$$

则

$$u_3 = -\frac{R_2}{R_1}u_1$$

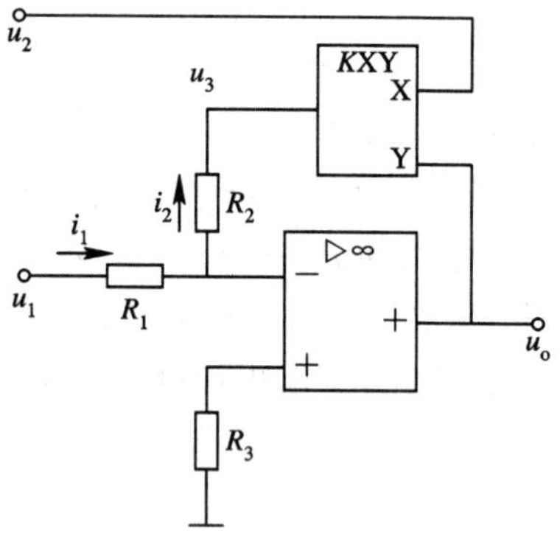

图 6.13　除法电路

由乘法器的功能可得

$$u_3 = Ku_o u_2$$

因此得

$$u_o = \frac{u_3}{Ku_2} = -\frac{R_2}{KR_1} \cdot \frac{u_1}{u_2}$$

即输出电压与两个输入电压的商成比例关系。

在图 6.13 所示除法电路中，只有当 u_2 为正极性时，才能保证运放处于负反馈状态，而 u_1 则可正可负。

3) 其他应用

乘法器还可作为调制解调器、锁相环电路、倍频器、混频器使用，常选用开关速度较高的 MC1596 型。

知识点

1. 比例运算
2. 电压跟随器
3. 加法运算
4. 减法运算
5. 积分运算
6. 微分运算

技能点

1. 比例运算、电压跟随器、加法运算、减法运算、积分运算、微分运算电路图的识记和对比
2. 比例运算电路输出电压的计算和分析
3. 加法运算电路输出电压的计算和分析
4. 减法运算电路输出电压的计算和分析
5. 积分运算电路输出电压的计算及波形变换作用的分析

6. 微分运算电路输出电压的计算及波形变换作用的分析

思考题

1. 同相输入比例运算电路有没有“虚地”点？为什么？
2. 积分电路的波形变换作用是什么？

*3. 什么叫变跨导模拟乘法器？它的应用主要有哪些？

*6.3　有源滤波和精密整流电路

6.3.1　有源滤波电路

1. 滤波电路的分类及幅频特性

所谓滤波，就是保留信号中所需频段的成分，抑制其他频段信号的过程。

根据输出信号中所保留的频率段的不同，可将滤波分为低通滤波、高通滤波、带通滤波、带阻滤波等四类。它们的幅频特性如图 6.14 所示，被保留的频率段称为“通带”，被抑制的频率段称为“阻带”。A_u 为各频率的增益，A_{um} 为通带的最大增益。

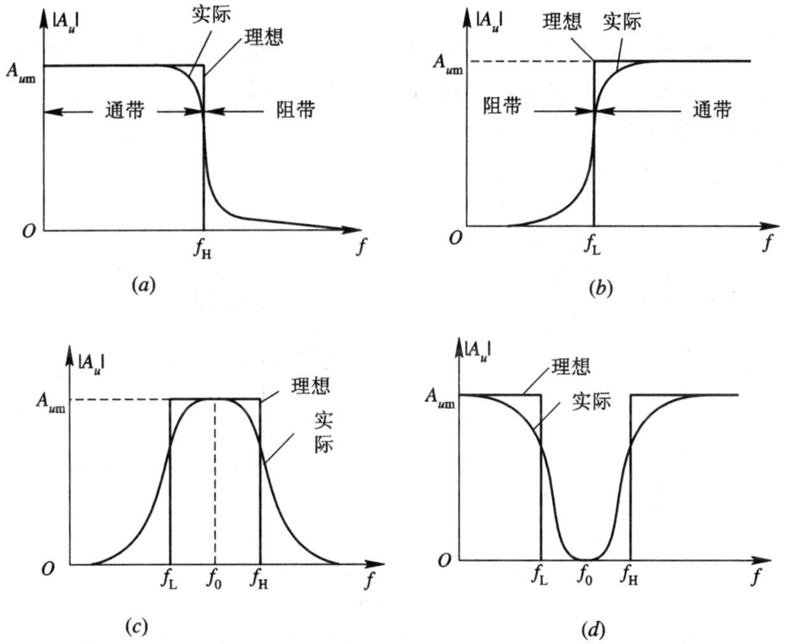

图 6.14　滤波电路的幅频特性

(*a*) 低通滤波；(*b*) 高通滤波；(*c*) 带通滤波；(*d*) 带阻滤波

滤波电路的理想特性是：

(1) 通带范围内信号无衰减地通过，阻带范围内无信号输出；

(2) 通带与阻带之间的过渡带为零。

2. 无源滤波电路

图 6.15 所示的 *RC* 网络为无源滤波电路。

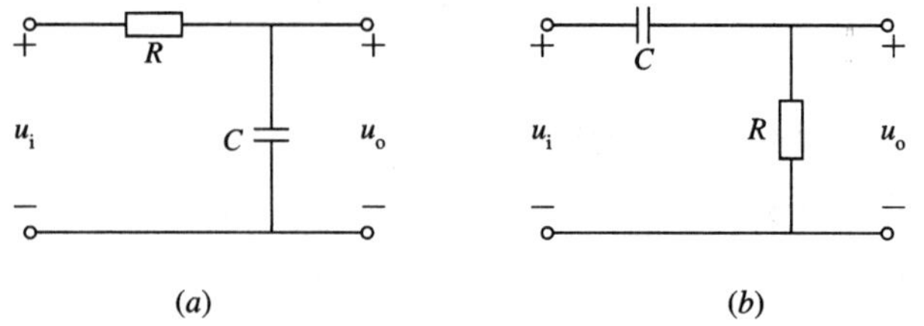

图 6.15 无源滤波电路

图(*a*)电路中，电容 *C* 上的电压为输出电压，对于输入信号中的高频信号，电容的容抗 X_C很小，则输出电压中的高频信号幅值很小，受到抑制，为低通滤波电路。在图(*b*)中，电阻 *R* 上的电压为输出电压，由于高频时容抗很小，则高频信号能顺利通过，而低频信号被抑制，为高通滤波电路，其幅频特性如图 6.14(*a*)、(*b*)所示。

无源滤波电路结构简单，但有以下缺点：

(1) 由于 *R* 及 *C* 上有信号压降，输出信号幅值下降；

(2) 带负载能力差，当 R_L 变化时，输出信号的幅值将随之改变，滤波特性也随之变化；

(3) 过渡带较宽，幅频特性不理想。

3. 有源滤波电路

为了克服无源滤波电路的缺点，可将 *RC* 无源滤波电路接到集成运放的同相输入端。因为集成运放为有源元件，故称这种电路为有源滤波电路。

1) 有源低通滤波电路

图 6.16(*a*)为一阶有源低通滤波电路。

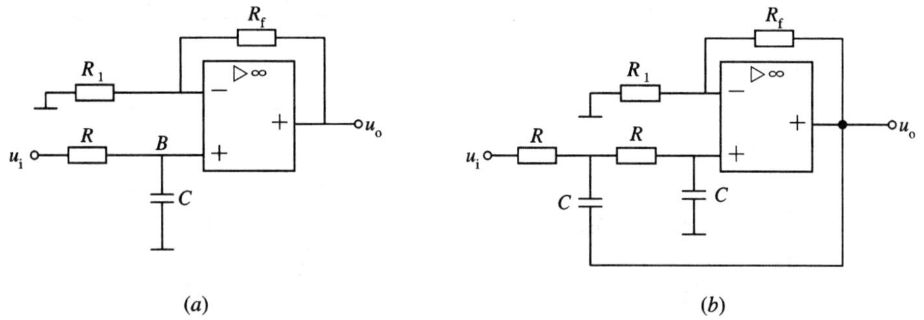

图 6.16 有源低通滤波电路

(*a*) 一阶；(*b*) 二阶

R 和 *C* 为无源低通滤波器，运算放大器接成同相比例放大组态，对输入信号中各频率分量均有如下关系：

$$u_o = A_{ud}u_B = \left(1+\frac{R_f}{R_1}\right)u_B = \left(1+\frac{R_f}{R_1}\right)\frac{\frac{1}{j\omega C}}{R+\frac{1}{j\omega C}}u_i = \left(1+\frac{R_f}{R_1}\right)\frac{1}{1+j\omega RC}u_i$$

由上式可看出，输入信号频率越高，相应的输出信号越小，而低频信号则可得到有效的放大，故称之为低通滤波器。

令

$$\omega_H=\frac{1}{RC}$$

则

$$\frac{u_o}{u_i}=\left(1+\frac{R_f}{R_1}\right)\frac{1}{1+j(\omega/\omega_H)}$$

当 $\omega=\omega_H$ 时，$|A_u|=0.707(1+R_f/R_1)$，其中 $(1+R_f/R_1)$ 是此电路的最大增益 A_{um}。

我们将 ω_H 称为上限截止频率，也可用 f_H 表示，$f_H=\frac{1}{2\pi RC}$。此时 $|A_u|=0.707|A_{um}|$。对于高于截止频率的高频信号，$|A_u|<0.707|A_{um}|$。

由于集成运放引入的是电压串联负反馈，其输入电阻很大，它作为 RC 无源滤波电路的负载，对 RC 电路的影响可忽略不计；它的输出电阻很小，故带负载能力强，其放大作用又使通带放大倍数增加，但通带与阻带之间仍无明显界限，幅频特性、滤波性能较差，因而这类电路一般只用于滤波要求不高的场合。

为了得到更好的滤波效果，可在一阶有源低通滤波电路前再加一级 RC 滤波，组成二阶有源低通滤波电路，如图 6.16(b)所示。低通滤波电路的幅频特性如图 6.17 所示。由图可以看出，二阶低通滤波器的幅频特性比一阶的好。

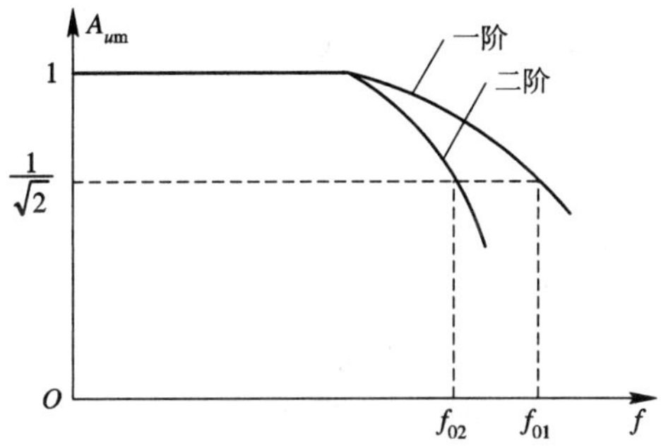

图 6.17　低通滤波电路的幅频特性

2) 有源高通滤波电路

将图 6.16(a)中 R 和 C 的位置调换，就成为有源高通滤波电路，如图 6.18 所示。在图中，滤波电容接在集成运放输入端，它将阻隔、衰减低频信号，而让高频信号顺利通过。

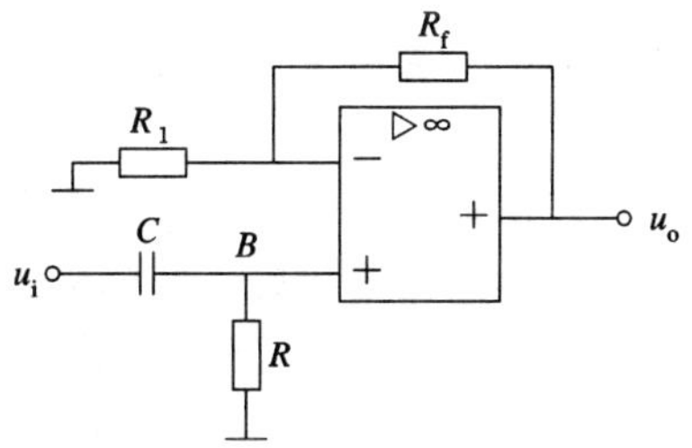

图 6.18　有源高通滤波电路

同低通滤波电路的分析类似，我们可以得出有源高通滤波电路的下限截止频率为 $f_L=1/(2\pi RC)$，对于低于截止频率的低频信号，$|A_u|<0.707|A_{um}|$。

一阶有源高通滤波电路带负载能力强，并能补偿 RC 网络上压降对通带增益的损失，但存在过渡带较宽、滤波性能较差的缺点。采用二阶高通滤波，可明显改善滤波性能。将图 6.16(b)中的 R 与 C 的位置对调，就成为二阶有源高通滤波电路。

滤波电路广泛应用于广播、通信、测量和控制系统中，常用来选取有用频率的信号，滤除无用频率的信号。

6.3.2 精密整流电路

在电子仪表中显示交流电压，需要将交流信号变换成直流量，再去推动表头或数字显示系统工作。将交流转变成直流，一般采用二极管整流电路。但二极管死区电压的存在，使得电子仪表在输入信号小于二极管死区电压的情况下，无法实现整流。即使交流电压大于二极管的死区电压，二极管的非线性也会使输出端的直流电压与输入端的交流电压不成线性关系，信号越小，由非线性产生的误差越大，降低了电子仪表的测量精度。采用集成运放和二极管组成的电路，就可以把微弱的交流电转换成单向脉动电，我们把这样的电路称为精密整流电路。精密整流电路又分为半波整流电路和全波整流电路。

1. 精密半波整流电路

精密半波整流电路如图 6.19(*a*)所示。

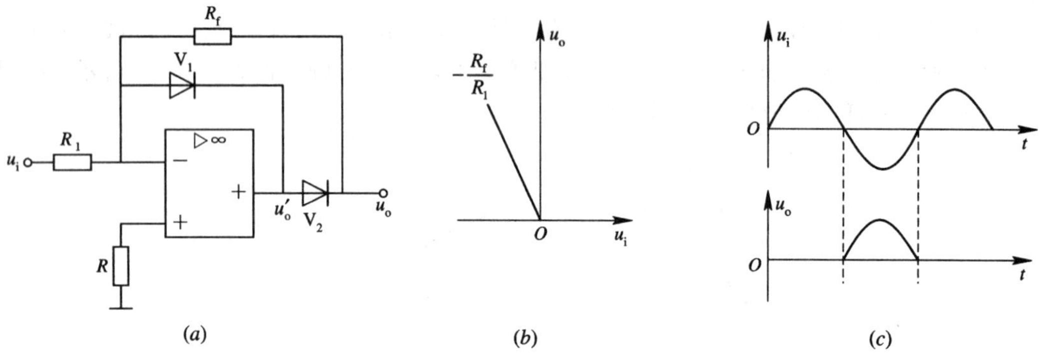

图 6.19　精密半波整流电路

(*a*) 电路图；(*b*) 传输特性；(*c*) 波形

图中，V_1、V_2、R_f 构成反馈网络。u_i 从反相端输入。当 u_i 为正半周时，u_o' 为负值，由于集成运放的反相端为“虚地”点，V_1 导通，V_2 截止，R_f 中无电流流过，则 $u_o=0$。当 u_i 为负半周时，u_o' 为正值，V_1 截止，V_2 导通。通过 R_f 的电流为 u_i/R_1，不难得出

$$u_o=-\frac{R_f}{R_1}u_i$$

集成运放的输出电压与二极管的阈值电压无关，与输入电压成比例关系。电压传输特性曲线是通过原点，斜率为 $-R_f/R_1$ 的一条直线，如图 6.19(*b*)所示。其输入、输出波形如图 6.19(*c*)所示。若 $R_f=R_1$，那么

$$u_o=-u_i$$

由此可知，该电路只在负半周得到线性整流，故称该电路为精密半波整流电路。

2. 精密全波整流电路

在半波线性整流电路的基础上，加上一级加法器，就可组成精密全波整流电路，如图 6.20(*a*)所示。其输出电压为

$$u_o=-\left(\frac{2R}{2R}u_i+\frac{2R}{R}u_{o1}\right)=-(u_i+2u_{o1}) \tag{6.11}$$

当输入信号 u_i 为正半周时，A_1 的输出 u'_{o1} 为负，V_2 导通，$u_{o1}=-u_i$，代入式(6.11)，得

$$u_o=-(u_i-2u_i)=u_i$$

当 u_i 为负半周时，A_1 的输出 u'_{o1} 为正值，V_2 截止，$u_{o1}=0$，代入式(6.11)，得

$$u_o=-u_i$$

全波线性整流电路的输入、输出波形如图6.20(*b*)所示。

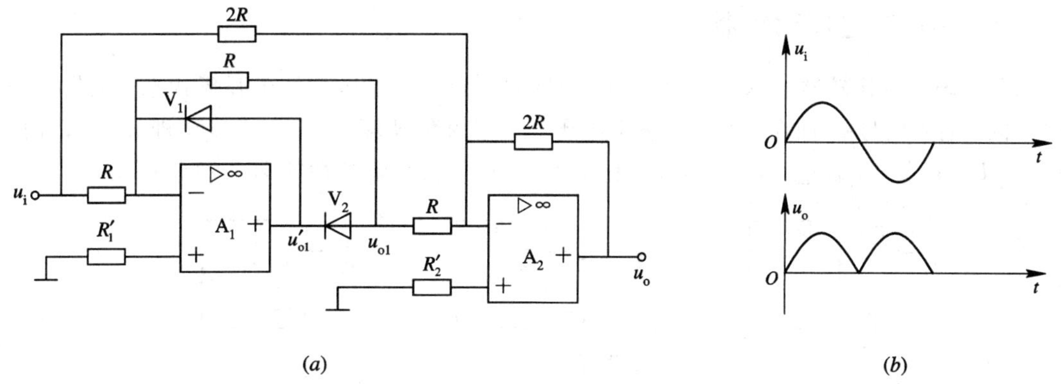

图6.20　精密全波整流电路

(*a*) 电路；(*b*) 波形

知识点

1. 有源滤波
2. 无源滤波
3. 高通滤波
4. 低通滤波
5. 精密整流电路

技能点

1. 有源低通滤波电路图的识记
2. 有源低通滤波电路上限截止频率的分析和计算
3. 有源高通滤波电路图的识记
4. 有源高通滤波电路下限截止频率的分析和计算
5. 精密半波整流电路及全波整流电路图的识记和对比
6. 精密半波整流电路及全波整流电路输出电压的计算和波形分析

思考题

1. 有源滤波电路与无源滤波电路相比，有什么优点？
2. 画出高通 *RC* 有源滤波器的电路和幅频特性，并与低通滤波器加以比较。
3. 什么是精密整流电路？

6.4 电压比较器

电压比较器的基本功能是比较两个或多个模拟量的大小，并由输出端的高、低电平来表示比较结果。电压比较器是集成运放非线性应用的典型电路，它可分为单门限电压比较器和滞回电压比较器两类。

6.4.1 单门限电压比较器

单门限电压比较器的基本电路如图 6.21(*a*)所示。集成运放处于开环状态，工作在非线性区，输入信号 u_i 加在反相端，参考电压 U_{REF} 接在同相端。当 $u_i>U_{REF}$，即 $u_->u_+$ 时，$u_o=-U_{om}$；当 $u_i<U_{REF}$，即 $u_-<u_+$ 时，$u_o=+U_{om}$。其传输特性如图 6.21(*b*)所示。

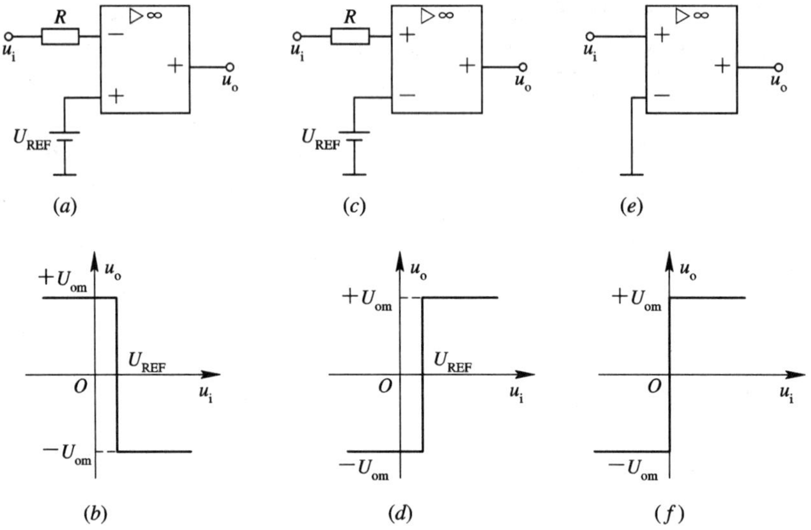

图 6.21　单门限电压比较器电路

若希望当 $u_i>u_{REF}$ 时，$u_o=+U_{om}$，只需将 u_i 与 U_{REF} 调换即可，如图 6.21(*c*)所示，其传输特性如图 6.21(*d*)所示。

由图 6.21(*b*)、(*d*)可知，输入电压 u_i 的变化经过 U_{REF} 时，输出电压发生翻转。我们把比较器的输出电压从一个电平翻转到另一个电平时对应的输入电压值称为阈值电压或门限电压，用 U_{TH} 表示。

如果输入电压过零时，输出电压发生跳变，就称为过零电压比较器，如图 6.21(*e*)所示，其特性曲线如图 6.21(*f*)所示。过零电压比较器可将正弦波转化为方波，如图 6.22 所示。

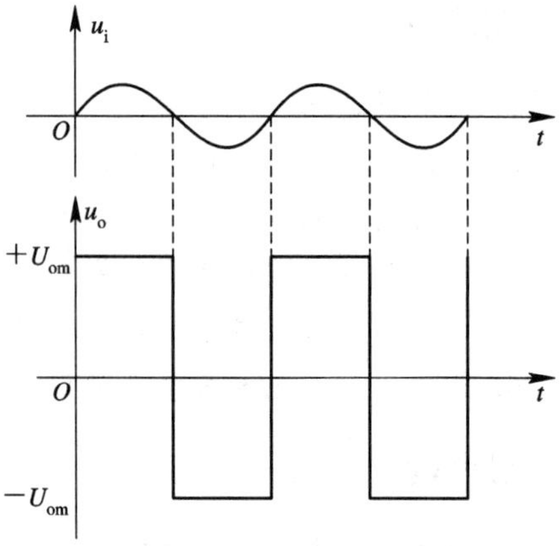

图 6.22　过零电压比较器的波形转换作用

6.4.2 滞回电压比较器

在上述比较器中，输入电压只跟一个参考电压 U_{REF} 相比较，即只产生一次跳变，故称为单门限电压比较器。这种比较器电路简单，灵敏度高。在实际应用时如果测得的信号存在外界干扰，即在正弦波上叠加了高频干扰，过零电压比较器就容易出现多次误翻转，如图 6.23 所示。

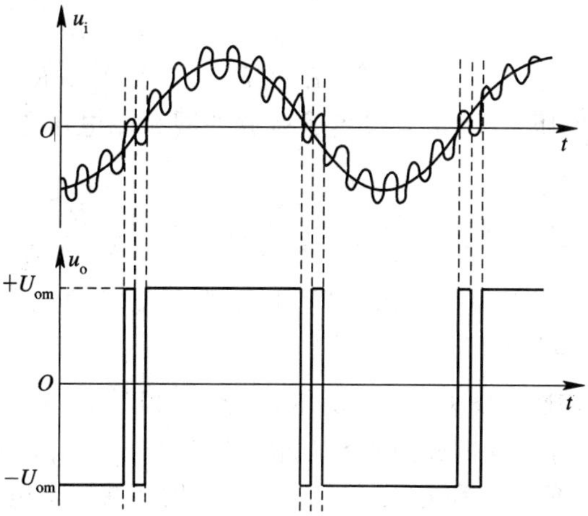

图 6.23　外界干扰的影响

解决办法是采用滞回电压比较器。这种比较器的特点是当输入信号 u_i 逐渐增大和逐渐减小时，它有两个门限电平，且不相等，其传输特性具有滞回曲线的形状。滞回电压比较器的组成如图 6.24(*a*)所示。

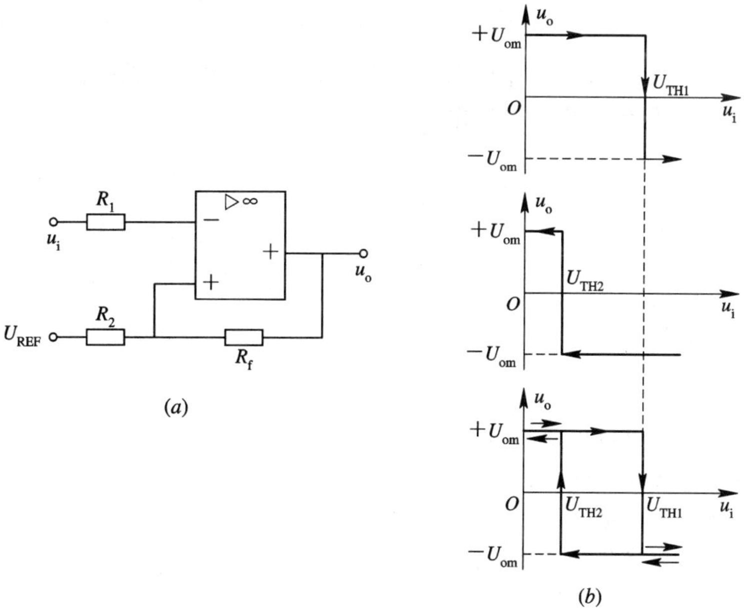

图 6.24　滞回电压比较器

1. 电路特点

滞回电压比较器电路在单值电压比较器的基础上增加了正反馈元件 R_f 和 R_2。由于集成运放工作于非线性状态，那么它的输出只可能有两种状态：正向饱和电压 $+U_{om}$ 和负向饱和电压 $-U_{om}$。由图 6.24(*a*)可知集成运放的同相端电压 u_+ 是由输出电压和参考电压共同作用叠加而成的，因此集成运放的同相端电压 u_+ 也有两个。

当输出为正向饱和电压 $+U_{om}$ 时，将集成运放的同相端电压称为上门限电平，用 U_{TH1} 表示，则有

$$U_{TH1} = u_+ = U_{REF}\frac{R_f}{R_f + R_2} + U_{om}\frac{R_2}{R_2 + R_f} \tag{6.12}$$

当输出为负向饱和电压 $-U_{om}$ 时，将集成运放的同相端电压称为下门限电平，用 U_{TH2} 表示，则有

$$U_{TH2} = u_+ = U_{REF}\frac{R_f}{R_f + R_2} - U_{om}\frac{R_2}{R_2 + R_f} \tag{6.13}$$

通过式(6.12)和式(6.13)可以看出，上门限电平 U_{TH1} 的值比下门限电平 U_{TH2} 的值大。

2. 传输特性和回差电压 ΔU_{TH}

滞回比较器的传输特性如图 6.24(*b*)所示。当输入信号 u_i 从零开始增加时，电路输出为正饱和电压 $+U_{om}$，此时集成运放同相端对地电压为 U_{TH1}。当 u_i 逐渐增加到刚超过 U_{TH1} 时，电路翻转，输出变为负向饱和电压 $-U_{om}$，这时，同相端对地电压变为 U_{TH2}，u_i 继续增大时，输出保持 $-U_{om}$ 不变。

若 u_i 从最大值开始下降，当下降到上门限电压 U_{TH1} 时，输出并不翻转，只有下降到略小于下门限电压 U_{TH2} 时，电路才发生翻转，输出变为正向饱和电压 $+U_{om}$。

由以上分析可以看出，该比较器具有滞回特性。

我们把上门限电压 U_{TH1} 与下门限电压 U_{TH2} 之差称为回差电压，用 ΔU_{TH} 表示，即

$$\Delta U_{TH} = U_{TH1} - U_{TH2} = 2U_{om}\frac{R_2}{R_2 + R_f}$$

回差电压的存在，大大提高了电路的抗干扰能力。只要干扰信号的峰值小于半个回差电压，比较器就不会因为干扰而误动作。

知识点

1. 电压比较器
2. 门限电压
3. 单门限电压比较器
4. 滞回电压比较器

技能点

1. 单门限电压比较器电路图的识记
2. 单门限电压比较器传输特性的分析
3. 滞回电压比较器电路图的识记和分析
4. 滞回电压比较器传输特性的分析

思考题

1. 有一参考电压 U_{REF} 接在单门限电压比较器的反相输入端上，若输入为正弦波信号，

其幅度为 U_{im}，请画出输出波形。(设 $U_{REF}<U_{im}$。)

2. 滞回电压比较器的特点是什么？

6.5 集成运算放大器的使用常识

集成运放的用途广泛，在使用前必须进行测试，使用中应注意其电参数和极限参数是否符合电路要求，同时还应注意以下问题。

1. 集成运放的输出调零

为了提高集成运放的精度，消除因失调电压和失调电流引起的误差，需要对集成运放进行调零。实际的调零方法有两种。一种是静态调零法，即将两个输入端接地，调节调零电位器，使输出为零。另一种是动态调零法，即加入信号前将示波器的扫描线调到荧光屏的中心位置，加入信号后扫描线的位置发生偏离，调节集成运放的调零电路，使波形回到对称于荧光屏中心的位置，零点即已调好。

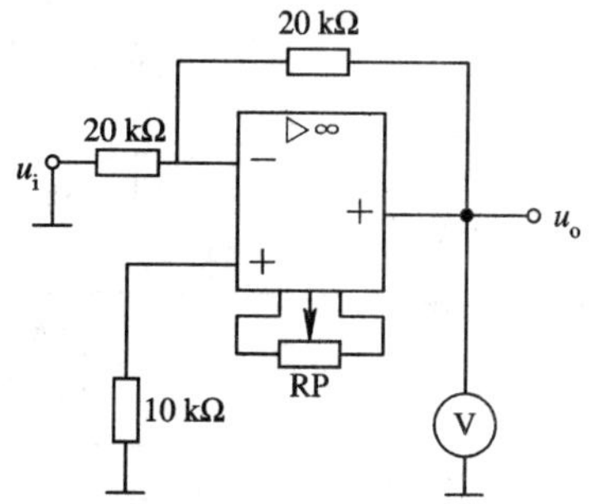

图 6.25 μA741 的调零电路

集成运放的调零电路有两类。

一类是内调零，即集成运放设有外接调零电路的引线端，按说明书连接即可。例如我们常用的 μA741，其中的电位器 RP 可选择 10 kΩ 的电位器，如图 6.25 所示。

另一类是外调零，即集成运放没有外接调零电路的引线端，可以在集成运放的输入端加一个补偿电压，以抵消集成运放本身的失调电压，达到调零的目的。常用的辅助调零电路如图 6.26 所示。

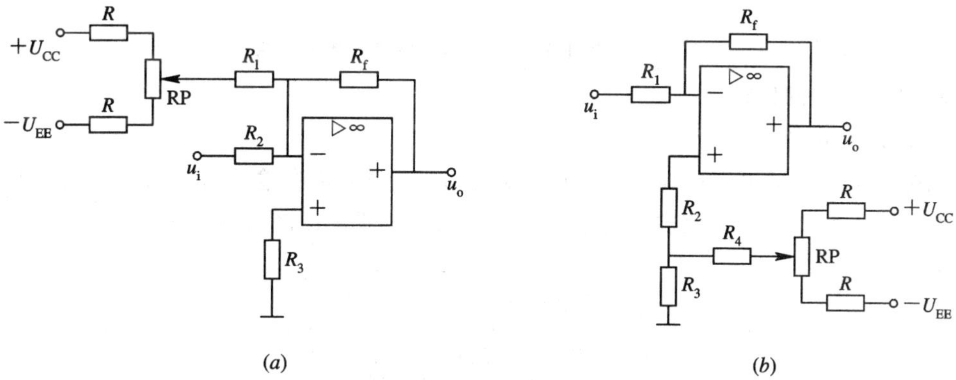

图 6.26 辅助调零电路

2. 单电源供电时的偏置问题

双电源集成运放单电源供电时，该集成运放内部各点对地的电位都将相应提高，因而输入为零时，输出不再为零，这是通过调零电路无法解决的。为了使双电源集成运放在单电源供电下能正常工作，必须将输入端的电位提升，如图 6.27 和图 6.28 所示，其中图 6.27 适用于反相输入交流放大，图 6.28 适用于同相输入交流放大。

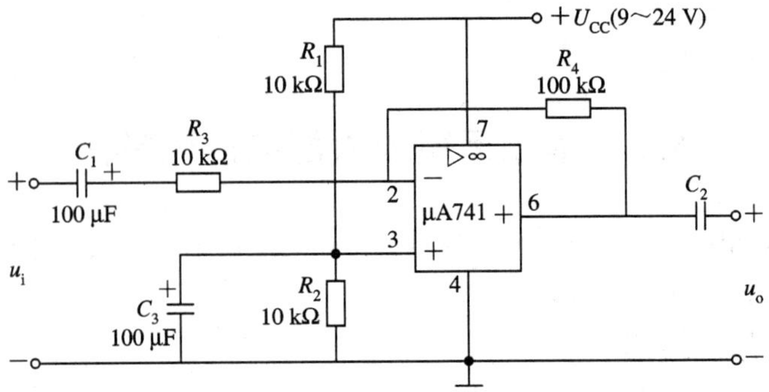

图 6.27　单电源反相输入阻容耦合放大电路

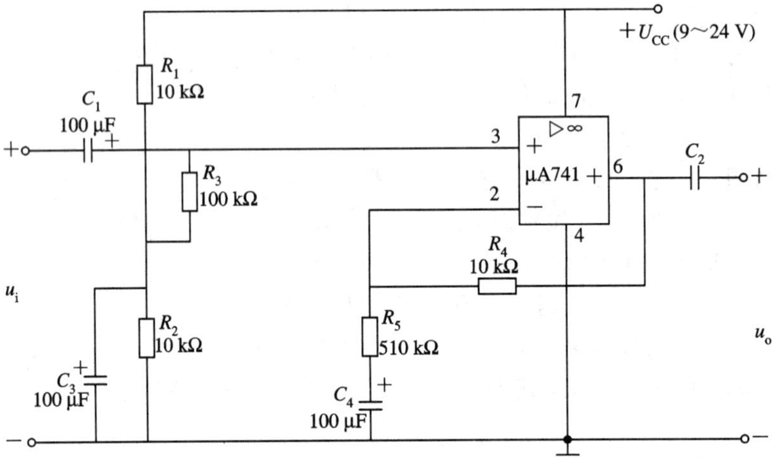

图 6.28　单电源同相输入阻容耦合放大电路

3. 集成运放的保护

1）输入端保护

当输入端所加的电压过高时会损坏集成运放，为此，可在输入端加入两个反向并联的二极管，如图 6.29 所示，将输入电压限制在二极管的正向压降以内。

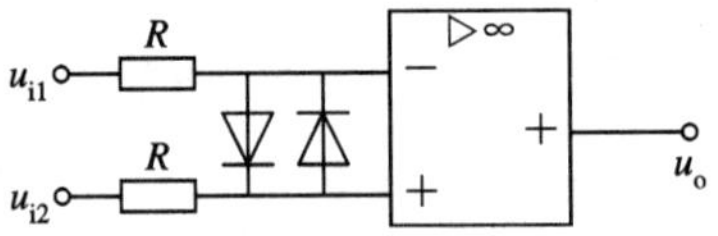

图 6.29　输入端保护

2）输出端保护

为了防止输出电压过大，可利用稳压管来保护，如图 6.30 所示，将两个稳压管反向串联，就可将输出电压限制在稳压管的稳压值 U_Z 的范围内。

3）电源保护

为了防止正负电源接反，可用二极管保护，若电源接错，二极管反向截止，集成运放上无电压，如图 6.31 所示。

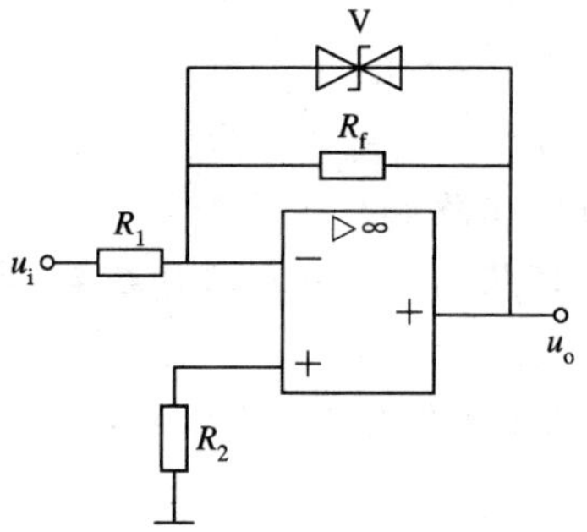

图 6.30　输出端保护

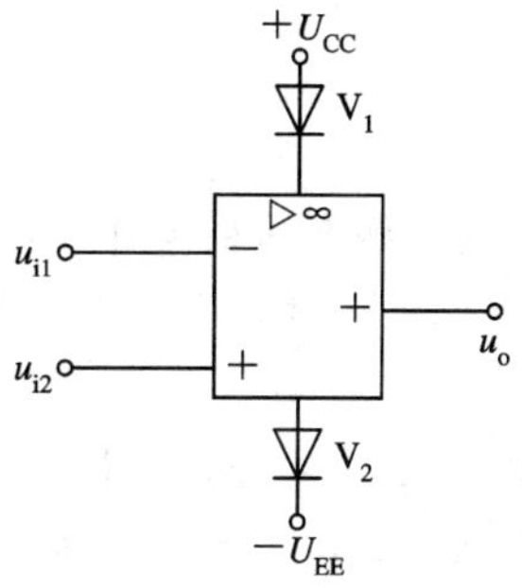

图 6.31　电源保护

4. 相位补偿

集成运放在实际使用中遇到的最棘手的问题就是自激。要消除自激，通常需要破坏自激形成的相位条件，这就是相位补偿，如图 6.32 所示。其中，图(a)是输入分布电容和反馈电阻过大(>1 MΩ)引起自激的补偿方法，图(b)中所接的 RC 用于输入端补偿，常用于高速集成运放。

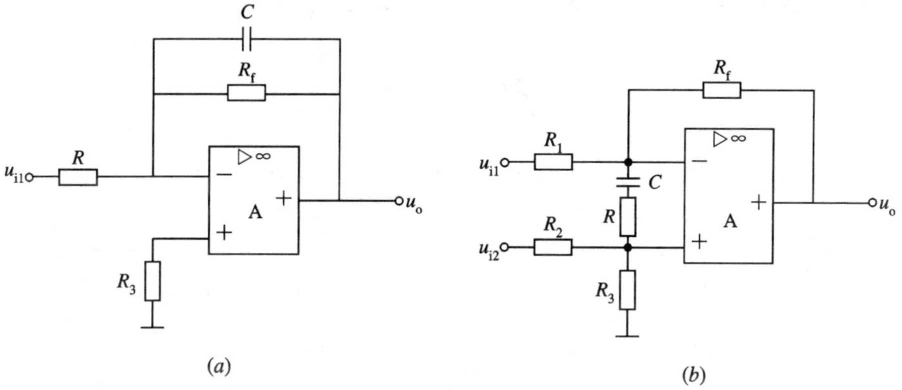

图 6.32　相位补偿

知识点

1. 集成运放的输出调零
2. 集成运放的保护
3. 集成运放的相位补偿

技能点

1. 集成运放单电源供电时偏置电路的分析
2. 集成运放保护电路中保护元件的作用分析

思考题

1. 双电源集成运放如何在单电源电路中使用?
2. 集成运放产生自激怎么办?
3. μA741 如何调零?

本章小结

(1) 集成运放有两个工作区，即线性工作区和非线性工作区。

① 在线性应用时，集成运放通常工作于深度负反馈状态，两输入端存在着“虚短”和“虚断”。

② 在非线性应用时，集成运放通常工作于开环或正反馈状态，此时集成运放的输出不是正饱和电压，就是负饱和电压。

(2) 集成运放在线性应用时，可组成比例、加法、减法运算电路，要求读者掌握这些运算电路的工作原理和传输关系，并会分析和设计一些简单的信号运算电路。

(3) 集成运放在线性应用时，还可组成有源滤波和有源整流电路。

(4) 集成运放在非线性应用时，可组成电压比较器，用来比较两个输入信号的大小，单门限电压比较器易发生误翻转，抗干扰能力差，而滞回比较器则具有一定的抗干扰能力。

(5) 集成运放在使用中还会遇到许多具体问题，主要有自激、输出调零及单电源供电的问题，可采用相位补偿、调零电路、外加偏置电路的方法解决。

习　题

6.1　由理想运放构成的电路如题 6.1 图所示。试计算输出电压 u_o 的值。

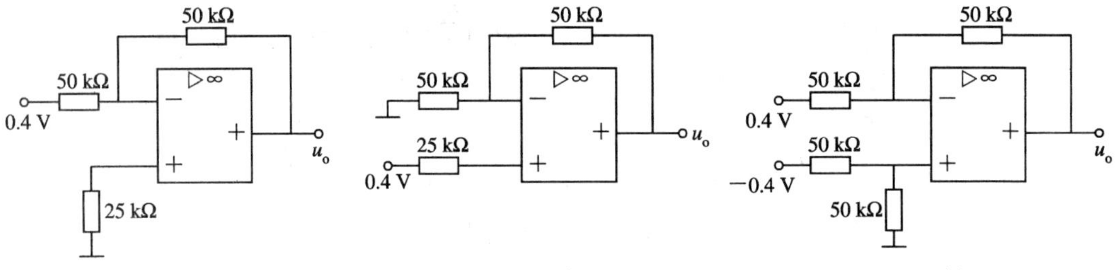

题 6.1 图

6.2　电路如题 6.2 图所示，已知 $R_1=2\ \text{k}\Omega$，$R_f=10\ \text{k}\Omega$，$R_2=2\ \text{k}\Omega$，$R_3=18\ \text{k}\Omega$，$u_i=1\ \text{V}$，求 u_o 的值。

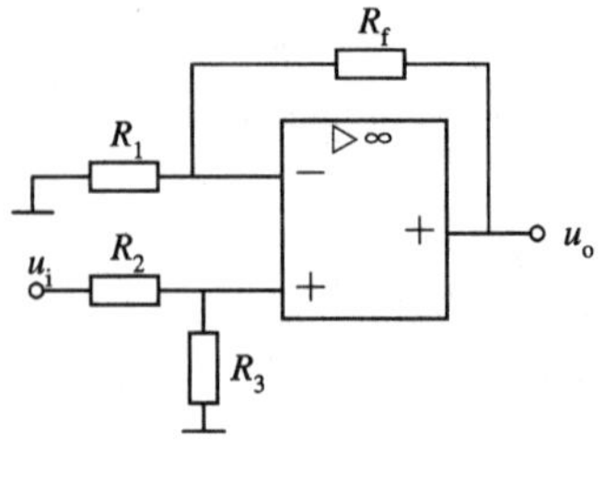

题 6.2 图

6.3　电路如题 6.3 图所示，已知 $R_f=5R_1$，$u_i=10$ mV，求 u_o 的值。

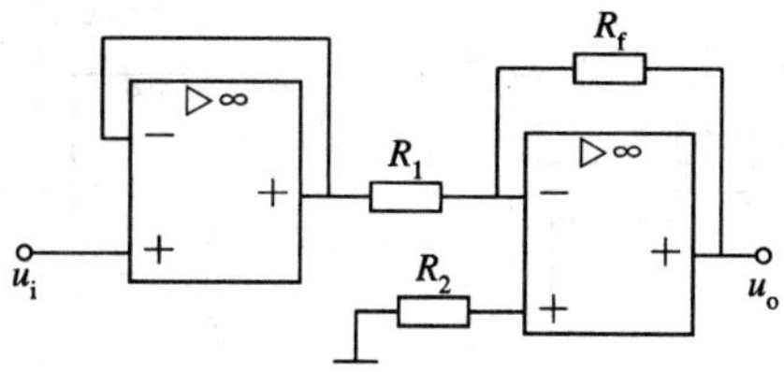

题 6.3 图

6.4　电路如题 6.4 图所示，已知 $u_i=10$ mV，求 u_{o1}、u_{o2}、u_o 的值。

6.5　电路如题 6.5 图所示，试求出输出电压 u_o 的值。

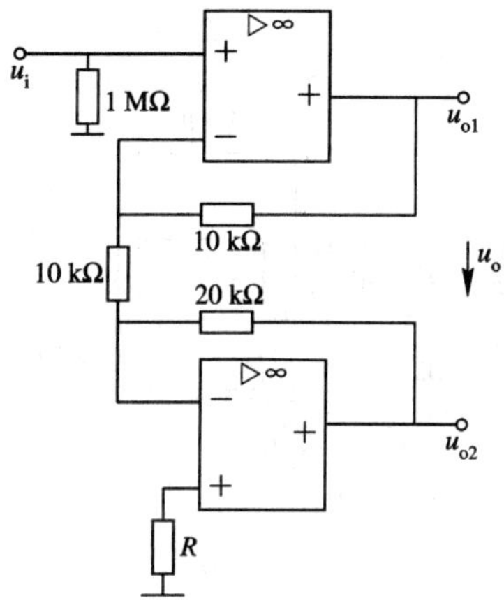

题 6.4 图

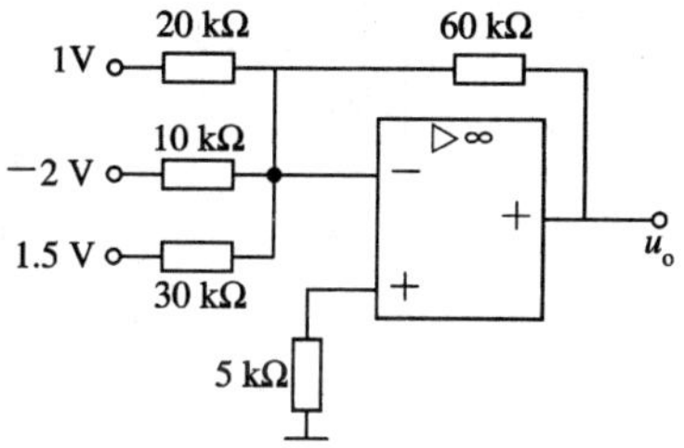

题 6.5 图

6.6　积分电路和微分电路分别如题 6.6 图(*a*)、(*b*)所示，已知输入电压如题 6.6 图(*c*)所示，且 $t=0$ 时，$u_C=0$，试分别画出电路输出电压波形。

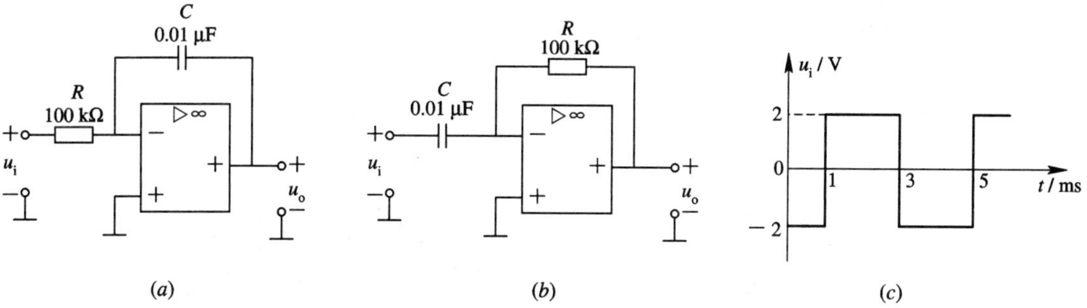

题 6.6 图

6.7　如果要求运算电路的输出电压 $u_o=-5u_{i1}+2u_{i2}$，已知反馈电阻 $R_f=50$ kΩ，试画出电路图并求出各电阻值。

6.8　电路如题 6.8 图所示，试写出 u_o 与 u_{i1} 和 u_{i2} 的关系，并求出当 $u_{i1}=+1.5$ V，$u_{i2}=-0.5$ V 时 u_o 的值。

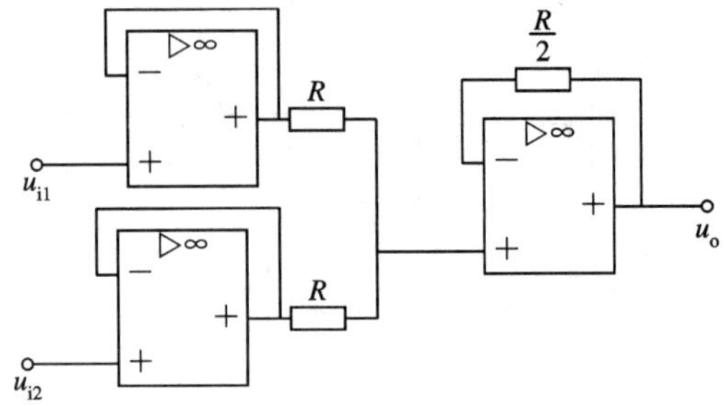

题 6.8 图

6.9 电路如题 6.9 图所示，双向稳压管的 $U_Z=\pm 6$ V，输入电压为 $u_i=0.5\sin\omega t$ V。试画出 u_{o1}、u_{o2}、u_o 的波形，并指出集成运放的工作状态。

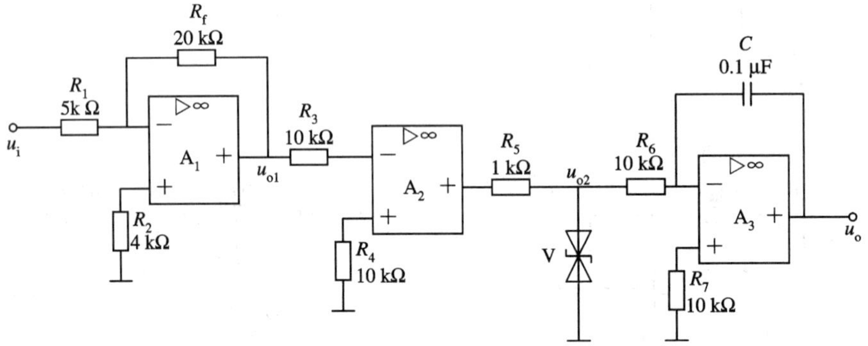

题 6.9 图

6.10 电路如题 6.10 图所示，其中 $R_f=R_1$，试分别画出各比较器的传输特性曲线。

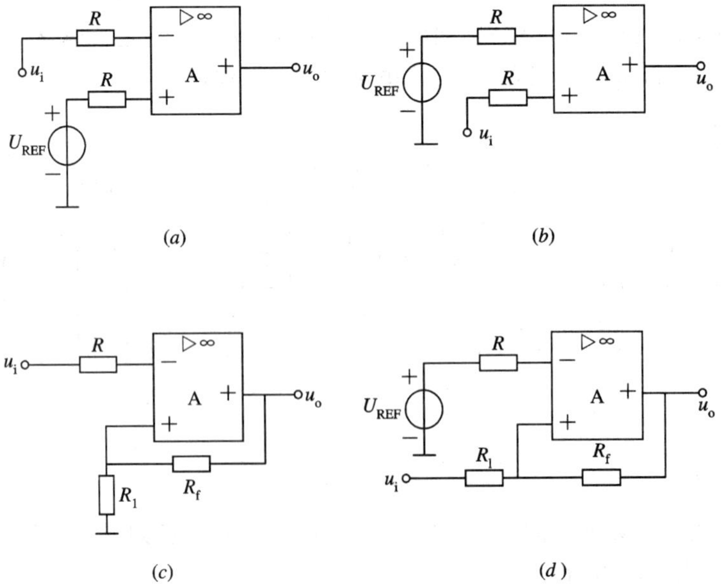

题 6.10 图

6.11　电路如题 6.11 图所示，集成运放的最大输出电压是±12 V，双向稳压管的电压U_Z=±6 V，输入信号 u_i=12 sinωt V。试画出在参考电压 U_{REF}为 3 V 和－3 V 两种情况下的传输特性曲线和输出电压的波形。

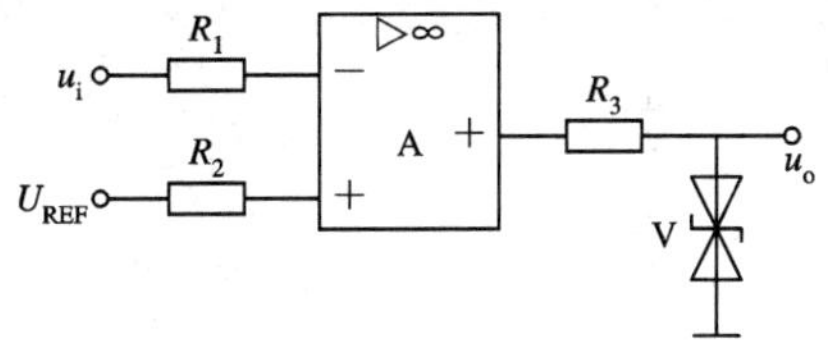

题 6.11 图

6.12　题 6.12 图所示电路为监控报警装置，U_{REF}为参考电压，u_i为被监控量的传感器送来的监控信号，当 u_i 超过正常值时，指示灯亮报警。请说明其工作原理及图中的稳压二极管和电阻起何作用。

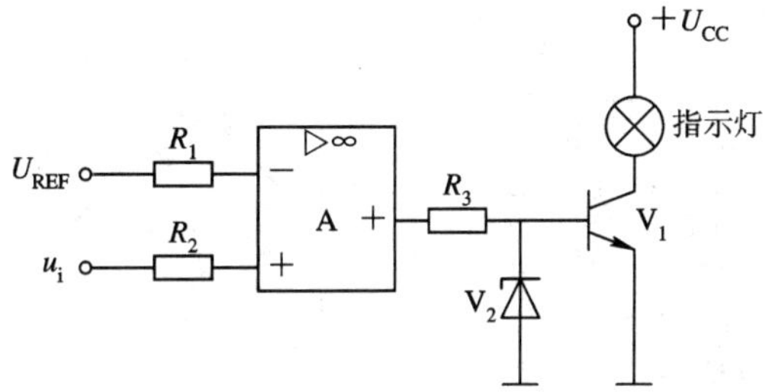

题 6.12 图

6.13　电路如题 6.13 图所示，A 为理想集成运放，R_1=5 kΩ，R_2=R_3=1 kΩ，试分析确定在 u_i=2 V 及 u_i=－2 V 时的 u_o 值。

6.14　电路如题 6.14 图所示，设 A 为理想集成运放，稳压管的稳定电压 U_Z=±9 V，参考电压 U_{REF}=3 V，电阻 R_1=30 kΩ，R_2=15 kΩ，R=1 kΩ，试画出该电路的电压传输特性。

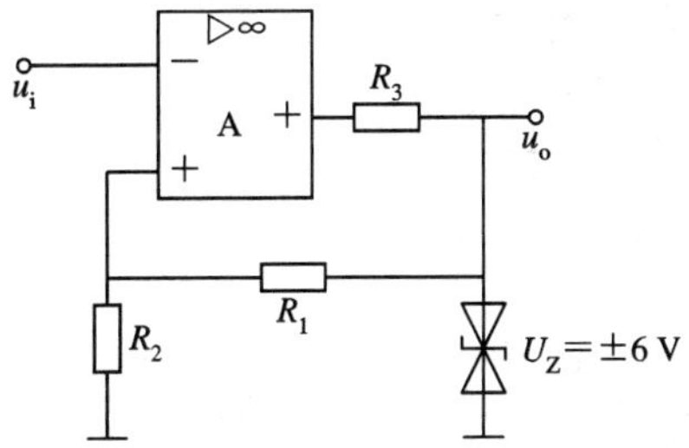

题 6.13 图

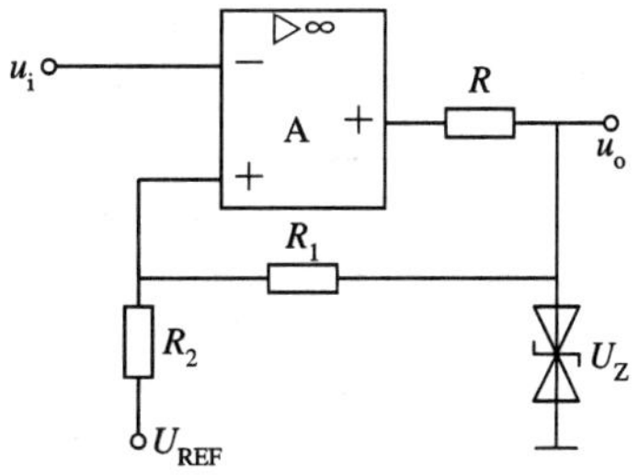

题 6.14 图

6.15　在题 6.15 图所示电路中，A 为理想运算放大器。

(1) 指出它们分别是什么类型的电路；

(2) 画出它们的电压传输曲线。

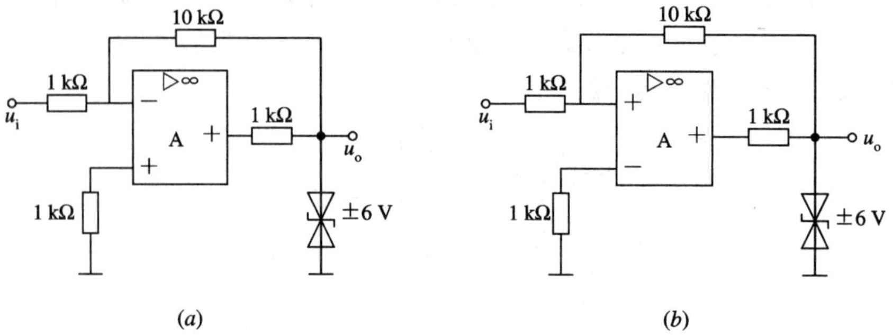

题 6.15 图

6.16　已知同相滞回比较器如题 6.16 图(a)所示，A 为理想运算放大器，输出电压的两个极限值为±10 V，V 为理想二极管，输入电压的波形如题 6.16 图(b)所示，试画出相应的输出电压波形。

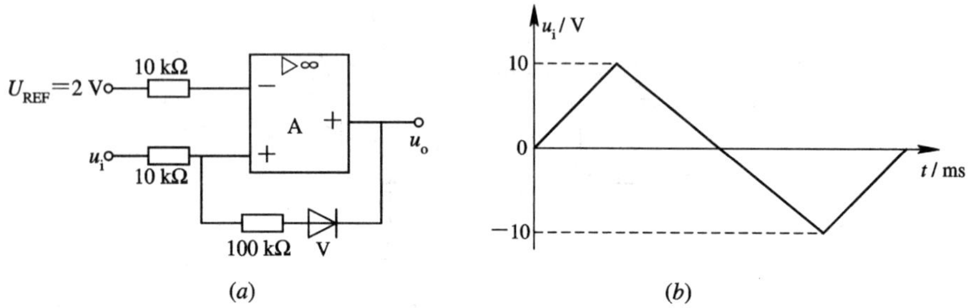

题 6.16 图

6.17　试比较题 6.17 图中两种一阶低通滤波电路的性能。

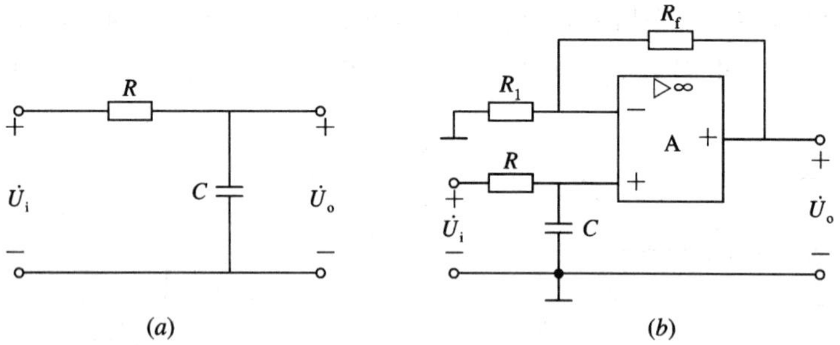

题 6.17 图

6.18　试问在下列几种情况下，应分别采用哪种类型的滤波电路。(从 a. 低通、b. 高通、c. 带通、d. 带阻等四种滤波电路名称中选择一种填写在各小题后的括号中。)

(1) 有用信号频率为 10 Hz。(　　　)

(2) 有用信号频率低于 1000 Hz。(　　　)

(3) 希望抑制 50 Hz 交流电源的干扰。(　　　)

(4) 希望抑制 2 kHz 以下的信号。(　　　)

第 7 章

波形发生电路

前面几章中，我们学习的是各种类型的放大电路，其作用是对输入信号进行放大。本章要讨论的波形发生电路，是一种不需要输入信号，能够产生特定频率的交流输出信号的电路，也叫自激振荡电路。波形发生电路在无线通信、测量技术、电子工程和工业生产中得到了广泛应用。波形发生电路按输出波形的不同，可分为正弦波振荡电路和非正弦信号发生电路。

7.1　正弦波振荡电路

7.1.1　正弦波振荡电路的基础知识

1. 自激振荡现象

扩音机在使用中有时会发出刺耳的啸叫声，其形成的过程如图 7.1 所示。

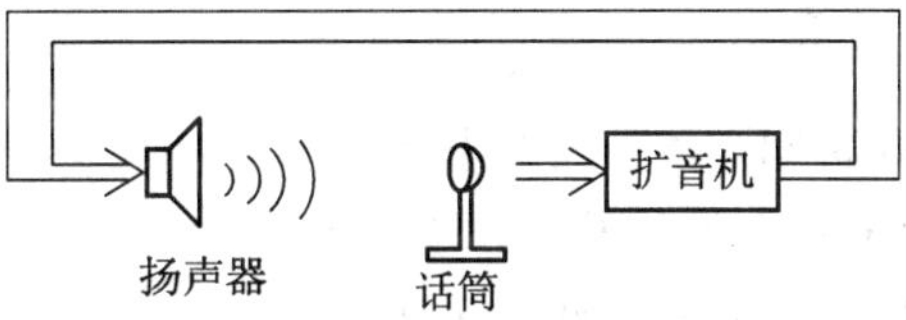

图 7.1　自激振荡现象

扬声器发出的声音传入话筒，话筒将声音转化为电信号，送给扩音机放大，再由扬声器将放大了的电信号转化为声音，声音又返送回话筒，形成正反馈，如此反复循环，就产生了自激振荡啸叫。显然，自激振荡是扩音系统应该避免的，而信号发生器正是利用自激振荡的原理来产生正弦波的。信号发生器为什么不需要输入信号就能得到具有一定频率、一定幅度的正弦波信号输出呢？下面我们进行分析讨论。

2. 自激振荡形成的条件

我们可以借助图 7.2 所示的方框图来分析正弦波振荡形成的条件。

在图 7.2 所示的方框图中，当开关打在端点“1”时，若放大电路的输入信号 $\dot{U}_i$ 为正弦信号，那么输出信号 $\dot{U}_o$ 为放大了的正弦信号，正反馈网络把这个信号引回到输入端，形成反馈信号 $\dot{U}_f$，选择适当的反馈系数 F，使 $\dot{U}_f=\dot{U}_i$。此时，若把开关打在端点“2”，电路中没有输入信号，而有一定幅度、一定频率的正弦波信号输出，形成自激振荡。

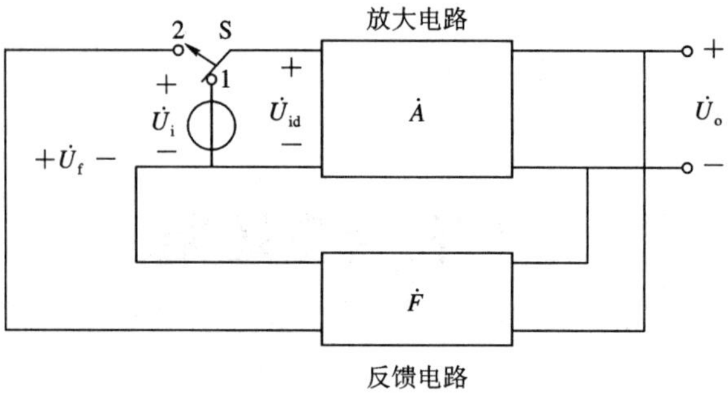

图 7.2　振荡电路的方框图

由此可见，自激振荡形成的基本条件是反馈信号与输入信号大小相等、相位相同，即 $\dot{U}_f=\dot{U}_i$，而 $\dot{U}_f=\dot{A}\dot{F}\dot{U}_i$，所以

$$\dot{A}\dot{F}=1 \tag{7.1}$$

这包含着两层含义：

(1) 反馈信号与输入信号大小相等，表示 $|\dot{U}_f|=|\dot{U}_i|$，即

$$|\dot{A}\dot{F}|=1 \tag{7.2}$$

称为幅度平衡条件。

(2) 反馈信号与输入信号相位相同，表示输入信号经过放大电路产生的相移 φ_A 和反馈网络的相移 φ_F 之和为 0，2π，4π，…，2nπ，即

$$\varphi_A+\varphi_F=2n\pi \qquad (n=0, 1, 2, 3, \cdots) \tag{7.3}$$

称为相位平衡条件。

可是在实际电路中并没有开关和输入信号，那么正弦波输出信号是如何产生的呢？

3. 正弦波振荡的形成过程

放大电路在接通电源的瞬间，随着电源电压由零开始突然增大，电路受到扰动，在放大器的输入端产生一个微弱的扰动电压 u_i，经放大器放大、正反馈，再放大、再反馈……，如此反复循环，输出信号的幅度很快增加。这个扰动电压包括从低频到甚高频的各种频率的谐波成分。为了能得到我们所需要频率的正弦波信号，必须增加选频网络，只有在选频网络中心频率上的信号能通过，其他频率的信号被抑制，在输出端就会得到如图 7.3 的 ab 段所示的起振波形。

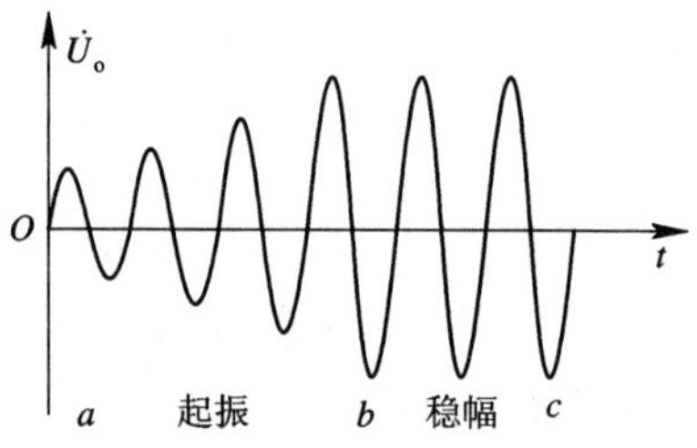

图 7.3　自激振荡的起振波形

那么，振荡电路在起振以后，振荡幅度会不会无休止地增长下去呢？这就需要增加稳幅环节，当振荡电路的输出达到一定幅度后，稳幅环节就会使输出减小，维持一个相对稳定的稳幅振荡，如图 7.3 的 bc 段所示。也就是说，在振荡建立的初期，必须使反馈信号大于原输入信号，反馈信号一次比一次大，才能使振荡幅度逐渐增大；当振荡建立后，还必须使反馈信号等于原输入信号，才能使建立的振荡得以维持下去。

由上述分析可知，起振条件应为

$$|\dot{A}\dot{F}| > 1 \tag{7.4}$$

稳幅后的幅度平衡条件为

$$|\dot{A}\dot{F}| = 1$$

4. 振荡电路的组成

要形成振荡，电路中必须包含以下组成部分：

(1) 放大器；

(2) 正反馈网络；

(3) 选频网络；

(4) 稳幅环节。

5. 振荡电路的分析方法

(1) 检查电路是否具有振荡电路的 4 个组成部分；

(2) 分析放大电路的静态偏置是否能保证放大电路正常工作；

(3) 分析放大电路的交流通路是否能正常放大交流信号；

(4) 检查电路是否满足相位平衡条件和幅度平衡条件。

根据选频网络组成元件的不同，正弦波振荡电路通常分为 RC 振荡电路、LC 振荡电路和石英晶体振荡电路。

7.1.2 *RC* 正弦波振荡电路

RC 正弦波振荡电路结构简单，性能可靠，用来产生几兆赫兹以下的低频信号。常用的 RC 振荡电路有 RC 桥式振荡电路和移相式振荡电路。本节只介绍由 RC 串并联网络构成的 RC 桥式振荡电路。

1. *RC* 串并联网络的选频特性

RC 串并联网络由 R_2 和 C_2 并联后与 R_1 和 C_1 串联组成，如图 7.4 所示。

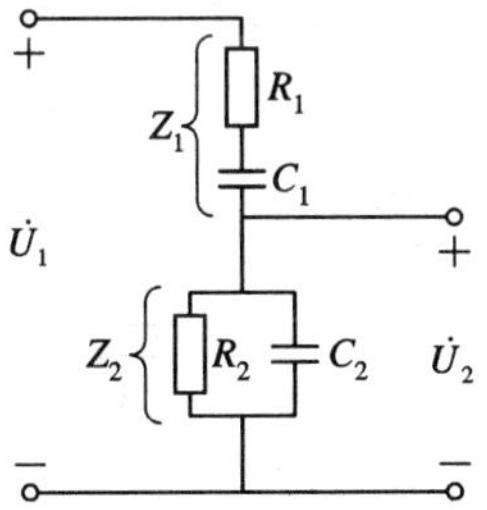

图 7.4　RC 串并联网络

将 R_1、C_1 的串联阻抗用 Z_1 表示，R_2 和 C_2 的并联阻抗用 Z_2 表示，输入电压 $\dot{U}_1$ 加在 Z_1 与 Z_2 串联网络的两端，输出电压 $\dot{U}_2$ 从 Z_2 两端取出。将输出电压 $\dot{U}_2$ 与输入电压 $\dot{U}_1$ 之比作为 RC 串并联网络的传输系数，记为 $\dot{F}$，那么

$$\dot{F} = \frac{\dot{U}_2}{\dot{U}_1} = \frac{Z_2}{Z_1 + Z_2}$$

在实际电路中，取 $C_1 = C_2 = C$，$R_1 = R_2 = R$，由数学推导得

$$\dot{F} = \frac{1}{3 + \mathrm{j}\left(\omega RC - \frac{1}{\omega RC}\right)} \tag{7.5}$$

设输入电压 $\dot{U}_1$ 为振幅恒定、频率可调的正弦信号电压。由式(7.5)可知：

当 $\omega=0$ 时，传输系数 $\dot{F}$ 的模值 $F=0$，相角 $\varphi_F=+90°$；

当 $\omega=\infty$时，传输系数 $\dot{F}$ 的模值 $F=0$，相角 $\varphi_F=-90°$；

当 $\omega=1/RC$ 时，传输系数 $\dot{F}$ 的模值 $F=1/3$，且为最大，相角 $\varphi_F=0$。

由此可以看出：当 ω 由 0 趋于∞时，F 的值先从 0 逐渐增加，然后又逐渐减少到 0。其相角也从$+90°$逐渐减少过 0°至$-90°$，如图 7.5 所示。

由以上分析可知：RC 串并联网络只在

$$\omega = \omega_0 = \frac{1}{RC}$$

即

$$f = f_0 = \frac{1}{2\pi RC}$$

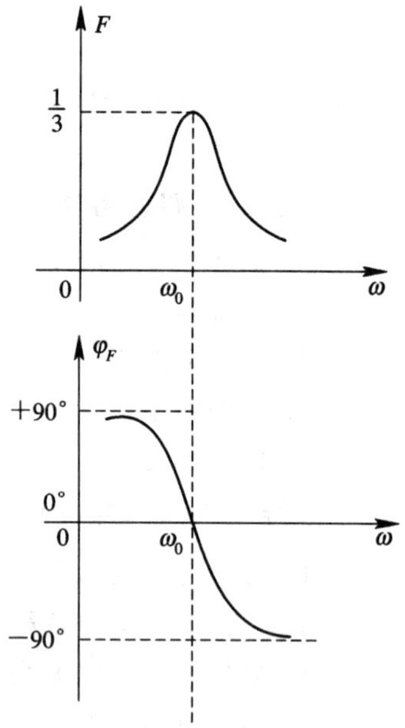

图 7.5　RC 串并联网络的频率特性

时，输出幅度最大，而且输出电压与输入电压同相，即相位移为 0°。所以，RC 串并联网络具有选频特性。

2. *RC* 桥式振荡电路

RC 桥式振荡电路如图 7.6 所示。

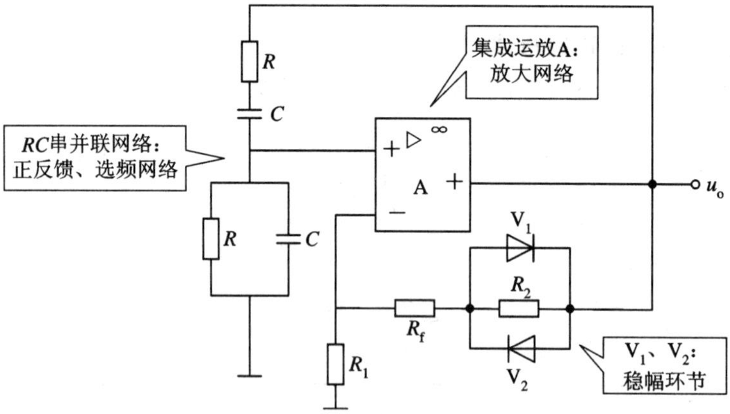

图 7.6　RC 桥式正弦波振荡电路

在图 7.6 中，集成运放 A 和 R_1、R_f、V_1、V_2、R_2 组成一个同相输入放大器，V_1 和 V_2 构成稳幅环节。RC 串并联网络既是选频网络又是正反馈网络。

集成运放的输出电压 u_o 作为 RC 串并联网络的输入电压，而将 RC 串并联网络的输出电压作为放大器的输入电压。当 $f=f_0$ 时，RC 串并联网络的相位移为 0°，即 $\varphi_F=0°$，放大器是同相放大器，$\varphi_A=0°$，电路的总相位移 $\varphi_A+\varphi_F=0°$，满足相位平衡条件。而对于其他频率的信号，RC 串并联网络的相位移不为 0°，不满足相位平衡条件。由于 RC 串并联网络在 $f=f_0$ 时的传输系数 $F=1/3$，因此要求放大器的总电压增益 A_u 应大于 3，这对于集成运放组成的同相放大器来说是很容易满足的。由 R_1、R_f、V_1、V_2 及 R_2 构成负反馈支路，它与集成运放形成了同相输入比例运算放大器，即

$$A_u = 1 + \frac{R_f}{R_1}$$

只要适当选择 R_f 与 R_1 的比值，就能实现 $A_u>3$ 的要求。其中，V_1、V_2 和 R_2 是实现自动稳幅的限幅电路。V_1、V_2 反向并联再与电阻 R_2 并联，然后串接在负反馈支路中，不论在振荡的正半周还是负半周，两只二极管总有一只处于正向导通状态。当振荡幅度增大时，二极管正向导通电阻减小，放大电路的增益下降，限制了输出幅度的增大，起到了自动稳幅的作用。

由集成运算放大器构成的 RC 桥式振荡电路，具有性能稳定、电路简单等优点。其振荡频率由 RC 串并联正反馈选频网络的参数决定，即

$$f_0 = \frac{1}{2\pi RC} \tag{7.6}$$

3. 应用举例

某电子琴应用电路如图 7.7 所示。

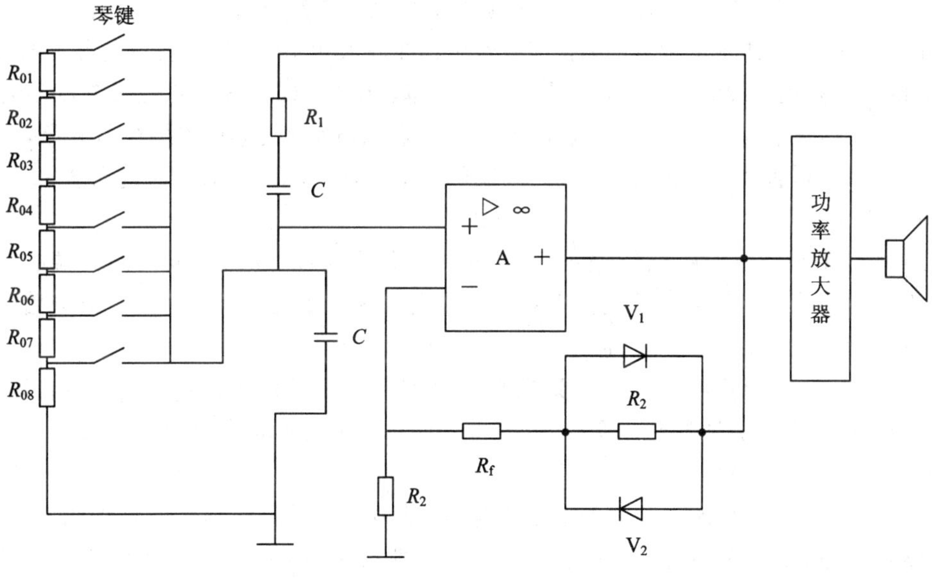

图 7.7　某电子琴振荡电路

电子琴的键盘实际上是一些开关，按下键盘的一个键，就等于接通一只开关，改变了 RC 串并联网络的电阻值，电路的振荡频率随之变化，这个频率的信号送到放大器的输入端，经放大器放大，推动扬声器发出一个音来。这样，按照一定的演奏规律来按键，就能奏出美妙的音乐。

7.1.3　LC 振荡电路

LC 振荡电路分为变压器反馈式 LC 振荡电路、电感反馈式 LC 振荡电路、电容反馈式

LC 振荡电路，用来产生几兆赫兹以上的高频信号。

1. 变压器反馈式 LC 振荡电路

1) 电路组成

变压器反馈式 LC 振荡电路如图 7.8 所示。

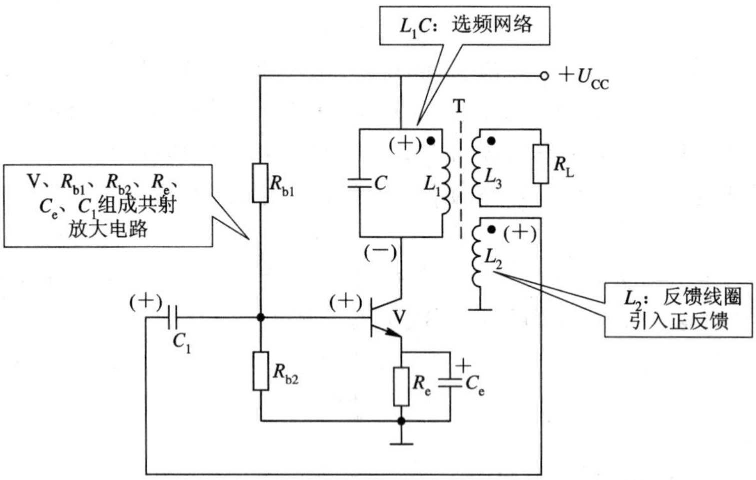

图 7.8　变压器反馈式 LC 正弦波振荡电路

由 R_{b1}、R_{b2}、R_e 组成的偏置电路使三极管工作在放大状态。集电极直流电源是通过线圈 L_1 接入的，L_2 是反馈线圈，L_3 接负载电阻，C_1 是耦合电容，C_e 是发射极旁路电容。由图 7.8 可以看出，晶体管连接方式是共发射极电路，LC 并联网络作为选频电路接在晶体管集电极回路中，反馈信号是通过变压器线圈 L_1 和 L_2 间的互感耦合，由反馈网络 L_2 送到输入端的。

2) 振荡条件

(1) 相位平衡条件。为了满足相位平衡条件，变压器初、次级之间的同名端必须正确连接。如图 7.8 所示，设某一瞬间基极对地信号电压为正极性“+”，由于共射电路的倒相作用，集电极应为负极性“−”，即 $\varphi_A=180°$。

电路振荡时，$f=f_0$，LC 回路的谐振阻抗是纯电阻性，由图中 L_1 及 L_2 同名端可知，反馈信号与输出电压极性相反，即 $\varphi_F=180°$。于是 $\varphi_A+\varphi_F=360°$，保证了电路的正反馈，满足振荡的相位平衡条件。

对于频率 $f\neq f_0$ 的信号，LC 回路的阻抗不是纯阻抗，而是感性或容性阻抗。此时，LC 回路对信号会产生附加相移，造成 $\varphi_F\neq 180°$，那么 $\varphi_A+\varphi_F\neq 360°$，不能满足相位平衡条件，电路也不可能产生振荡。由此可见，LC 振荡电路只有在 $f=f_0$ 这个频率上才有可能振荡。

(2) 幅度条件。为了满足幅度条件 $AF\geqslant 1$，对晶体管的 β 值有一定的要求。一般只要 β 值较大，就能满足振幅平衡条件。反馈线圈匝数越多，耦合越强，电路越容易起振。

3) 振荡频率

振荡频率可由 LC 并联回路的固有谐振频率 f_0 来决定，即

$$f\approx f_0=\frac{1}{2\pi\sqrt{LC}} \tag{7.7}$$

4）电路优缺点

（1）易起振，输出电压较大。由于采用变压器耦合，易满足阻抗匹配的要求。

（2）调频方便。一般在 LC 回路中采用接入可变电容器的方法来实现调频，调频范围较宽，工作频率通常在几兆赫左右。

（3）输出波形不理想。由于反馈电压取自电感两端，它对高次谐波的阻抗大，反馈也强，因此在输出波形中含有较多高次谐波成分。

2. 反馈式 *LC* 振荡电路

1）电感反馈式

（1）电路组成与振荡条件的分析。图7.9（a）所示是电感反馈式 LC 振荡电路（也称电感三点式 LC 振荡电路），又称哈特莱振荡电路。图7.9（a）中，电阻 R_{b1}、R_{b2}、R_e 构成直流偏置电路，它与三极管V组成的放大器为共射组态；LC 并联谐振回路作为选频网络，电感 L_2 作为反馈网络，将谐振电压反馈回基极。C_e 为（发）射极旁路电容；C_1 为隔直流电容，用以防止电源 $+U_{CC}$ 经 L_2 与基极接通。

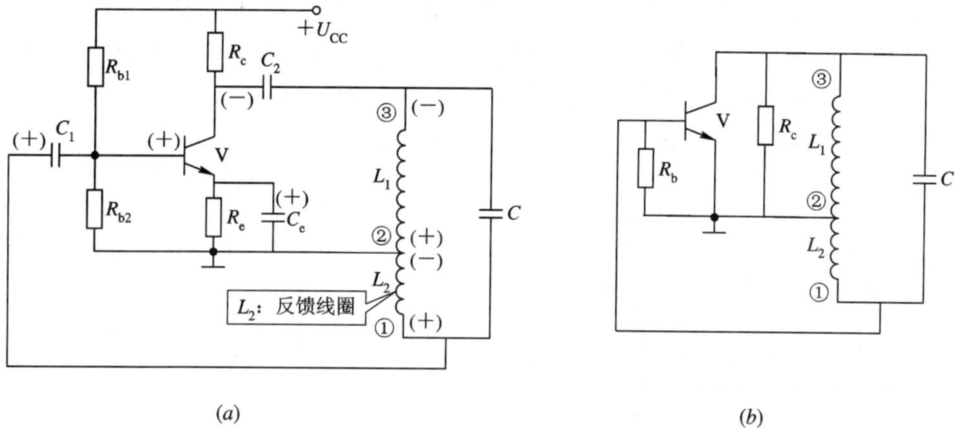

图7.9　电感反馈式 LC 振荡电路

（a）电路图；（b）交流通路

相位条件：设基极瞬时极性为正，由于放大器的倒相作用，集电极电位为负，与基极相位相反，则电感的③端为负，②端为公共端，①端为正，各瞬时极性如图7.9（a）所示。反馈电压由①端引至三极管的基极，故为正反馈，满足相位平衡条件。

由图7.9（b）所示的交流通路可以看出，LC 并联谐振回路中的电感的三个端点分别接到晶体三极管的三个电极上，故称电感三点式振荡器。由此我们可以得出满足相位平衡条件的三点式振荡器的连接规律：与发射极相连的两电抗元件性质相同，集电极与基极间的电抗性质则与之相反。今后，我们在判断三点式振荡器的相位平衡条件时，可以直接用此连接规律来判别。

幅度条件：从图7.9可以看出反馈电压是取自电感 L_2 两端，然后加到晶体管b、e间的。所以改变线圈抽头的位置，即改变 L_2 的大小，就可调节反馈电压的大小。当满足 $|\dot{A}\dot{F}|>1$ 的条件时，电路便可起振。

(2) 振荡频率为

$$f_0 = \frac{1}{2\pi\sqrt{LC}} = \frac{1}{2\pi\sqrt{(L_1 + L_2 + 2M)C}} \tag{7.8}$$

式中，L_1+L_2+2M 为 LC 回路的总电感，M 为 L_1 与 L_2 间的互感耦合系数。

(3) 电路特点。由于 L_1 和 L_2 之间耦合很紧，故电路易起振，输出幅度大；调频方便，电容 C 若采用可变电容器，就能获得较大的频率调节范围。但由于反馈电压取自电感 L_2 两端，它对高次谐波的阻抗大，反馈也强，因此在输出波形中含有较多高次谐波成分，输出波形不理想。

(4) 应用举例。电感三点式电路同样在电子琴中得到了应用。

2) 电容反馈式

(1) 电路组成与振荡条件的分析。电容反馈式 LC 振荡电路又称为考毕兹振荡电路，它也是应用十分广泛的一种正弦波振荡电路。它的基本结构和电感反馈式类似，只要将电感反馈式电路中的电感 L_1、L_2 分别用电容 C_1、C_2 替代，而在电容 C 的位置接入电感 L，就构成了电容反馈式 LC 振荡电路(也称电容三点式 LC 振荡电路)，如图 7.10(a)所示，其交流通路如图 7.10(b)所示。由图可知，与发射极相连的两电抗元件是性质相同的电容，集电极与基极间的电抗元件是性质与之相反的电感。故该电路满足相位平衡条件。只要适当地选择 C_1、C_2 的数值，并使放大器有足够的放大量，电路便可起振。

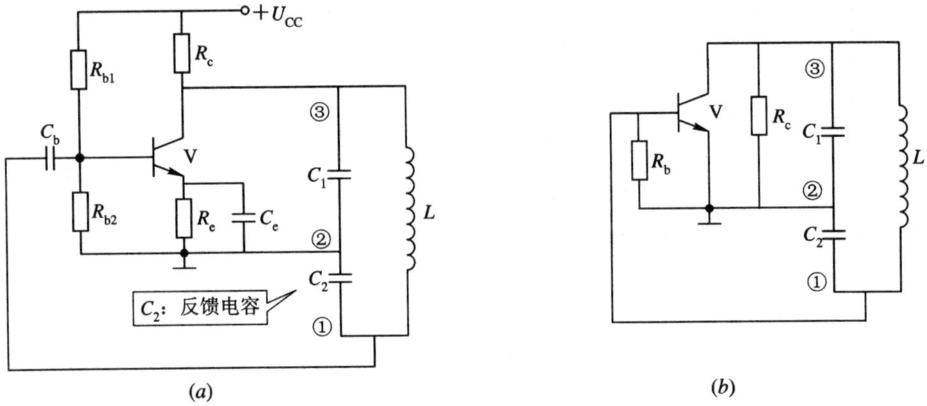

图 7.10　电容反馈式 LC 振荡电路

(a) 电路图；(b) 交流通路

(2) 振荡频率为

$$f_0 = \frac{1}{2\pi\sqrt{LC}} \tag{7.9}$$

其中

$$C = \frac{C_1 C_2}{C_1 + C_2}$$

是谐振回路的总电容。

(3) 电路优缺点。容易起振，振荡频率高，可达 100 MHz 以上；由于 C_2 对高次谐波的阻抗小，反馈电压中的谐波成分少，故振荡波形较好。但调节频率不方便。这是由于 C_1、C_2 的大小既与振荡频率有关，也与反馈量有关，改变 C_1(或 C_2)时会影响反馈系数，从而影响反馈电压的大小。因此，该电路适用于波形要求较高而振荡频率固定的场合。

***3. 串联改进型电容反馈式 *LC* 振荡电路**

串联改进型电容反馈式 LC 振荡电路又称克拉泼振荡电路，如图 7.11 所示。

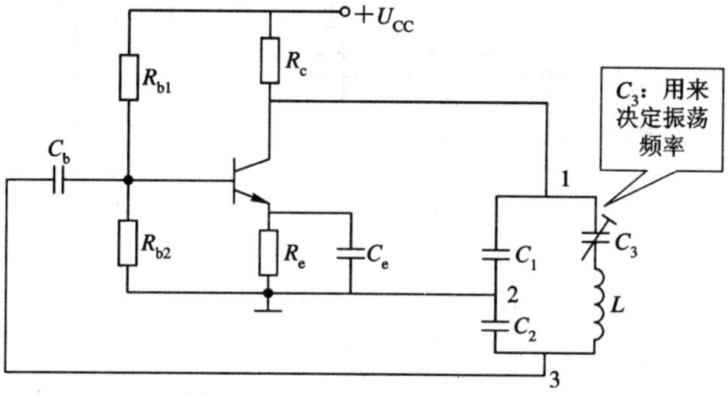

图 7.11　克拉泼振荡电路

克拉泼振荡电路的特点是在电感支路中接了电容 C_3，它的容量要比 C_1、C_2 小得多，因此回路中的总电容主要由 C_3 决定，振荡频率为

$$f = f_0 = \frac{1}{2\pi\sqrt{LC_\Sigma}} \tag{7.10}$$

其中 C_Σ 表示回路总电容

$$\frac{1}{C_\Sigma} = \frac{1}{C_1} + \frac{1}{C_2} + \frac{1}{C_3} \tag{7.11}$$

当 $C_3 \ll C_1$，$C_3 \ll C_2$ 时，$C_\Sigma \approx C_3$。

由上式可知，调节 C_3，就可以改变振荡频率。由于 C_1、C_2 与振荡频率基本无关，所以反馈系数和频率互不影响，因此克拉泼电路较好地解决了一般电容反馈式(考毕兹)电路中存在的反馈系数与频率调节之间的矛盾。此外，克拉泼电路更大的优点是提高了频率稳定度，振荡频率主要由 C_3 决定，因此极间电容对振荡频率的影响可忽略不计。

7.1.4　石英晶体振荡电路

用石英钟或石英手表计时是很准确的，这是众所周知的常识。石英钟一年走时仅偏差几秒钟的时间。为什么石英钟能够有如此高的精度呢？原来，石英钟内有个“电子摆”——石英晶体振荡器，简称为“晶振”。和一般的 LC 振荡器比较，晶振具有极高的频率稳定度，其 $\Delta f/f_0$ 值可达 $10^{-9}\sim10^{-11}$，而 LC 振荡器却只有 10^{-5}。晶振除用于钟表外，还广泛用于标准频率发生器、脉冲计数器及电子计算机中的时钟信号发生器等精密设备中。

1. 石英晶体的谐振特性与等效电路

石英晶体谐振器是晶振电路的核心元件，其结构和外形如图 7.12 所示。

石英晶体谐振器是从一块石英晶体上按确定的方位角切下的薄片，这种晶片可以是正方形、矩形或圆形、音叉形的，然后在晶片的两个对应表面上涂敷银层，并装上一对金属板，接出引线，封装于金属壳内。

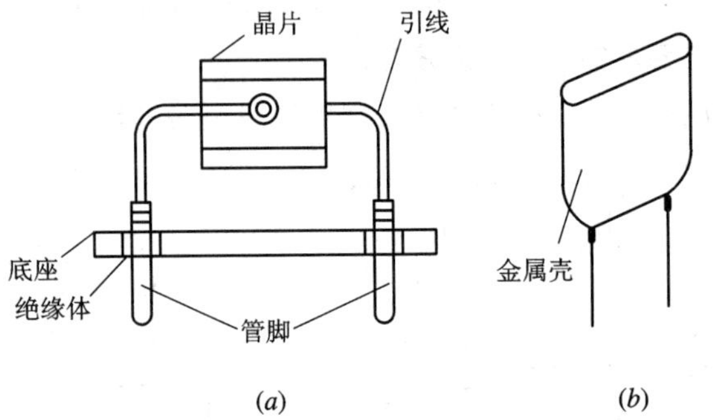

图 7.12　石英晶体谐振器
(a) 结构；(b) 外形图

为什么石英晶体能作为一个谐振回路，而且具有极高的频率稳定度呢？这要从石英晶体的固有特性来进行分析。物理学的研究表明，当石英晶体受到交变电场作用，即在两极板上加以交流电压时，石英晶体便会产生机械振动。反过来，若对石英晶体施加周期性机械力，使其发生振动，则又会在晶体表面出现相应的交变电场和电荷，即在极板上有交变电压。当外加电场的频率等于晶体的固有频率时，便会产生"机—电共振"，振幅明显加大，这种现象称为压电谐振。它与 LC 回路的谐振现象十分相似。

压电谐振的固有频率与石英晶体的外形尺寸及切割方式有关。从电路上分析，石英晶体可以等效为一个 LC 电路，把它接到振荡器上便可作为选频环节应用。

图 7.13 为石英晶体在电路中的符号和等效电路。

图 7.13 中，C_0 为两金属板间形成的静态电容，其容量由晶片的几何尺寸、介电常数及极板面积决定，一般为几皮法至几十皮法。L 和 C 分别模拟晶体的惯性和弹性，一般 L 很大(百分之几亨到几百亨)，而 C 很小(小于 0.1 pF)，R 模拟晶片振动时因摩擦而形成的损耗，其值也很小，因此，等效 LC 回路的品质因数 Q 值很大，可达 $10^4 \sim 10^6$，加上晶片本身的谐振频率可以做得很精确，所以利用石英谐振器组成的正弦波振荡电路，可以获得很高的频率稳定度。

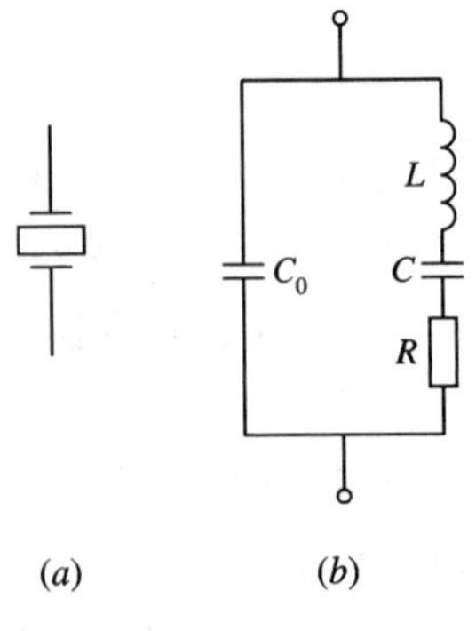

图 7.13　石英晶体的符号和等效电路
(a) 符号；(b) 等效电路

图 7.14 为石英晶体谐振器的电抗－频率特性。

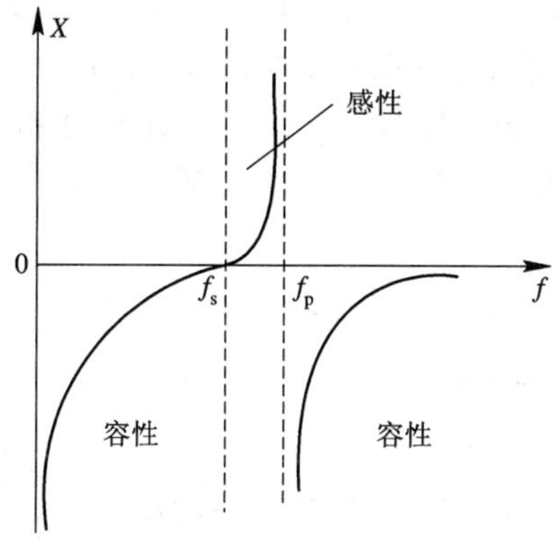

图7.14　石英晶体谐振器的电抗—频率特性

由图 7.14 可知，它具有两个谐振频率，一个是 L、C、R 支路发生串联谐振时的串联谐振频率 f_s，另一个是 L、C、R 支路与 C_0 支路发生并联谐振时的并联谐振频率 f_p，由图 7.13 的等效电路得

$$f_s = \frac{1}{2\pi\sqrt{LC}} \tag{7.12}$$

$$f_p = \frac{1}{2\pi\sqrt{L\dfrac{CC_0}{C+C_0}}} \tag{7.13}$$

对应这两个频率，石英晶体在工作中，可能出现两个极端的阻抗。当出现串联谐振时，石英晶体两端的阻抗最小，且为纯阻性；当出现并联谐振时，石英晶体两端的阻抗最大，也为纯阻性。值得注意的是，由于 $C_0 \gg C$，因而不难看出 f_s 与 f_p 的数值是非常接近的。此外，从图 7.14 还可看出，只有在 $f_s \sim f_p$ 的窄小频率范围内，石英晶体呈现的阻抗是感性的，而在其余高、低频区域工作时，石英晶体的阻抗呈容性。

2. 石英晶体振荡器

石英晶体振荡器可以归结为两类，一类称为并联型，另一类称为串联型。前者的振荡频率接近于 f_p，后者的振荡频率接近于 f_s，分别介绍如下。

图 7.15 所示为并联型石英晶体振荡器。当 f_0 在 $f_s \sim f_p$ 的窄小频率范围内时，晶体在电路中起一个电感作用，它与 C_1、C_2 组成电容反馈式振荡电路。

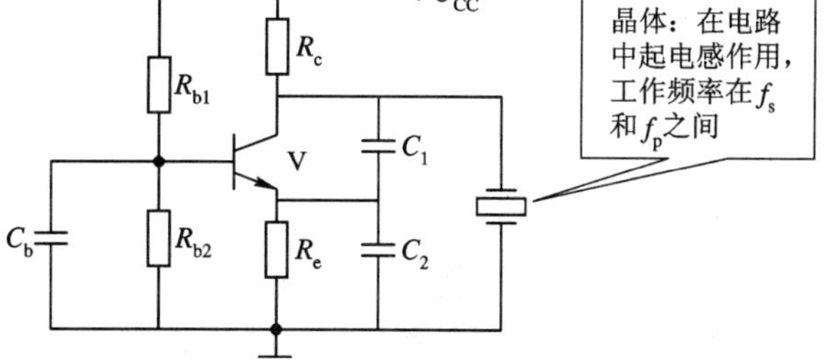

图 7.15　并联型石英晶体振荡电路

可见，电路的谐振频率 f_0 应略高于 f_s，C_1、C_2 对 f_0 的影响很小，电路的振荡频率由石英晶体决定，改变 C_1、C_2 的值可以在很小的范围内微调 f_0。

电路应用：32.768 kHz 石英晶振常用于MP3/MP4、手机、手表、台式电脑、笔记本等生活电子产品中，在卫星通信、GPS导航系统、遥控移动设备等军用、民用系统中也有应用。

图7.16所示为串联型石英晶体振荡电路。

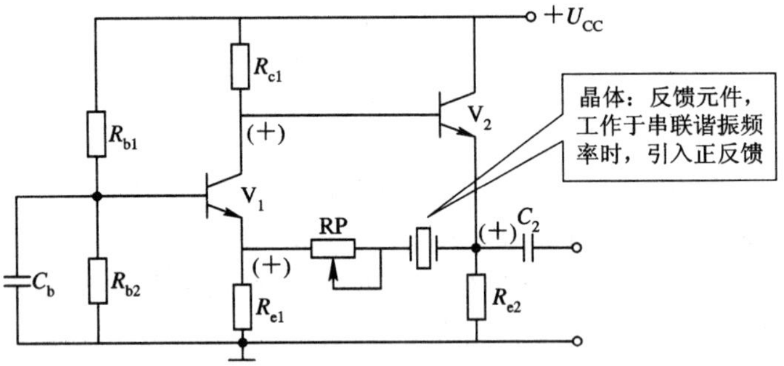

图 7.16 串联型石英晶体振荡电路

不难看出，当电路中的石英晶体工作于串联谐振频率 f_s 时，晶体呈现的阻抗最小，且为纯电阻性，因此电路的正反馈电压幅度最大，且相移 $\varphi_F=0$。V_1 采用共基极接法，V_2 为射极输出器，V_1、V_2 组成的放大电路的相移 $\varphi_A=0$。所以整个电路满足振荡的相位平衡条件。至于偏离 f_s 的其他信号电压，晶体的等效阻抗增大，且 $\varphi_F\neq0$，所以都不满足振荡的条件。由此可见，这个电路只能在 f_s 这个频率上产生自激振荡。图7.16中的电位器是用来调节反馈量的，使输出的振荡波形失真较小且幅度稳定。

石英晶体振荡器的突出优点是有很高的频率稳定度，所以常用作标准的频率源。石英晶体谐振器也存在结构脆弱、怕振动、负载能力差等不足之处，从而限制了它的应用范围。

知识点

1. 自激振荡
2. 正弦波振荡电路
3. *RC* 正弦波振荡电路
4. *LC* 振荡电路
5. 晶体振荡电路
6. 振荡电路的组成
7. 振荡电路的分析方法

技能点

1. *RC* 桥式正弦波振荡电路图的识记
2. *RC* 桥式正弦波振荡电路的分析及振荡频率的估算
3. 变压器反馈式、电感反馈式、电容反馈式 *LC* 振荡电路图的识记及比较
4. 变压器反馈式、电感反馈式、电容反馈式 *LC* 振荡电路的分析及振荡频率的估算
5. 石英晶体振荡电路图的识记

6. 石英晶体振荡电路的分析

思考题

1. 自激振荡的条件是什么？

2. 为什么电感反馈式 *LC* 振荡电路的输出波形易产生失真，而电容反馈式 *LC* 振荡电路的输出波形则不会失真呢？

3. 石英晶体振荡电路的优点是什么？

4. 为什么时钟电路都要选择 32.768 kHz 晶振作为基准信号？

7.2　非正弦信号发生电路

在电子设备中，常用到一些非正弦信号，例如数字电路中用到的矩形波，示波器和电视机扫描电路中用到的锯齿波等。在现代电子琴中也需要矩形波、锯齿波信号。本节将介绍常见的方波、三角波、锯齿波信号发生电路。

7.2.1　矩形波发生器

图 7.17(*a*)是一种能产生矩形波的基本电路，也称为方波振荡器。由图可见，它是在滞回比较器的基础上，增加了一条 *RC* 充、放电负反馈支路。

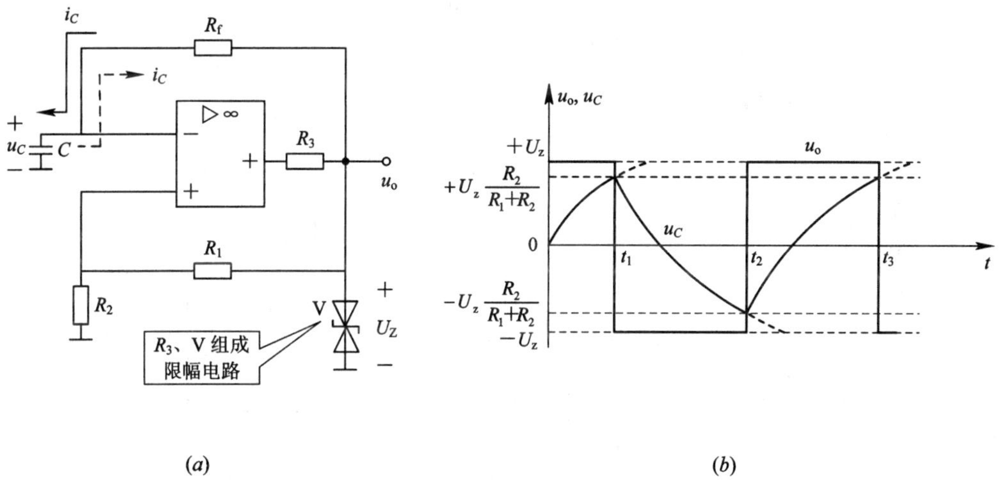

图 7.17　矩形波发生电路及其波形

1. 工作原理

在图 7.17(*a*)中，电容 *C* 上的电压加在集成运放的反相输入端，集成运放工作在非线性区，输出只有两个值：$+U_Z$ 和 $-U_Z$。

设在刚接通电源时，电容 *C* 上的电压为零，输出为正饱和电压 $+U_Z$，同相端的电压为

$$\frac{R_2}{R_1+R_2}U_Z$$

电容 *C* 在输出电压 $+U_Z$ 的作用下开始充电，充电电流 i_C 经过电阻 R_f，如图 7.17(*a*)的实线所示。

当充电电压 u_C 升至

$$\frac{R_2}{R_1+R_2}U_Z$$

时，由于运放输入端 $u_->u_+$，于是电路翻转，输出电压由 $+U_Z$ 翻转至 $-U_Z$，同相端电压变为

$$-\frac{R_2}{R_1+R_2}U_Z$$

电容 C 开始放电，u_C 开始下降，放电电流 i_C 如图 7.17(a)中虚线所示。

当电容电压 u_C 降至

$$-\frac{R_2}{R_1+R_2}U_Z$$

时，由于 $u_-<u_+$，于是输出电压 u_o 又翻转为 $+U_Z$。如此周而复始，在集成运放的输出端便得到了如图 7.16(b)所示的输出电压的波形。

2. 振荡频率及其调节

电路输出的矩形波电压的周期 T 取决于充、放电的 RC 时间常数。可以证明其周期为

$$T = 2.2RC$$

则振荡频率为

$$f=\frac{1}{2.2RC} \tag{7.14}$$

改变 RC 值就可以调节矩形波的频率。

7.2.2 三角波发生器

三角波发生器的基本电路如图 7.18(a)所示。

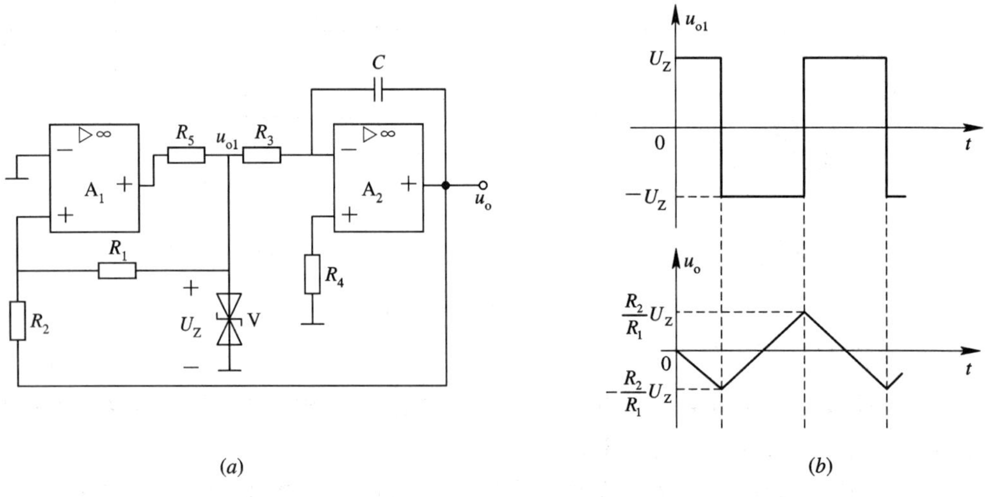

图 7.18 三角波发生器

(a) 电路图；(b) 波形图

集成运放 A_2 构成一个积分器。集成运放 A_1 构成滞回电压比较器，其反相端接地，同相端的电压由 u_o 和 u_{o1} 共同决定，为

$$u_+ = u_{o1}\frac{R_2}{R_1+R_2} + u_o\frac{R_1}{R_1+R_2}$$

当 $u_+>0$ 时，$u_{o1}=+U_Z$；当 $u_+<0$ 时，$u_{o1}=-U_Z$。

在电源刚接通时，假设电容器初始电压为零，集成运放 A_1 输出电压为正饱和电压值 $+U_Z$，积分器输入为 $+U_Z$，电容 C 开始充电，输出电压 u_o 开始减小，u_+ 值也随之减小，当 u_o 减小到 $-\frac{R_2}{R_1}U_Z$ 时，u_+ 由正值变为零，滞回比较器 A_1 翻转，集成运放 A_1 的输出 $u_{o1}=-U_Z$。

当 $u_{o1}=-U_Z$ 时，积分器输入负电压，输出电压 u_o 开始增大，u_+ 值也随之增大，当 u_o 增加到 $\frac{R_2}{R_1}U_Z$ 时，u_+ 由负值变为零，滞回比较器 A_1 翻转，集成运放 A_1 的输出 $u_{o1}=+U_Z$。

此后，前述过程不断重复，便在 A_1 的输出端得到幅值为 U_Z 的矩形波，A_2 输出端得到三角波，可以证明其频率为

$$f=\frac{R_1}{4R_2R_3C} \tag{7.15}$$

我们可以通过改变 R_1、R_2、R_3 的值来改变频率。

我们也可以采用在积分器的输入端加电位器的方法来改变输出波形的频率，如图 7.19 所示。

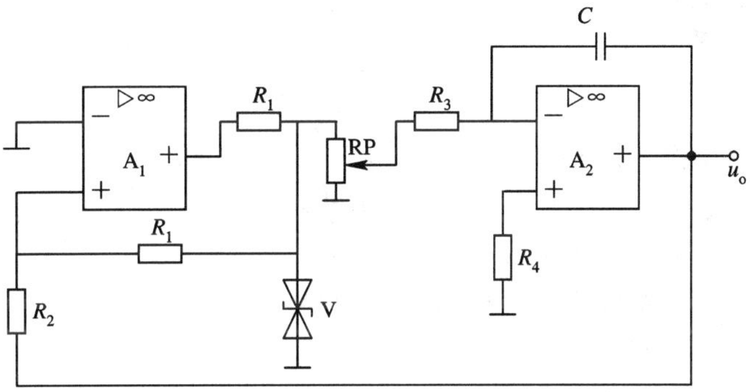

图 7.19　频率可调的三角波发生器

调节图 7.19 中的电位器 RP，使积分器的输入电压值变化，积分到一定电压所需的时间也随之改变，因而改变了波形的频率，例如 RP 的滑线头上移，A_2 的被积电压增加，输出信号的频率增加。

7.2.3　锯齿波发生器

锯齿波发生器能够提供一个与时间成线性关系的电压或电流波形，这种信号在示波器和电视机的扫描电路以及许多数字仪表中得到了广泛应用。

在图 7.19 的三角波发生器电路中，输出是等腰三角形波。如果人为地使三角形两边不等，这样输出的电压波形就是锯齿波了。简单的锯齿波发生器电路如图 7.20(a)所示。

锯齿波发生器的工作原理与三角波发生电路的基本相同，只是在集成运放 A_2 的反相输入电阻 R_3 上并联由二极管 V_1 和电阻 R_5 组成的支路，这样积分器的正向积分和反向积

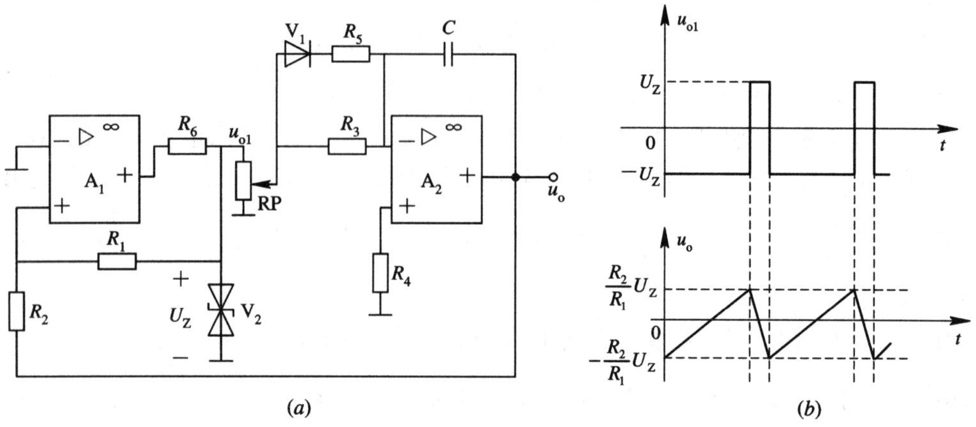

图 7.20　锯齿波发生器

分的速度明显不同，当 $u_{o1}=-U_Z$ 时，V_1 反偏截止，正向积分的时间常数为 R_3C；当 $u_{o1}=+U_Z$ 时，V_1 正偏导通，负向积分常数为 $(R_3 /\!/ R_5)C$，若取 $R_5 \ll R_3$，则负向积分时间小于正向积分时间，形成如图 7.20(*b*)所示的锯齿波。

知识点

1. 矩形波发生器
2. 三角波发生器
3. 锯齿波发生器

技能点

1. 矩形波发生器电路图的识记
2. 矩形波发生器电路的分析及振荡频率的估算
3. 三角波发生器电路图的识记
4. 三角波发生器电路的分析及振荡频率的估算
5. 锯齿波发生器电路图的识记
6. 锯齿波发生器电路的分析

思考题

1. 图 7.18 所示的三角波发生器中的 A_1 和 A_2 分别工作在线性区还是非线性区？为什么？

2. 图 7.20 所示的锯齿波发生器如果要产生倒锯齿波，即上升时间小于下降时间，该如何处理？

7.3　集成函数发生器 8038 简介

集成函数发生器 8038 是一种多用途的波形发生器，可以产生正弦波、方波、三角波和锯齿波，其频率可以通过外加的直流电压进行调节，使用方便，性能可靠。

1. 8038 的工作原理

由手册和有关资料可看出，8038 由两个恒流源、两个电压比较器和触发器等组成。其内部原理电路框图如图 7.21 所示。

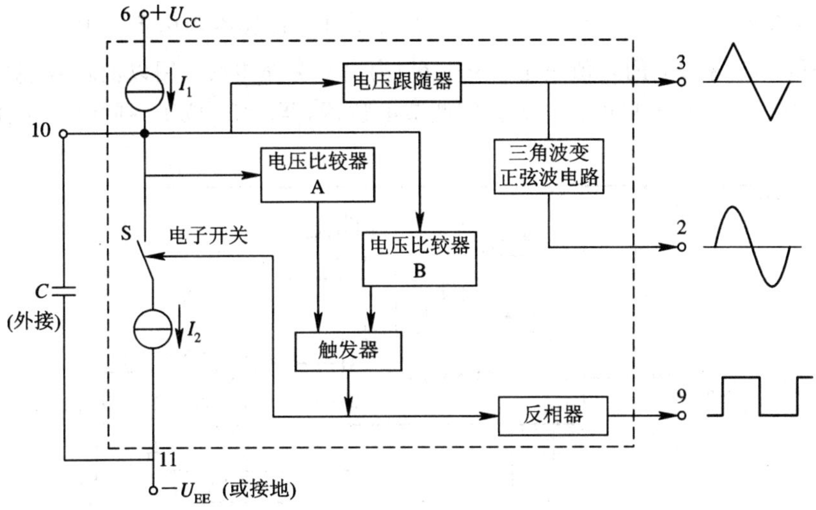

图 7.21　8038 的内部原理电路框图

在图 7.21 中，电压比较器 A、B 的门限电压分别为两个电源电压之和($U_{CC}+U_{EE}$)的 2/3 和 1/3，电流源 I_1 和 I_2 的大小可通过外接电阻调节，其中 I_2 必须大于 I_1。

当触发器的输出端为低电平时，它控制开关 S 使电流源 I_2 断开。而电流源 I_1 则向外接电容 C 充电，使电容两端电压随时间线性上升，当 u_C 上升到 $u_C=2(U_{CC}+U_{EE})/3$ 时，比较器 A 的输出电压发生跳变，使触发器输出端由低电平变为高电平，这时，控制开关 S 使电流源 I_2 接通。由于 $I_2>I_1$，因此外接电容 C 放电，u_C 随时间线性下降。

当 u_C 下降到 $u_C\leqslant(U_{CC}+U_{EE})/3$ 时，比较器 B 输出发生跳变，使触发器输出端又由高电平变为低电平，I_2 再次断开，I_1 再次向 C 充电，u_C 又随时间线性上升。如此周而复始，产生振荡。外接电容 C 交替地从一个电流源充电后向另一个电流源放电，就会在电容 C 的两端产生三角波并输出到脚 3。该三角波一路经电压跟随器缓冲，再经正弦波变换器变成正弦波后由脚 2 输出，另一路通过比较器和触发器，并经过反相器缓冲，由脚 9 输出方波。图 7.22 为 8038 的外部引脚排列图。

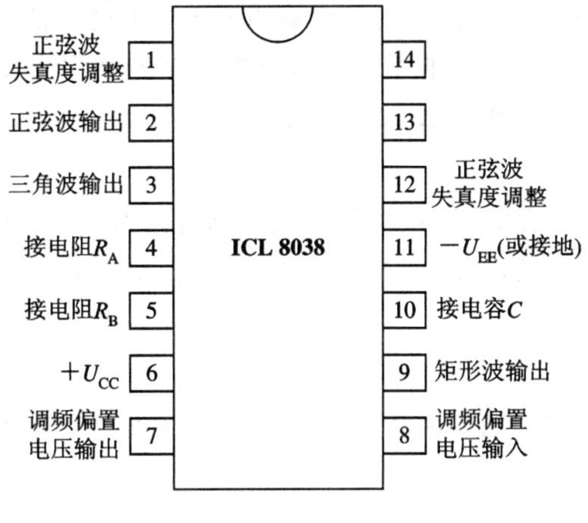

图 7.22　8038 的外部引脚排列图

2. 8038 的典型应用

利用 8038 构成的函数发生器如图 7.23 所示，其振荡频率由电位器 RP_1 滑动触点的位置、C 的容量、R_A 和 R_B 的阻值决定。图中 C_1 为高频旁路电容，用以消除 8 脚的寄生交流电压，RP_2 为方波占空比和正弦波失真度调节电位器，当 RP_2 位于中间时，可输出方波。

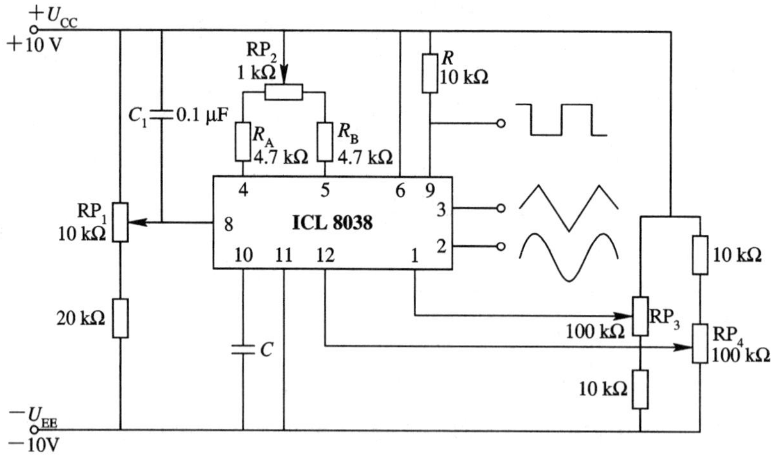

图 7.23　8038 的典型应用

知识点

1. 集成函数发生器
2. 8038 的外引脚排列及功能

技能点

8038 典型应用电路图的识读

*7.4　压控振荡器

压控振荡器是一种振荡频率受外加电压控制的振荡电路，它的应用十分广泛。若用直流电源作为控制电压，压控振荡器可制成频率调节十分方便的信号源；若用正弦波作为控制电压，压控振荡器就成了调频波振荡器；当压控振荡器受锯齿波控制时，压控振荡器就成了扫描振荡器。下面举例说明压控振荡器的工作原理。

1. 电路组成

压控振荡器如图 7.24 所示，该电路的输入控制电压为直流电压。A_1 为差动积分电路，积分电压由控制电压 U_I 提供，积分方向由场效应管 V 来改变；A_2 为滞回比较器，它的输出控制着场效应管的导通和截止。

2. 工作原理

设滞回比较器 A_2 的输出电压为负饱和电压 $-U_{om}$，此值一方面使比较器的同相端电压为下门限电压，即

$$U_{TH2}=-\frac{R_5}{R_5+R_6}U_{om}$$

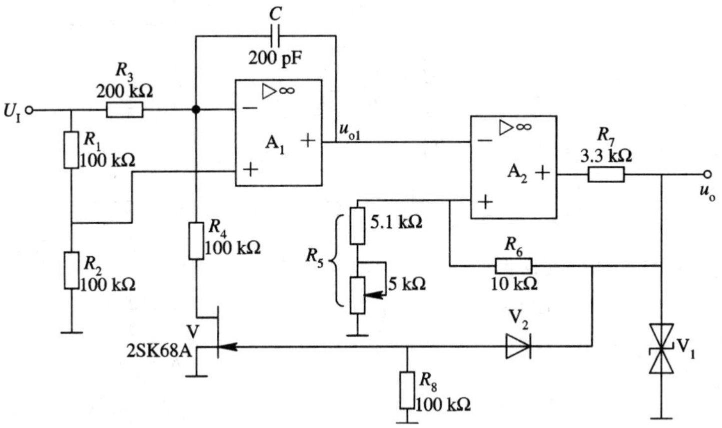

图 7.24　压控振荡器

另一方面通过隔离二极管 V_2 将比较大的负电压加在了场效应管的栅极，使场效应管进入夹断区而截止，此时，积分电路可等效为图 7.25(*a*)。

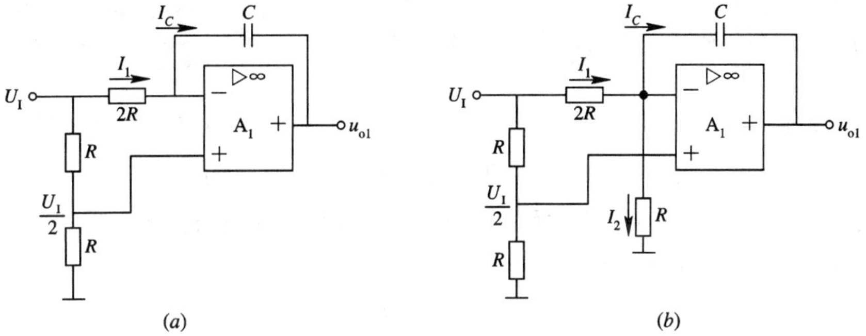

图 7.25　积分电流的流向

(*a*) FET 截止；(*b*) FET 导通

由图 7.25(*a*)可以看出，$u_+=U_I/2$，根据“虚短”的概念，$u_-=u_+=U_I/2$，再根据“虚断”的概念，电容器上的充电电流为

$$I_C = I_1 = \frac{U_I - \dfrac{U_I}{2}}{2R} = \frac{U_I}{4R} \tag{7.16}$$

由于输入电压 U_I 为直流电压，因此电容器 C 为恒流充电，电容器 C 上的电压直线上升，而 A_1 的输出电压 u_{o1} 直线下降，当 u_{o1} 降至

$$u_{o1} = -\frac{R_5}{R_5+R_6}U_{om}$$

时，比较器 A_2 翻转为 $+U_{om}$。比较器 A_2 的输出电压 $+U_{om}$ 一方面使比较器的同相端电压为上门限电压，即

$$U_{TH1} = +\frac{R_5}{R_5+R_6}U_{om}$$

另一方面使隔离二极管 V_2 截止，此时，场效应管因栅源电压为零而饱和导通。其积分电路可等效为图 7.25(*b*)。

由图 7.25(b)可知

$$I_1=\frac{U_I-\dfrac{U_I}{2}}{2R}=\frac{U_I}{4R},\qquad I_2=\frac{\dfrac{U_I}{2}}{R}=\frac{U_I}{2R}$$

根据基尔霍夫定律：$I_1=I_C+I_2$，那么

$$I_C=I_1-I_2=\frac{U_I}{4R}-\frac{U_I}{2R}=-\frac{U_I}{4R}\qquad(7.17)$$

式(7.17)中的负号说明实际电容器上的电流与标定方向相反。电容以 $U_I/(4R)$的电流大小放电，u_C 直线下降，u_{o1}直线上升，当 u_{o1}升至

$$u_{o1}=+\frac{R_5}{R_5+R_6}U_{om}$$

时，比较器 A_2 翻转为$-U_{om}$，场效应管又截止，电容器开始充电，周而复始，会产生如图 7.26 所示波形。

由上述分析可知，该电路是利用比较器输出端的高低电平来控制场效应管的通断状态的，保证积分器以同样大小的恒定电流充、放电，使三角波上升、下降的时间相等。

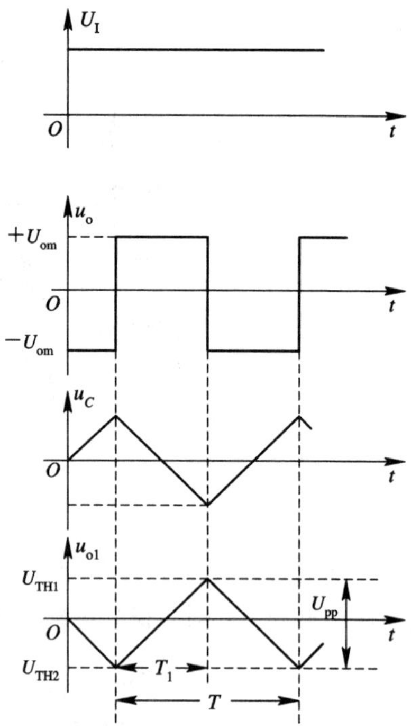

图 7.26　压控振荡器波形

3. 振荡频率

通过以上的分析可知，差动积分电路的输出电压 u_{o1}是三角波电压，由于电容器上的充、放电电流受到电压 U_I 的控制，所以三角波的振荡频率也受外加电压的控制。

由电容器的充电电流表达式

$$i_C=C\frac{\mathrm{d}u_C}{\mathrm{d}t}$$

得电容器上的充电速率为

$$\frac{\mathrm{d}u_C}{\mathrm{d}t}=\frac{i_C}{C}$$

在图 7.24 的压控振荡器电路中，电容器为恒流充电，充电电流用 I_C 表示，那么电容器上的充电速率为

$$\frac{\mathrm{d}u_C}{\mathrm{d}t}=\frac{I_C}{C}$$

又由式(7.17)可知，电容器也是以恒流放电，其放电的速率仍为

$$\frac{\mathrm{d}u_C}{\mathrm{d}t}=\frac{I_C}{C}$$

由图 7.24 可看出：积分器 A_1 的输出三角波电压的峰峰值为 $U_{PP}=U_{TH1}-U_{TH2}$，三角波的斜率即为电容器的充(放)电的速率，由此可以计算出积分器的输出电压三角波的上升时间 T_1 为

$$T_1=\frac{U_{TH1}-U_{TH2}}{I_C}C$$

三角波的周期应等于 T_1 的 2 倍，即

$$T = 2T_1 = 2C\frac{U_{TH1} - U_{TH2}}{I_C} \tag{7.18}$$

将 $I_C=U_I/(4R)$代入式(7.18)，得

$$T = \frac{8(U_{TH1} - U_{TH2})}{U_I}RC$$

$$f = U_I\frac{1}{8(U_{TH1} - U_{TH2})RC} \tag{7.19}$$

由式(7.19)可知，压控振荡器的振荡频率 f 与控制电压 U_I 成正比。

知识点

压控振荡器

技能点

1. 压控振荡器的组成分析
2. 压控振荡器工作原理的分析
3. 压控振荡器振荡频率的估算

本 章 小 结

(1) 波形发生电路分为正弦波振荡电路和非正弦波振荡电路。

(2) 正弦波振荡电路要产生自激振荡，必须同时满足：

① 相位平衡条件 $\varphi=\varphi_A+\varphi_F=2n\pi$ ($n=0$，1，2，3，…)；

② 振幅平衡条件：$|\dot{A}\dot{F}|\geq 1$。

正弦波振荡电路由放大电路、选频网络、正反馈网络、稳幅环节组成。

(3) 正弦波振荡电路分为 RC 振荡电路、LC 振荡电路和石英晶体振荡电路。

RC 振荡电路用 RC 串并联网络作为选频网络，并依靠稳压二极管来稳定振荡幅度和改善振荡波形。RC 振荡电路一般用在低频信号发生器中。

LC 振荡电路利用 LC 并联谐振回路作为选频网络。LC 振荡电路可分为变压器反馈式、电容反馈式和电感反馈式等。其中电容反馈式电路工作频率较高，振荡波形好，因而应用较广。为了克服电容反馈式电路调频不方便和提高其频率稳定度，实用的电容反馈式电路大都是改进型的克拉泼电路。

石英晶体振荡电路利用石英晶体谐振器作为选频网络。石英晶体振荡电路有并联和串联两种，它的频率稳定性很高。

(4) 非正弦波发生电路中的集成运放一般工作在非线性区。本章讨论了矩形波、三角波、锯齿波发生器，它们通常由滞回比较器、积分电路等组成。

(5) 集成函数发生器 8038 能产生三角波、方波、锯齿波等波形，使用时只需按其应用图连接即可。

(6) 压控振荡器是一种振荡频率受外加电压控制的振荡电路，可制成调频波振荡器、扫描振荡器等。

习　　题

7.1　根据振荡的相位条件判别题 7.1 图所示各电路能否振荡。

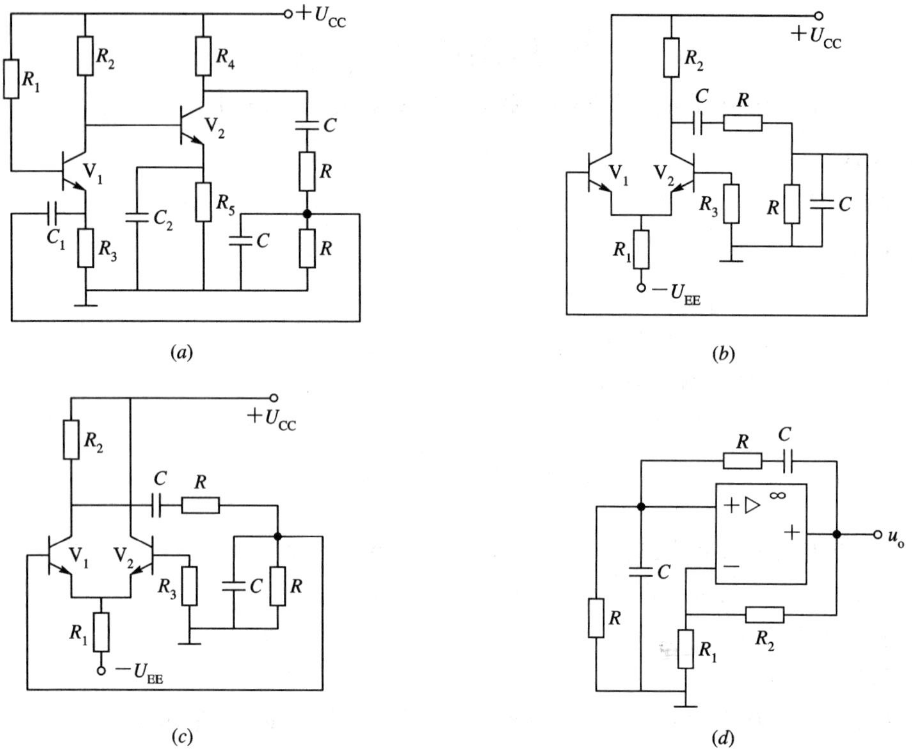

题 7.1 图

7.2　某音频信号发生器的原理电路如题 7.2 图所示。

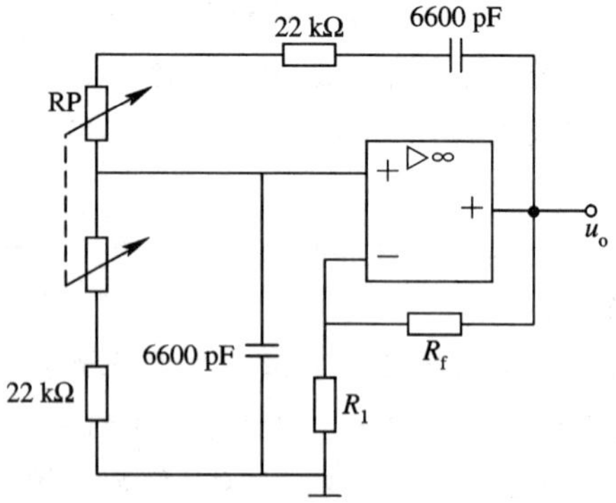

题 7.2 图

(1) 分析电路的工作原理；

(2) 若 RP 从 1 kΩ 调到 10 kΩ，计算电路振荡频率的调节范围。

7.3　判别题 7.3 图所示电路能否产生正弦波振荡，并说明原因。

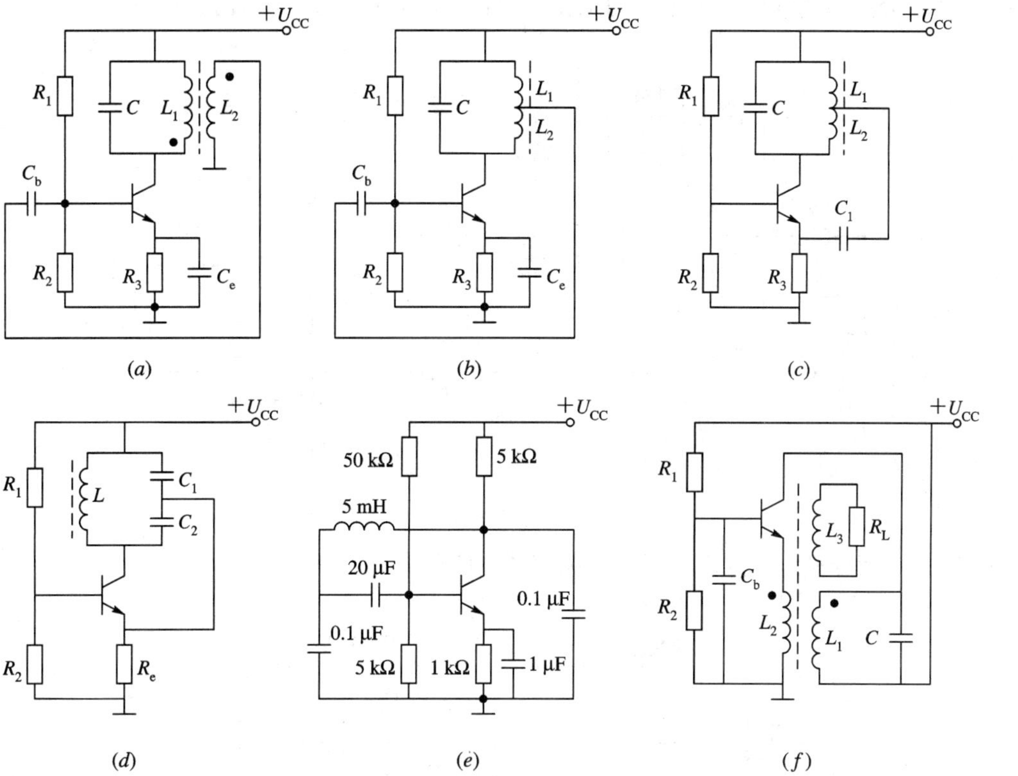

题 7.3 图

7.4　试分析题 7.4 图所示的由集成运放组成的振荡电路能否产生正弦波振荡。图中的集成运放均为理想运放，C 为隔直电容，C_1、C_2 为谐振回路中的电容。

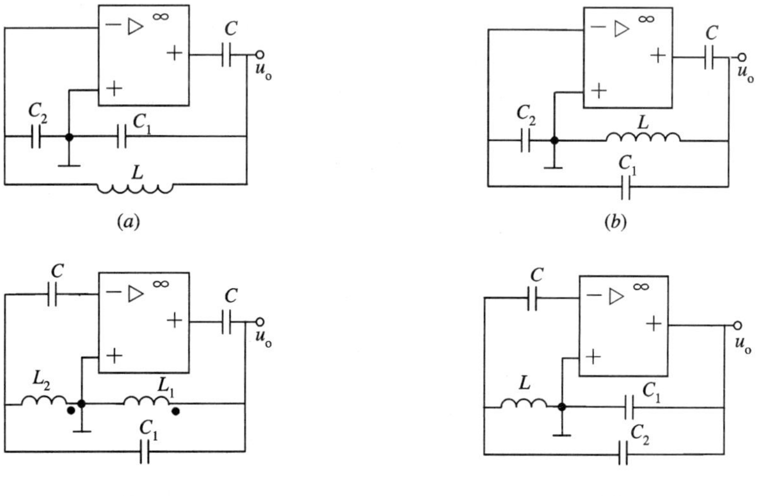

题 7.4 图

7.5　分析题 7.5 图所示电路的工作原理，并画出 u_{o1}、u_{o2}、u_{o3} 的波形图。

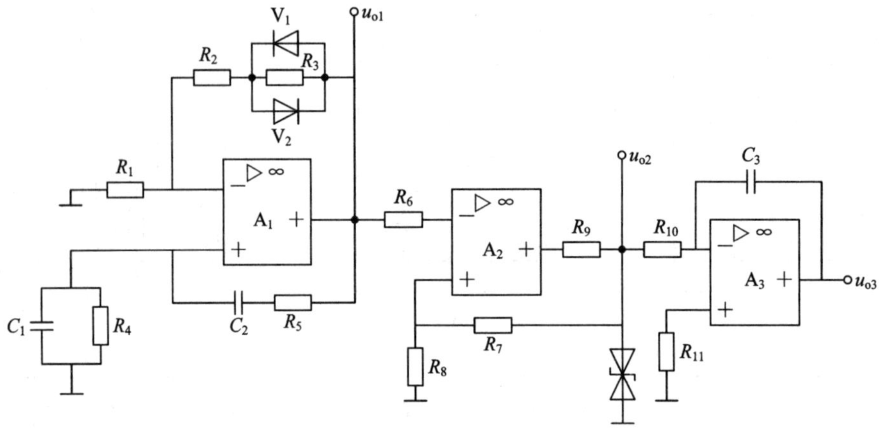

题 7.5 图

*7.6　请分析题 7.6 图所示压控振荡器电路的工作原理。

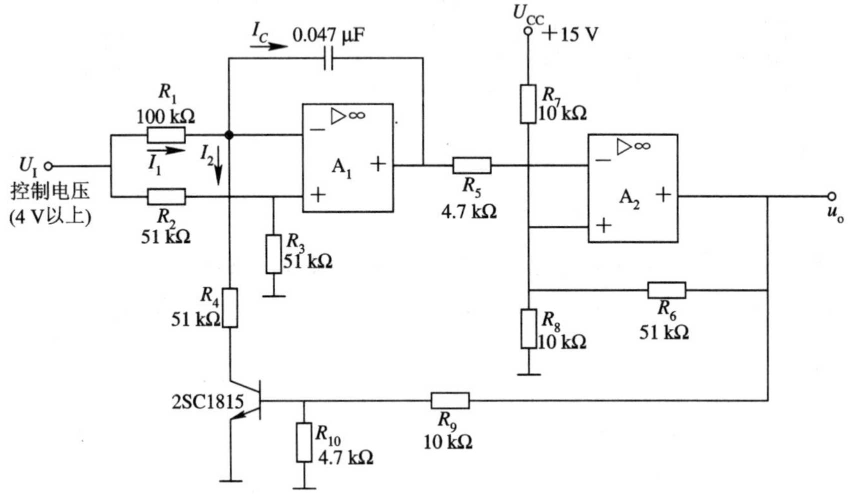

题 7.6 图

第 8 章

功率放大器

多级放大器一般包括三部分：输入级、中间级、输出级。输出级要带一定的负载，为使负载能正常工作，输出级就必须输出足够大的功率，即输出级不但要输出足够高的电压，同时还要提供足够的电流。这种用来放大功率的放大器称为功率放大器。输出级都由功率放大器组成。

8.1 功率放大器的特点和分类

1. 电路特点

功率放大器作为放大电路的输出级，具有以下特点：

(1) 由于功率放大器的主要任务是向负载提供一定的功率，因而输出电压和电流的幅度足够大；

(2) 由于输出信号幅度较大，三极管工作在饱和区与截止区的边沿，因此输出信号存在一定程度的失真；

(3) 功率放大器在输出功率的同时，三极管消耗的能量亦较大，因此不可忽视管耗问题。

2. 电路要求

根据功率放大器在电路中的作用及特点，首先要求它输出功率大、非线性失真小、效率高。其次，由于三极管工作在大信号状态，要求它的极限参数 I_{CM}、P_{CM}、$U_{(BR)CEO}$ 等应满足电路正常工作并留有一定裕量，同时还要考虑三极管有良好的散热功能，以降低结温，确保三极管安全工作。

3. 功率放大器的分类

根据放大器中三极管静态工作点设置的不同，可将功率放大器分成甲类、乙类和甲乙类三种。

(1) 甲类放大器的工作点设置在放大区的中间，这种电路的优点是在输入信号的整个周期内三极管都处于导通状态，输出信号失真较小(前面讨论的电压放大器就工作在这种状态)，缺点是三极管有较大的静态电流 I_{CQ}，这时管耗 P_C 大，电路能量转换效率低。

(2) 乙类放大器的工作点设置在截止区，这时，由于三极管的静态电流 $I_{CQ}=0$，所以能量转换效率高，它的缺点是只能对半个周期的输入信号进行放大，且非线性失真大。

(3) 甲乙类放大电路的工作点设在放大区但接近截止区，即三极管处于微导通状态，这样可以有效克服乙类放大电路的失真问题，且能量转换效率也较高，目前使用得较广泛。

知识点

1. 功率放大器
2. 功率放大器的特点
3. 功率放大器的分类

技能点

对功率放大器与电压放大器要求的对比

思考题

1. 什么叫三极管的甲类、乙类和甲乙类工作状态?
2. 对功率放大器和电压放大器的要求有何不同?
3. 功率放大器应连接在多级放大器的什么部位?为什么?
4. 试列举生活中的一两个功率放大器设备。

8.2 乙类互补对称功率放大电路(OCL 电路)

乙类放大器具有能量转换效率高的特点，常用它作为功率放大器。但乙类放大电路只能放大半个周期的信号。为了解决这个问题，常用两个对称的乙类放大电路分别放大正、负半周的信号，然后合成为完整的波形输出，即利用两个乙类放大电路的互补特性完成整个周期信号的放大。

1. 电路组成及工作原理

图 8.1 所示是双电源乙类互补功率放大电路。这类电路又称为无输出电容的功率放大电路，简称 OCL 电路。V_1 为 NPN 型管，V_2 为 PNP 型管，两管参数对称。电路工作原理如下所述。

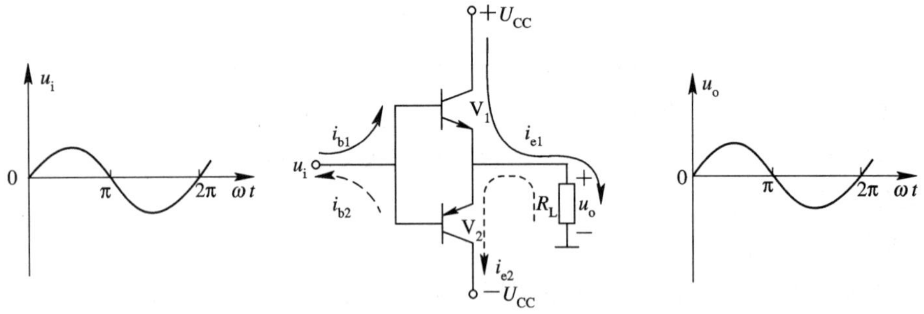

图 8.1　双电源乙类互补对称功率放大器

1) 静态分析

当输入信号 $u_i=0$ 时，两个三极管都工作在截止区，此时 I_{BQ}、I_{CQ}、I_{EQ}均为零，负载上无电流通过，输出电压 $u_o=0$。

2) 动态分析

(1) 当输入信号为正半周时，$u_i>0$，三极管 V_1 导通，V_2 截止，V_1 管的发射极电流 i_{e1} 经$+U_{CC}$自上而下流过负载，在 R_L 上形成正半周输出电压，$u_o>0$。

(2) 当输入信号为负半周时，$u_i<0$，三极管 V_2 导通，V_1 截止，V_2 管的发射极电流 i_{e2} 经 $-U_{CC}$ 自下而上流过负载，在 R_L 上形成负半周输出电压，$u_o<0$。

不难看出，在输入信号 u_i 的一个周期内，V_1、V_2 管轮流导通，而且 i_{e1} 和 i_{e2} 流过负载的方向相反，从而形成完整的正弦波。由于这种电路中的三极管交替工作，即一个“推”，一个“挽”，互相补充，故这类电路又称为互补对称推挽电路。

2. 功率和效率的估算

1) 输出功率 P_o

在输入正弦信号作用下，忽略电路失真时，在输出端获得的电压和电流均为正弦信号，由功率的定义得

$$P_o = I_o U_o = \frac{1}{2} I_{om} U_{om} = \frac{1}{2} \frac{U_{om}^2}{R_L} \tag{8.1}$$

可见，输出电压 U_{om} 越大，输出功率 P_o 越高，当三极管进入临界饱和时，输出电压 U_{om} 最大，其大小为

$$U_{omax} = U_{CC} - U_{CES}$$

若忽略 U_{CES}，则

$$U_{omax} \approx U_{CC}$$

由式(8.1)可得电路最大不失真输出功率为

$$P_{omax} = \frac{1}{2R_L}(U_{CC} - U_{CES})^2 \approx \frac{1}{2} \frac{U_{CC}^2}{R_L} \tag{8.2}$$

2) 直流电源提供的功率 P_{DC}

两个电源各提供半个周期的电流，故每个电源提供的平均电流为

$$I_{DC} = \frac{1}{2\pi} \int_0^{\pi} I_{om} \sin(\omega t)\, d(\omega t) = \frac{I_{om}}{\pi} = \frac{U_{om}}{\pi R_L}$$

因此两个电源提供的功率为

$$P_{DC} = 2 I_{DC} U_{CC} = \frac{2}{\pi R_L} U_{om} U_{CC} \tag{8.3}$$

输出功率最大时，电源提供的功率也最大，为

$$P_{DCmax} = \frac{2}{\pi} \frac{U_{CC}^2}{R_L} \tag{8.4}$$

3) 效率

输出功率与电源提供的功率之比称为电路的效率。在理想情况下，电路的最大效率为

$$\eta_{max} = \frac{P_{omax}}{P_{DCmax}} \times 100\% = \frac{\pi}{4} \times 100\% \approx 78.5\% \tag{8.5}$$

4) 管耗 P_C

直流电源提供的功率与输出功率之差就是消耗在三极管上的功率，即

$$P_C = P_{DC} - P_o = \frac{2}{\pi R_L} U_{CC} U_{om} - \frac{1}{2R_L} U_{om}^2 \tag{8.6}$$

可求得当 $U_{om} \approx 0.64 U_{CC}$ 时，三极管消耗的功率最大，其值为

$$P_{Cmax} = \frac{2U_{CC}^2}{\pi^2 R_L} = \frac{4}{\pi^2} P_{omax} \approx 0.4 P_{omax}$$

每个管子的最大功耗为

$$P_{C1max}=P_{C2max}=\frac{1}{2}P_{Cmax}\approx 0.2P_{omax} \tag{8.7}$$

3. 交越失真及其消除

演示电路如图 8.2(a)所示，在放大器的输入端加入一个频率为 1000 Hz 的正弦信号，用示波器观察输出端的信号波形，发现输出波形在正、负半周的交界处发生了失真，观察到的输出波形如图 8.2(b)所示。

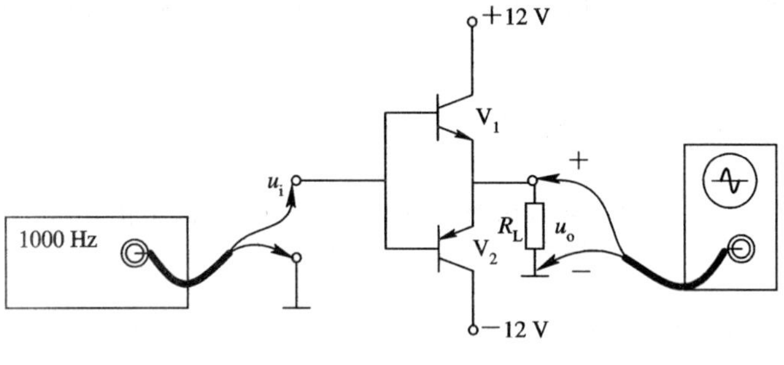

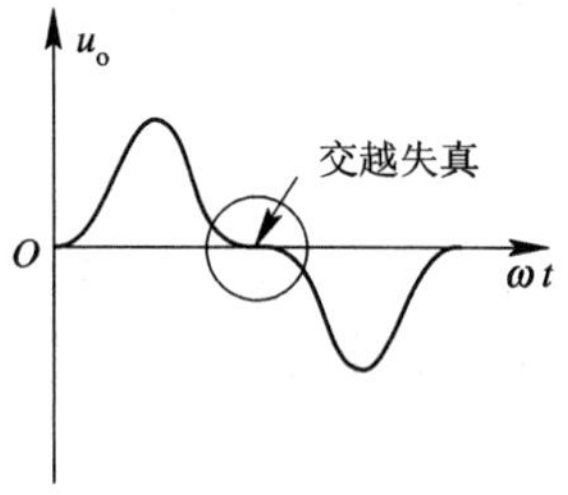

图 8.2 交越失真波形

(a) 演示电路；(b) 输出波形

产生这种失真的原因是：在乙类互补对称功率放大电路中，没有施加偏置电压，静态工作点设置在零点，$U_{BEQ}=0$，$I_{BQ}=0$，$I_{CQ}=0$，三极管工作在截止区。由于三极管存在死区，当输入信号小于死区电压时，三极管 V_1、V_2 仍不导通，输出电压 u_o 为零，这样，在输入信号正、负半周的交界处无输出信号，使得输出波形失真，这种失真叫作交越失真。

为了解决交越失真，可给三极管加适当的基极偏置电压，如图 8.3 所示。图中的 R_1、R_2、V_3、V_4 用来作为 V_1、V_2 的偏置电路，适当选择 R_1、R_2 的阻值，可使 V_3、V_4 连接点的静态电位为 0，V_1、V_2 的发射极电位也为 0，这样 V_3 上的导通电压为 V_1 提供发射结正偏电压，V_4 上的导通电压为 V_2 提供发射结正偏电压，使之工作在甲乙类状态，保证了三极管对小于死区电压的小信号也能正常放大，从而克服了交越失真。

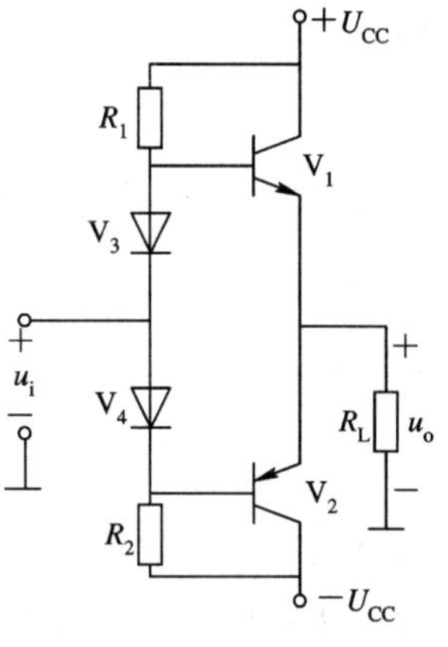

图 8.3 甲乙类互补对称功率放大电路

知识点

1. 乙类互补对称功率放大电路
2. 交越失真
3. 甲乙类互补对称功率放大电路

技能点

1. 乙类互补对称功率放大电路组成的分析

2. 乙类互补对称功率放大电路工作原理的分析

3. 输出功率和效率的估算

4. 交越失真的分析

5. 甲乙类互补对称功率放大电路的解读与识记

思考题

1. 交越失真是怎样产生的？如何消除交越失真？

2. 乙类互补对称电路 R_L 上完整的输出信号波形是怎样得到的？为什么说这种电路的效率高？

8.3 单电源互补对称功率放大电路(OTL 电路)

双电源互补对称功率放大电路由于静态时输出端电位为零，负载可以直接连接，不需要耦合电容，因而它具有低频响应好、输出功率大、便于集成等优点，但需要双电源供电，使用起来有时会感到不便；如果采用单电源供电，只需在两管发射极与负载之间接入一个大容量电容 C_2 即可。这种电路通常又称为无输出变压器电路，简称 OTL 电路，如图 8.4 所示。

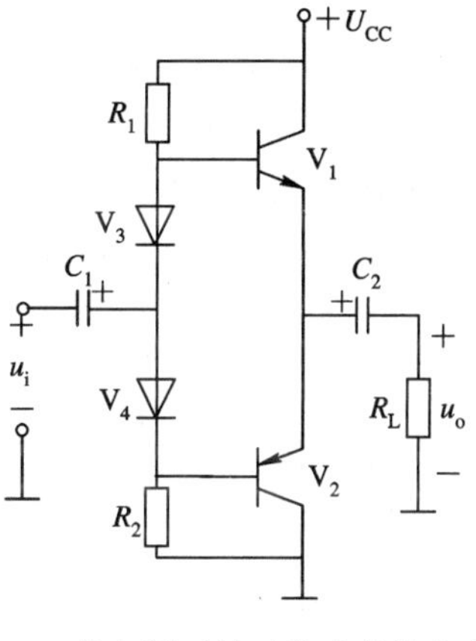

图 8.4 单电源互补对称功率放大电路

图 8.4 中 R_1、R_2 为偏置电阻。适当选择 R_1、R_2 的阻值，可使两管静态时发射极电压为$U_{CC}/2$，电容 C_2 两端电压也稳定在 $U_{CC}/2$，这样两管的集、射极之间如同分别加上了 $U_{CC}/2$ 和$-U_{CC}/2$ 的电源电压。

在输入信号正半周，V_1 导通，V_2 截止，V_1 以射极输出器的形式将正向信号传送给负载，同时对电容 C_2 充电；在输入信号负半周时，V_1 截止，V_2 导通，电容 C_2 放电，充当 V_2 管直流工作电源，使 V_2 也以射极输出器的形式将负向信号传送给负载。这样，负载 R_L 上得到一个完整的信号波形。

在这种电路中，电容 C_2 的容量应选得足够大，使电容 C_2 的充、放电时间常数远大于信号周期。该电路中的每个三极管的工作电源已变为 $U_{CC}/2$，已不是 OCL 电路的 U_{CC} 了，请同学们自行推导出该电路的最大输出功率的表达式。

与 OCL 电路相比，OTL 电路少用了一个电源，但由于输出端的耦合电容容量大，电容器内铝箔卷绕圈数多，呈现的电感效应大，因此对不同频率的信号会产生不同的相移，输出信号会有附加失真，这是OTL电路的缺点。

知识点

单电源互补对称功率放大电路

技能点

1. 单电源互补对称功率放大电路组成的分析
2. 单电源互补对称功率放大电路工作原理的分析

思考题

OCL电路和OTL电路各有何优缺点？

8.4 复合互补对称功率放大电路

在互补对称功率放大电路中，为了保证信号正、负半周的对称放大，要求两推挽功放管配对，这对于NPN和PNP两种大功率管来说，实现起来比较困难，而同类型的管子则容易挑选。为此，大功率互补电路中常常采用复合管的接法来实现互补。

8.4.1 复合管

复合管是由两个或两个以上三极管按一定的方式连接而成的。复合管又称为达林顿管。

图8.5所示是四种常见的复合管，其中图(*a*)、(*b*)是由两只同类型三极管构成的复合管，图(*c*)、(*d*)是由不同类型三极管构成的复合管。

组成复合管时要注意两点：① 串接点的电流必须连续；② 并接点电流的方向必须保持一致。

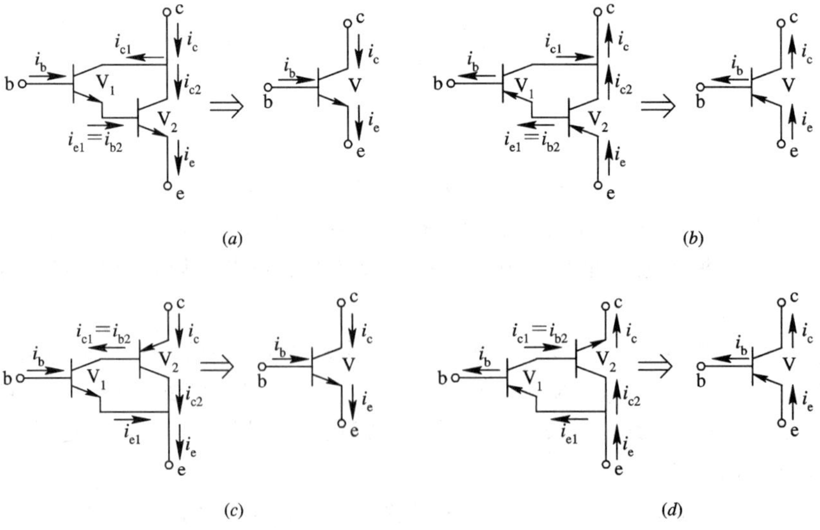

图8.5 复合管

(*a*) NPN型；(*b*) PNP型；(*c*) NPN型；(*d*) PNP型

由图8.5可以看出，复合管的类型总是由V_1管来决定的。例如，图8.5(*d*)中，V_1管为PNP型，V_2管为NPN型，则复合管等效为PNP型。

复合管的电流放大系数近似为组成该复合管的各三极管的 β 的乘积，其值很大。由图 8.5(a)可得

$$\beta=\frac{i_c}{i_b}=\frac{i_{c1}+i_{c2}}{i_{b1}}=\frac{\beta_1 i_{b1}+\beta_2 i_{b2}}{i_{b1}}$$

$$=\frac{\beta_1 i_{b1}+\beta_2(1+\beta_1)i_{b1}}{i_{b1}}=\beta_1+\beta_2+\beta_1\beta_2\approx\beta_1\beta_2$$

复合管虽有电流放大倍数高的优点，但它的穿透电流较大，且高频特性变差。这是因为复合管中第一只晶体管的穿透电流会进入下级晶体管放大，致使总的穿透电流比单管穿透电流大得多。为了减小穿透电流的影响，常在两只晶体管之间并接一个泄放电阻 R，如图 8.6 所示，R 的接入可将 V_1 管的穿透电流分流，R 越小，分流作用越大，总的穿透电流越小。当然，R 的接入同样会使复合管的电流放大倍数下降。

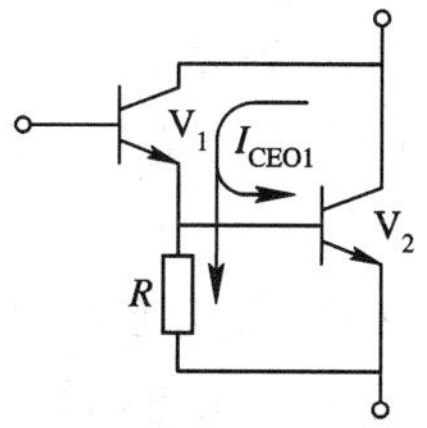

图 8.6 接有泄放电阻的复合管

8.4.2 电路举例

1. OTL 复合互补对称功率放大电路

图 8.7 为一典型 OTL 功率放大电路。由运算放大器 A 组成前置放大电路，对输入信号进行放大。V_4～V_7 组成互补对称电路，其中，V_4 和 V_6 组成 NPN 型复合管，V_5 和 V_7 组成 PNP 型复合管。V_1、V_2 和 V_3 为两复合管基极提供偏置电压，泄放电阻 R_7、R_8 用于减少复合管的穿透电流，稳定电路的静态工作点。V_4 集电极所接电阻 R_6 是 V_4、V_5 管的平衡电阻。R_9、R_{10} 分别是 V_6、V_7 管的发射极电阻，用以稳定静态工作点，减少非线性失真，还具有过流保护作用。R_{11} 和 R_1 构成电压并联负反馈电路，用来稳定电路的电压放大倍数，提高电路的带负载能力。

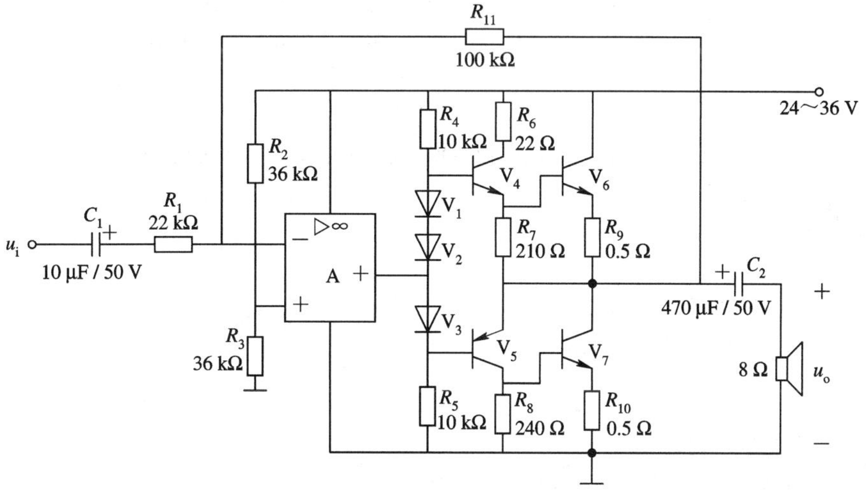

图 8.7 集成运放驱动的 OTL 复合互补对称功率放大器

该电路的工作原理简述如下：

静态时，由 R_4、R_5、V_1、V_2、V_3 提供的偏置电压使 V_4～V_7 微导通，且 $I_{EQ6}=I_{EQ7}$，中点电位为 $U_{CC}/2$，$u_o=0$ V。

当输入信号 u_i 为负半周时，经集成运放对输入信号进行放大，使互补对称管的基极电位升高，推动 V_4、V_6 管导通，V_5、V_7 管趋于截止，信号电流 i_{e6} 自上而下流经负载，输出电压 u_o 为正半周。

当输入信号 u_i为正半周时，由运放对输入信号进行放大，使互补对称管的基极电位降低，V_4、V_6 管趋于截止，V_5、V_7 管依靠 C_2 上的存储电压($U_{CC}/2$)进一步导通，信号电流 i_{e7} 自下而上流经负载，输出电压 u_o 为负半周。这样，就在负载上得到了一个完整的正弦电压波形。

2. OCL 复合互补对称功率放大器

图 8.8 所示是一种集成运放驱动的实际 OCL 功率放大器。集成运算放大器主要起前置电压放大作用。V_4～V_7 组成 OCL 互补对称电路，其中，V_4 和 V_6 组成 NPN 型复合管，V_5 和 V_7 组成 PNP 型复合管。V_1、V_2 和 V_3 为两复合管的基极提供偏置电压。R_3、R_1 和 C_2 构成电压串联负反馈电路，用来稳定电路的电压放大倍数，提高电路输出的带负载能力。该电路的工作过程与前节讨论的 OCL 电路基本相同。这里不再赘述。

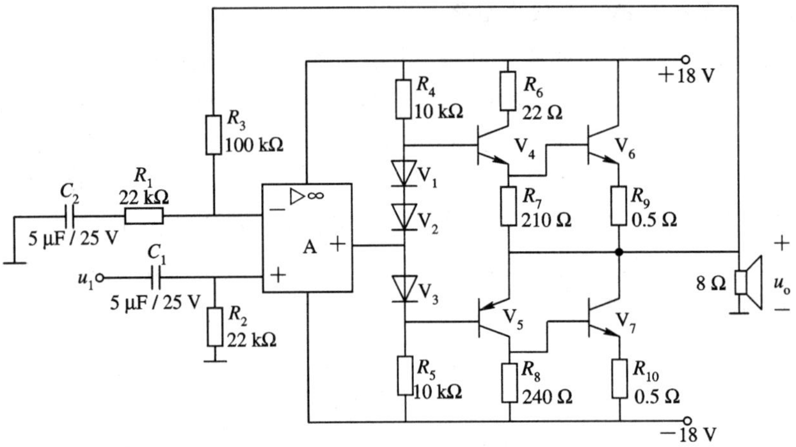

图 8.8　集成运放驱动的 OCL 复合互补对称功率放大器

知识点

1. 复合管
2. 复合管的电流放大系数
3. 复合互补对称功率放大电路

技能点

1. 复合管的管型和电极的判断
2. OTL 复合互补对称功率放大器的识读
3. OCL 复合互补对称功率放大器的识读

思考题

在大功率放大电路中，为什么要采用复合管的接法来实现互补？

8.5 集成功率放大器

把小信号输入电路、信号放大器电路、推挽电路、功率放大电路集成在一起，另外再配上电源部分、输入输出接口部分，就组成了集成功率放大器。

集成功率放大器具有输出功率大、外围连接元件少、使用方便等优点，目前使用得越来越广泛。它的品种很多，详见附录十三。本节主要以TDA2030A音频功率放大器为例加以介绍，希望读者在使用时能举一反三，灵活应用其他功率放大器件。

1. TDA2030A音频集成功率放大器简介

TDA2030A是目前使用较为广泛的一种集成功率放大器，与其他功放相比，它的引脚和外部元件都较少。

TDA2030A的电气性能稳定，并在内部集成了过载和热切断保护电路，能适应长时间连续工作，由于其金属外壳与负电源引脚相连，因而在单电源使用时，金属外壳可直接固定在散热片上并与地线（金属机箱）相接，无需绝缘，使用很方便。

TDA2030A的内部电路如图8.9所示（其中VD为二极管）。

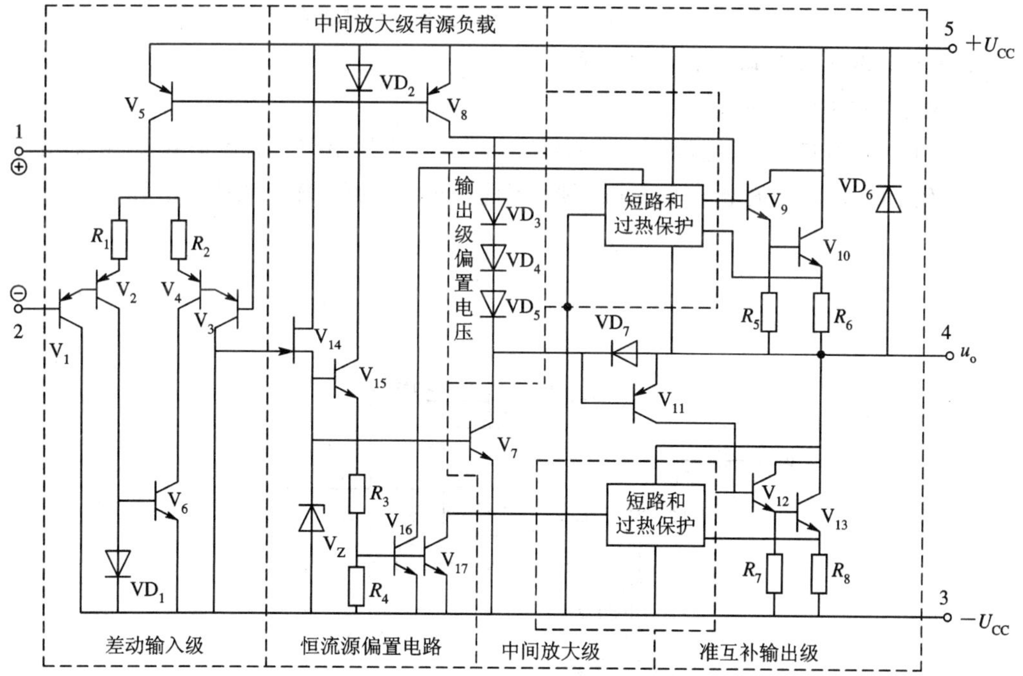

图8.9 TDA2030A集成功放的内部电路

TDA2030A适用于收录机和有源音箱中，可作为音频功率放大器，也可作为其他电子设备中的功率放大器。因其内部采用的是直接耦合，亦可以作为直流放大器。其主要性能参数如下：

电源电压 U_{CC}	±3～±18 V
输出峰值电流	3.5 A
输入电阻	>0.5 MΩ
静态电流	<60 mA(测试条件：$U_{CC}=\pm18$ V)
电压增益	30 dB
频响带宽(BW)	0～140 kHz

在电源为±15 V、$R_L=4$ Ω时，其输出功率为 14 W。

TDA2030A 的引脚排列及引脚功能如图 8.10 所示。

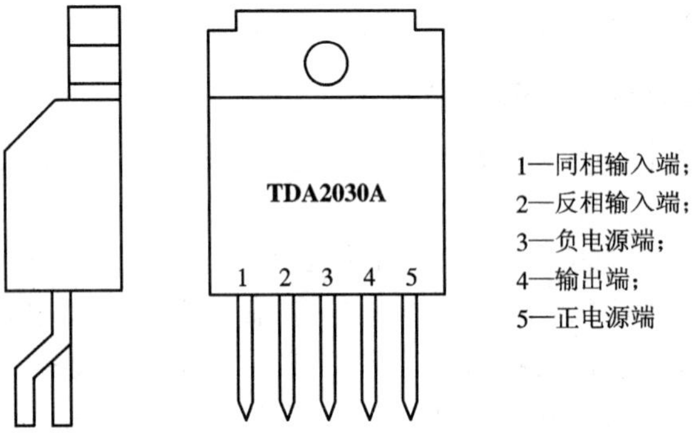

图 8.10　TDA2030 的引脚排列及引脚功能

2. TDA2030A 集成功放的典型应用

1) 双电源(OCL)应用电路

图 8.11 所示电路是双电源时 TDA2030A 的典型应用电路。输入信号 u_i 由同相端输入，R_1、R_2、C_2 构成交流电压串联负反馈，因此，该电路的闭环电压放大倍数为

$$A_{uf}=1+\frac{R_1}{R_2}\approx 33$$

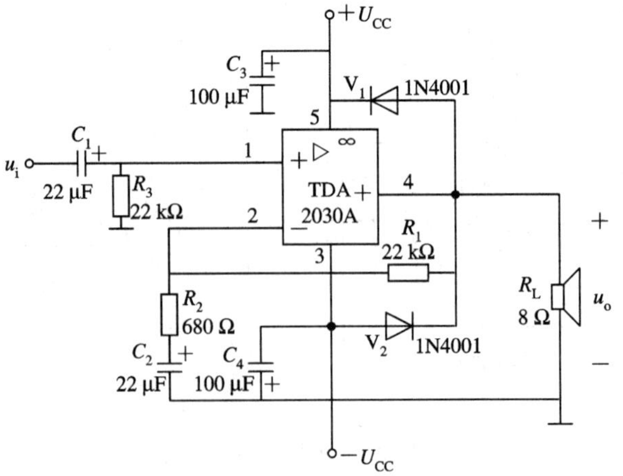

图 8.11　由 TDA2030A 构成的 OCL 电路

为了保持两输入端直流电阻平衡，使输入级偏置电流相等，选择 $R_3=R_1$。V_1、V_2 起

保护作用，用来泄放 R_L 产生的感生电压，并将输出端的最大电压限制在 $\pm(U_{CC}+0.7)$V 范围内。C_3、C_4 为去耦电容，用于减少电源内阻对交流信号的影响。C_1、C_2 为耦合电容。

2) 单电源(OTL)应用电路

仅有一组电源的中、小型录音机的音响系统，可采用单电源连接方式，如图 8.12 所示。由于采用单电源供电，故同相输入端用阻值相同的 R_1、R_2 组成分压电路，使 K 点电位为 $U_{CC}/2$，经 R_3 加至同相输入端。在静态时，同相输入端、反相输入端和输出端皆为 $U_{CC}/2$。其他元件的作用与双电源电路相同。

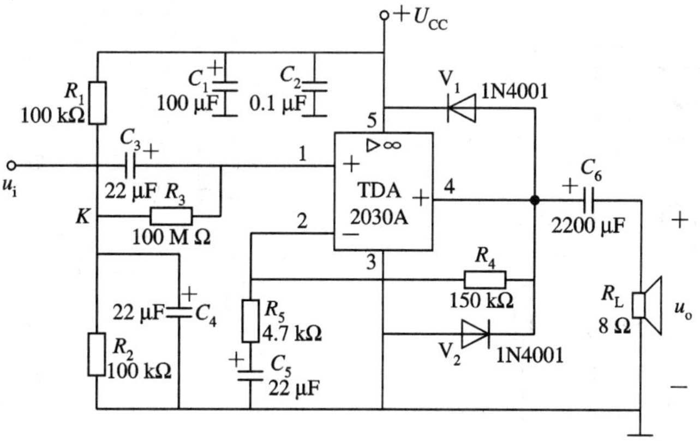

图 8.12　由 TDA2030A 构成的单电源功放电路

知识点

集成功率放大器

技能点

1. 由 TDA2030A 构成的 OCL 电路的识读
2. 由 TDA2030A 构成的 OTL 电路的识读

思考题

TDA2030A 为什么具有两个输入端？这两个输入端分别具有什么功能？

本 章 小 结

(1) 功率放大器要求输出足够大的功率，这样输出电压和电流的幅度都很大，对它的要求为输出功率大、效率高、非线性失真小，并应保证三极管安全可靠地工作。

(2) 互补对称功率放大电路有 OCL 和 OTL 两种，前者为双电源供电，后者为单电源供电。

(3) 乙类互补对称功率放大电路效率高，达 78.5%，但存在着交越失真，在实际中多采用甲乙类互补对称电路，它可有效地消除交越失真，效率也较高。

(4) 由于大功率对称异型管不易选配，实际中可采用复合管。

(5) 集成功率放大电路具有功耗低、失真小、效率高、安装调试方便等优点，使用日趋广泛。

(6) 功率放大电路的散热十分重要，它关系到电路能否输出足够大的功率和安全工作等问题。

习　　题

8.1　在题 8.1 图所示电路中，测量时发现输出波形存在交越失真，应如何调节？如果 K 点电位大于 $U_{CC}/2$，又应如何调节？

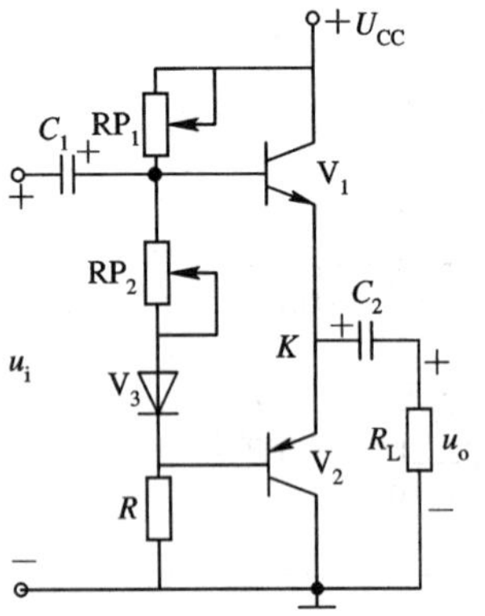

题 8.1 图

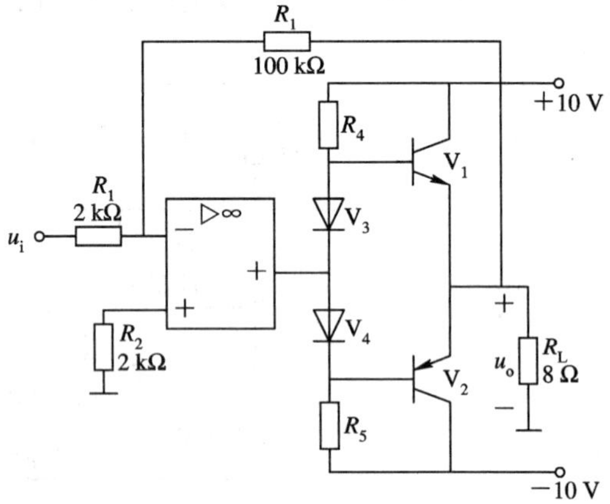

题 8.2 图

8.2　电路如题 8.2 图所示，已知三极管为互补对称管，$U_{CES}=1$ V，试求：

(1) 电路的电压放大倍数；

(2) 最大不失真输出功率 P_{omax}；

(3) 每个三极管的最大管耗 P_{cmax}。

8.3　在题 8.3 图所示电路中，已知：$U_{CC}=18$ V，$R_L=4$ Ω，C_2 容量足够大，三极管 V_1、V_2 对称，$U_{CES}=1$ V，试求：

(1) 最大不失真输出功率 P_{omax}；

(2) 每个三极管承受的最大反向电压；

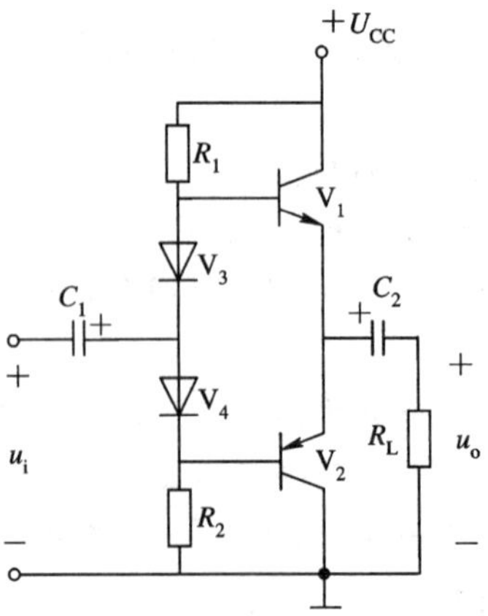

题 8.3 图

(3) 输入电压有效值 $U_i=5$ V 时的输出功率 P_o(U_{BEQ}忽略)。

8.4 在图 8.4 所示 OTL 电路中，电容 C 的作用是什么?

8.5 请分析图 8.12 所示的由 TDA2030A 构成的单电源功放电路中各元件的作用。

8.6 试判断题 8.6 图中各复合管复合得是否合理。对于合理的，请判断出复合后的管型。

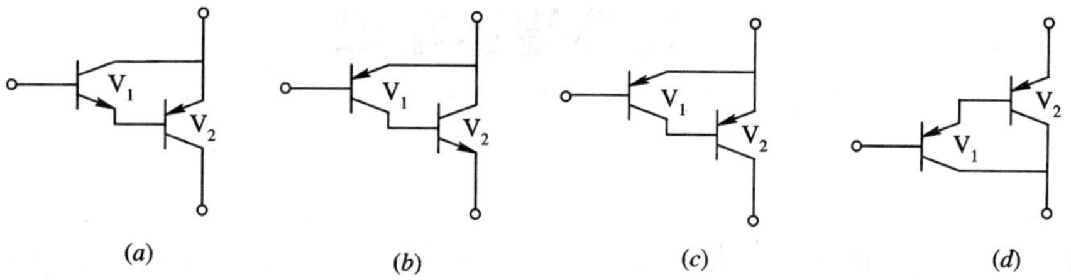

题 8.6 图

第 9 章

直流稳压电源

在精密仪器和家用电器中，都需要稳定的直流电压，但是经过整流滤波后的电压还会随电网电压、负载及温度的变化而变化，因此，在整流滤波电路之后，还需接稳压电路。

本章首先介绍硅稳压管稳压电路的组成及工作原理，然后介绍串联型稳压电路及集成稳压电路的组成及稳压原理，最后介绍开关稳压电源。

9.1 概　　述

9.1.1 演示电路

1. 演示电路

如图 9.1 所示，T_1 为自耦变压器，T_2 为电源变压器，V_1～V_4 为整流二极管，C_1 为滤波电容，CW7812 为三端稳压器，R 和 RP 组成负载 R_L，两块电压表分别接在整流滤波电路的输出端及稳压电路的输出端。

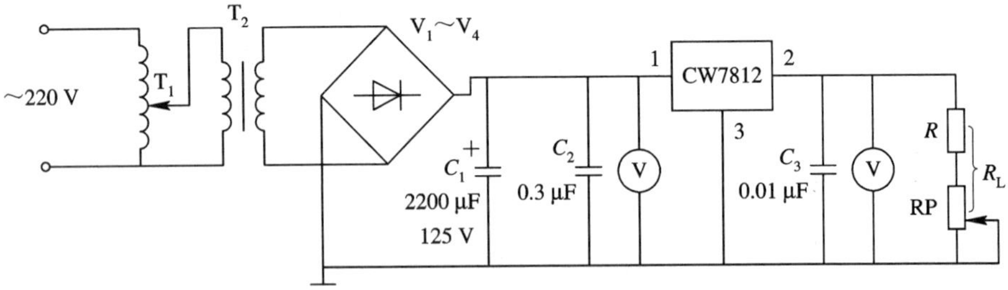

图 9.1　直流稳压电源演示电路

2. 操作过程

(1) 负载电阻 R_L 保持不变，调节自耦变压器在 220(1±10%) V 范围内变化，观察整流滤波电路输出端的电压表及负载两端的电压表的变化，你会发现，滤波电路输出端的电压表指针发生了变化，而负载两端的电压表读数却不变。

(2) 输入电压(自耦变压器调到 AC 220 V)不变，调节 RP，观察负载两端的电压表，读数仍不变。

可以看出：该电路在电源电压及负载 R_L 变化时，负载两端电压值均不变，即实现了稳压功能。

9.1.2　稳压电源

1. 稳压电源的组成

从 9.1.1 节演示可知，直流稳压电源一般由变压器、整流电路、滤波电路和稳压电路等四部分组成，其框图如图 9.2 所示。各部分作用介绍如下。

电源变压器的作用是为用电设备提供所需的交流电压，整流器和滤波器的作用是把交流电变换成平滑的直流电，稳压器的作用是克服电网电压、负载及温度变化所引起的输出电压的变化，提高输出电压的稳定性。

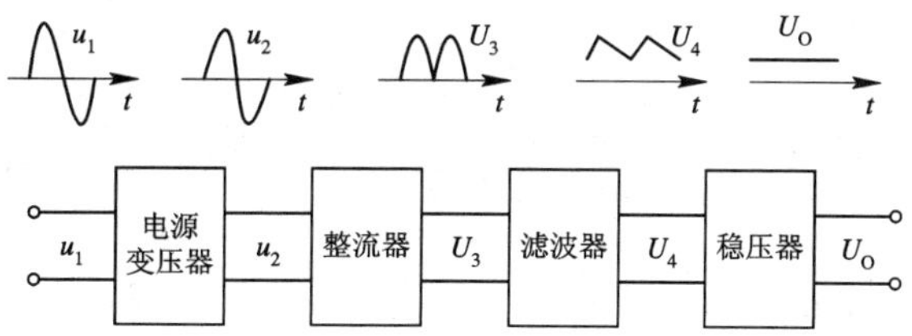

图 9.2　直流稳压电源组成框图

直流稳压电源的类型可分为并联型、串联型及开关型。

2. 稳压电源的主要技术指标

1）特性指标

特性指标指表明稳压电源工作特征的参数，例如，输入、输出电压及输出电流，电压可调范围等。

2）质量指标

质量指标指衡量稳压电源稳定性能状况的参数，如稳压系数、输出电阻、纹波电压及温度系数等。具体含义简述如下：

（1）稳压系数 γ：当通过负载的电流和环境温度保持不变时，稳压电路输出电压的相对变化量与输入电压的相对变化量之比，即

$$\gamma = \left.\frac{\Delta U_O / U_O}{\Delta U_I / U_I}\right|_{\Delta I_O = 0,\ \Delta T = 0} \tag{9.1}$$

式中，U_I 为稳压电源输入直流电压，U_O 为稳压电源输出直流电压。γ 数值越小，输出电压的稳定性越好。

（2）输出电阻 r_o：当输入电压和环境温度不变时，输出电压的变化量与输出电流的变化量之比，即

$$r_o = \left.\frac{\Delta U_O}{\Delta I_O}\right|_{\Delta U_I = 0,\ \Delta T = 0} \tag{9.2}$$

r_o 的值越小，带负载能力越强，对其他电路的影响越小。

（3）纹波电压 S：稳压电路输出端中含有的交流分量，通常用有效值或峰值表示。

S 值越小越好，否则会影响正常工作，如在电视接收机中出现“嗡嗡”声和光栅在垂直方向呈现 S 形扭曲。

（4）温度系数 S_T：在 U_I 和 I_O 都不变的情况下，环境温度 T 的变化所引起的输出电压的变化，即

$$S_T = \frac{\Delta U_O}{\Delta T}\bigg|_{\Delta U_I=0,\ \Delta I_O=0} \tag{9.3}$$

式中，ΔU_O 为漂移电压。S_T 越小，漂移越小，说明该稳压电路受温度影响越小。

另外，还有其他的质量指标，如负载调整率、噪声电压等，这里从略。

知识点

1. 稳压电源
2. 稳压电源的组成
3. 稳压电源的质量指标

技能点

稳压电源组成框图的识记

思考题

哪些因素会引起输出电压的不稳定？

9.2 整流滤波电路

9.2.1 整流电路

把交流电转换成直流电的电路称为整流电路。单相整流电路分为半波整流、全波整流、桥式整流及倍压整流等。桥式整流由于电路的性能良好，对器件的要求低，因而得到了广泛的应用。下面以桥式整流为例，说明整流电路的工作原理。

1. 电路的组成及工作原理

桥式整流电路由变压器和四个二极管组成，如图 9.3 所示。由图(*a*)可见，四个二极管接成了桥式，在四个顶点中，相同极性接在一起的一对顶点接向直流负载 R_L，不同极性接

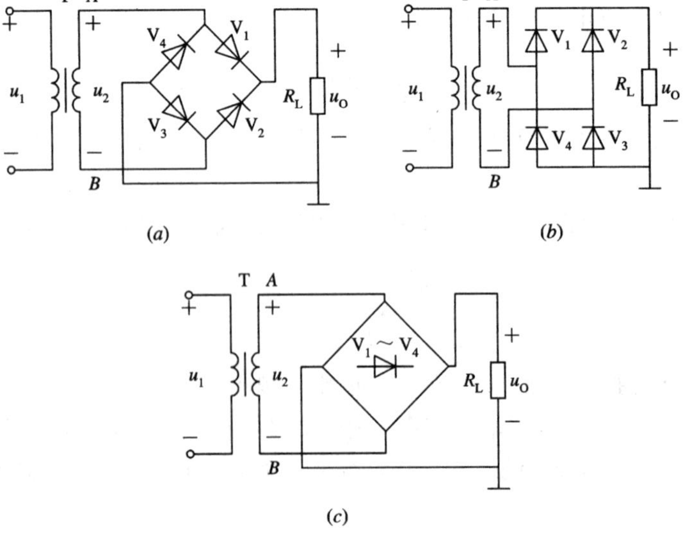

图 9.3　单相桥式整流电路

(*a*) 电路画法一；(*b*) 电路画法二；(*c*) 电路画法三

在一起的一对顶点接向交流电源。

设 $u_2=\sqrt{2}U_2\ \sin\omega t$，当 u_2 为正半周时，A 端电位高于 B 端电位，整流二极管 V_1、V_3 导通，V_2、V_4 截止，电流流向为 A 端→V_1→R_L→V_3→B 端，自上而下流过 R_L，在 R_L 上得到上正下负的电压。当 u_2 为负半周时，A 端电位低于 B 端电位，整流二极管 V_2、V_4 导通，V_1、V_3 截止，电流流向为 B 端→V_2→R_L→V_4→A 端，自上而下流过 R_L，在 R_L 上得到上正下负的电压。这样在 u_2 的整个周期内，都有单向脉动的电压输出。单相桥式电路的电流通路如图 9.4 所示，输出波形如图 9.5 所示。

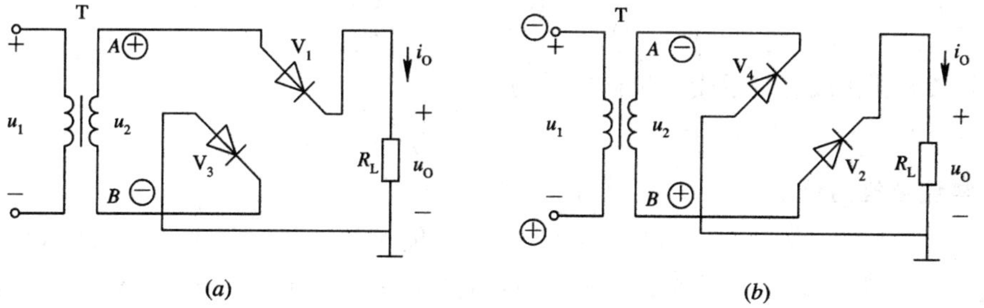

图 9.4　单相桥式电路的电流通路

(a) u_2 为正半周时；(b) u_2 为负半周时

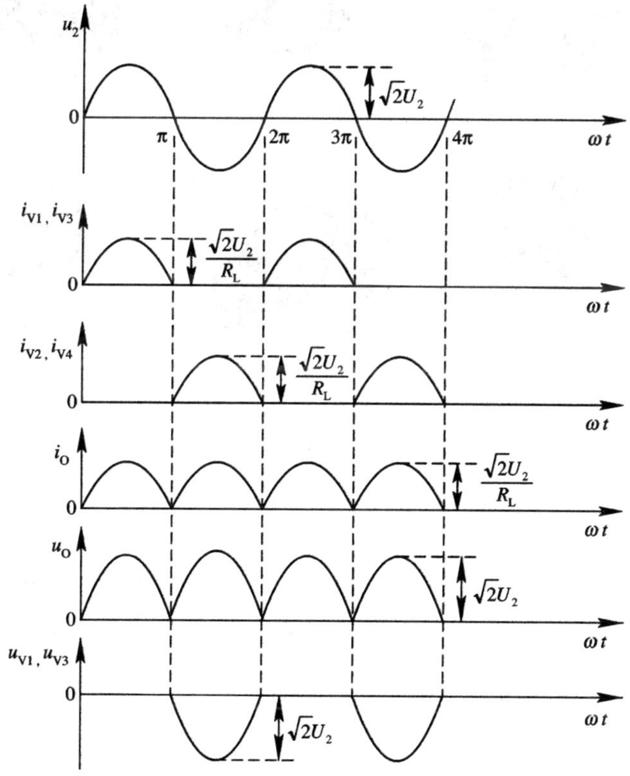

图 9.5　桥式整流电路输出波形图

2. 负载上的直流电压和直流电流

直流电压是指一个周期内脉动电压的平均值，由计算可知

$$U_O = 0.9U_2 \tag{9.4}$$

其中"U_2"为变压器次级正弦电压的有效值。流过负载 R_L 上的电流为

$$I_O = 0.9\frac{U_2}{R_L} \tag{9.5}$$

3. 整流二极管的参数

在桥式整流电路中，因为二极管 V_1、V_3 和 V_2、V_4 在电源电压变化一周内是轮流导通的，所以流过每个二极管的电流都等于负载电流的一半，即

$$I_V = \frac{1}{2}I_O = 0.45\frac{U_2}{R_L} \tag{9.6}$$

每个二极管在截止时承受的反向峰值电压为

$$U_{RM} = \sqrt{2}U_2 \tag{9.7}$$

4. 整流桥堆的认识

桥式整流电路中的四个二极管的极性绝对不能接错，如果其中一个二极管的极性接错，就会导致电路损坏。为了解决这一问题，生产厂家常将整流二极管集成在一起构成桥堆，其内部结构及外形如图 9.6 所示。

(a)

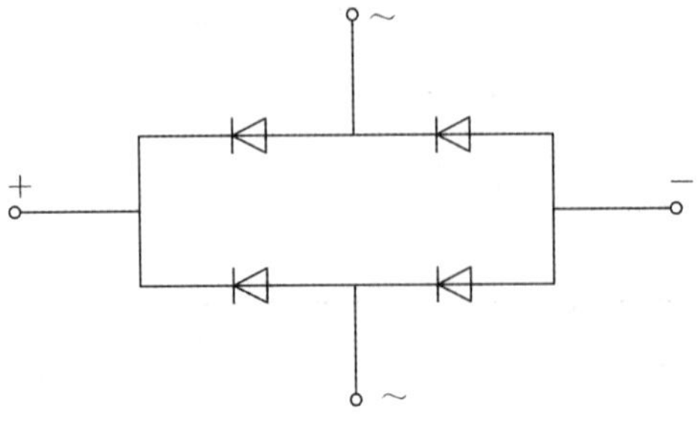

(b)

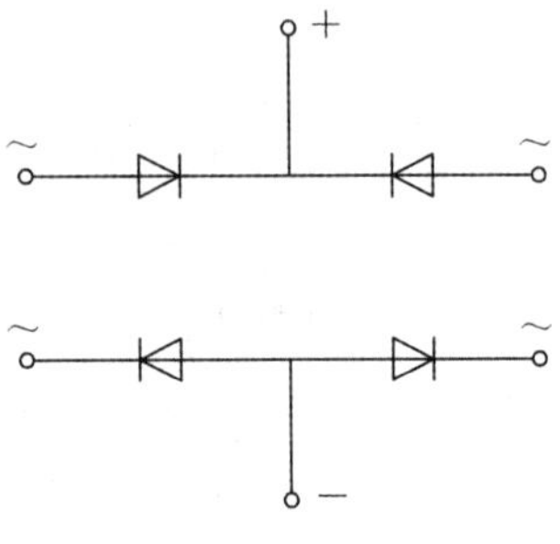

(c)

图 9.6　桥堆实物图及内部结构图

(a) 实物图；(b) 全桥结构图；(c) 半桥结构图

使用一个"全桥"或连接两个"半桥"，就可代替四只二极管与电源变压器相连，组成桥式整流电路，非常方便。选用时，应注意桥堆的额定工作电流和允许的最高反向工作电压应符合整流电路的要求。

此外，生产厂家也将多个二极管串联在一起做成高压整流堆，它的反向工作电压在 9000 V 以上，常见的型号有 2CLxx、2DLxx、2DGLxx 等，可应用在电视机、计算机等高压整流电路中。

例 9.1　已知负载电阻 $R_L = 100\ \Omega$，负载工作电压 $U_O = 45$ V，若采用桥式整流电路（可参见图 9.3），应选择何种型号的硅整流二极管？

解　变压器的次级电压由 $U_O = 0.9U_2$ 可以得到：

$$U_2 = \frac{U_O}{0.9} = \frac{45}{0.9} = 50\ \text{V}$$

加在二极管上的反向峰值电压为

$$U_{RM} = \sqrt{2}U_2 \approx 71\ \text{V}$$

流过二极管的平均电流为

$$I_V = \frac{1}{2}I_O = \frac{1}{2} \cdot \frac{45}{100} = 0.225\ \text{A} = 225\ \text{mA}$$

查手册可知 2CZ54C 二极管可满足要求。

9.2.2　滤波电路

整流电路输出的直流电压脉动大，仅适用于对直流电压要求不高的场合，如电镀、电解等设备。而电子仪器、自动控制装置等设备，则要求直流电压非常稳定。为了获得平滑的直流电压，可采用滤波电路，滤除脉动直流电压中的交流成分。滤波电路常由电容和电感组成。

1. 电容滤波电路

1）电路组成及工作原理

图 9.7(*a*)为单相桥式整流电容滤波电路，它由电容 C 和负载 R_L 并联组成。

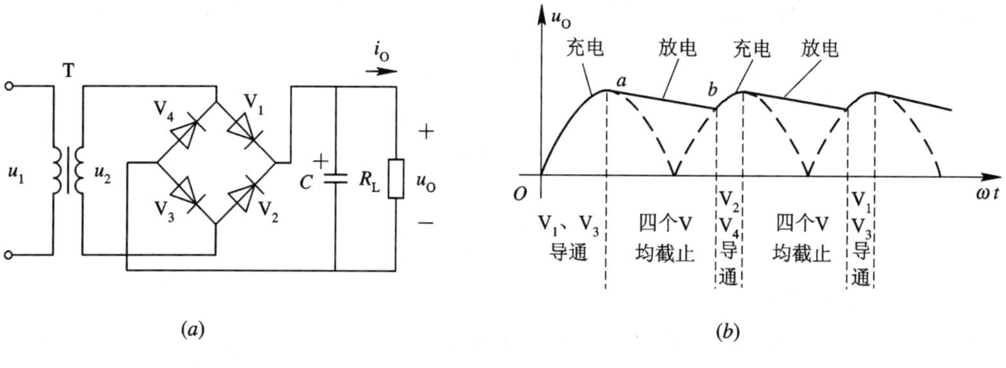

图 9.7　桥式整流电容滤波电路及波形
（*a*）电路；（*b*）波形

其工作原理如下：

当 u_2 的正半周开始时，若 $u_2 > u_C$（电容两端电压），整流二极管 V_1、V_3 因正向偏置而导通，V_2、V_4 因反向偏置而截止，电容 C 被充电，由于充电回路电阻很小，因而充电很快，u_C 和 u_2 变化同步。当 $\omega t=\pi/2$ 时，u_2 达到峰值，C 两端的电压也近似充至$\sqrt{2}U_2$。

当 u_2 由峰值开始下降，使得 $u_2<u_C$ 时，四个二极管均截止，电容 C 向 R_L 放电，由于放电时间常数很大，故放电速度很慢。当 u_2 进入负半周的开始阶段，u_2 的绝对值仍小于 u_C，四个二极管仍处于截止状态，电容 C 继续放电，输出电压也逐渐下降。

当 u_2 负半周的绝对值增加时，使$|u_2|>u_C$，二极管 V_2、V_4 导通，V_1、V_3 截止，电容又再次充电，当 $\omega t=\frac{3}{2}\pi$ 时，u_2 负半周达到峰值，C 两端的电压又充至$\sqrt{2}U_2$。

当 u_2 的第二个周期的正半周到来时，C 仍在放电，直到 $u_2>u_C$ 时，二极管 V_1、V_3 又因正偏而导通，V_2、V_4 又因反偏而截止，电容又再次充电，这样不断重复第一周期的过程。负载上的电压、电流波形如图 9.7(b)所示。

由输出电压波形图可以看出：加滤波电容后二极管的导通角变小了，但输出电压变得平滑了，而且 R_LC 越大，放电越缓慢，输出电压越平滑。

2) 负载上直流电压的计算

负载上直流电压为

$$U_O \approx 1.2U_2 \tag{9.8}$$

3) 元件选择

(1) 电容的选择。滤波电容 C 的大小取决于放电回路的时间常数，R_LC 愈大，输出电压脉动就愈小，通常取 R_LC 为脉动电压中最低次谐波周期的 3～5 倍，即

$$R_LC \geqslant (3\sim5)\frac{T}{2} \tag{9.9}$$

式中 T 为交流电源电压的周期。

在实际使用中也可根据负载电流大小来选取滤波电容的容值，如表 9.1 所示。

表 9.1 负载电流与滤波电容的对应关系

输出电流/A	2 左右	1 左右	0.5～1	0.1～0.5	0.05～0.1	0.05 以下
电容/μF	4000	2000	1000	500	200～500	200

此外，对滤波电容器的选择除了看电容量外，还要看耐压值。一般耐压值取$(1.5\sim2)U_2$。

(2) 整流二极管的选择。

正向平均电流为

$$I_V > \frac{1}{2}I_O \tag{9.10}$$

最大反向工作电压为

$$U_{RM} \geqslant \sqrt{2}U_2 \tag{9.11}$$

4) 电容滤波的特点

电容滤波电路结构简单、输出电压高、脉动小，但在接通电源的瞬间，将产生强大的充电电流，这种电流称为“浪涌电流”；同时，因负载电流太大，电容器放电的速度加快，会使负载电压变得不够平稳，所以电容滤波电路只适用于负载电流较小的场合。

例 9.2 在图 9.7(a)所示的桥式整流电容滤波电路中，若要求输出直流电压为 18 V、电流为 100 mA，试选择滤波电容和整流二极管。

解　(1) 整流二极管的选择。

由式(9.10)可求出通过每个二极管的平均电流为

$$I_V = \frac{1}{2}I_O = \frac{1}{2} \times 100 = 50 \text{ mA}$$

由式(9.8)可得变压器次级电压有效值为

$$U_2 = \frac{1}{1.2}U_O = \frac{1}{1.2} \times 18 = 15 \text{ V}$$

由式(9.11)可得最大反向工作电压为

$$U_{RM} = \sqrt{2}U_2 = 21 \text{ V}$$

查手册，2CZ52A 的参数可以满足要求。

(2) 滤波电容的选择。

由式(9.9)可得

$$C \geqslant \frac{5T}{2R_L} = \frac{5 \times 0.02}{2 \times (18 \div 0.1)} \approx 278 \ \mu\text{F}$$

电容器耐压为

$$(1.5 \sim 2)U_2 = (1.5 \sim 2) \times 15 = 22.5 \sim 30 \text{ V}$$

因而确定选用 330 μF/35 V 的电解电容。

为了帮助大家在实际工作中选用合适的整流滤波电路，现将常用的几种电路列于表 9.2 中，以供大家学习和参考。

2. 电感滤波电路

电感线圈 L 和负载 R_L 的串联电路同样具有滤波作用，电路如图 9.8 所示。

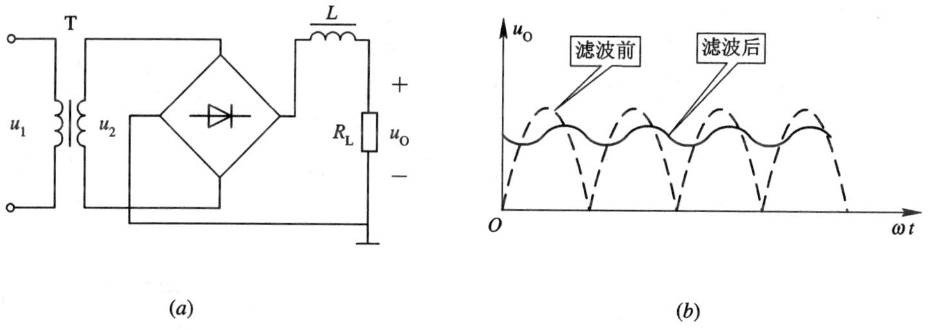

图 9.8　桥式整流电感滤波电路及波形

(a) 电路；(b) 波形

整流滤波输出的电压可以看成由直流分量和交流分量叠加而成。因电感线圈的直流电阻很小，交流电抗很大，故直流分量顺利通过，交流分量将全部降到电感线圈上，这样在负载 R_L 上可以得到比较平滑的直流电压。

电感滤波电路输出的直流电压 U_O 与变压器次级电压的有效值 U_2 之间的关系为

$$U_O = 0.9\,U_2 \tag{9.12}$$

电感线圈的电感量愈大，负载电阻愈小，滤波效果愈好，因此，电感滤波器适用于负载电流较大的场合。其缺点是电感量大、体积大、成本高。

表 9.3 列出了几种常用的滤波电路。

表 9.2　几种整流滤波电路的对比

类型	整流电路		整流滤波电路	
	电路图	计算公式	电路图	计算公式
半波	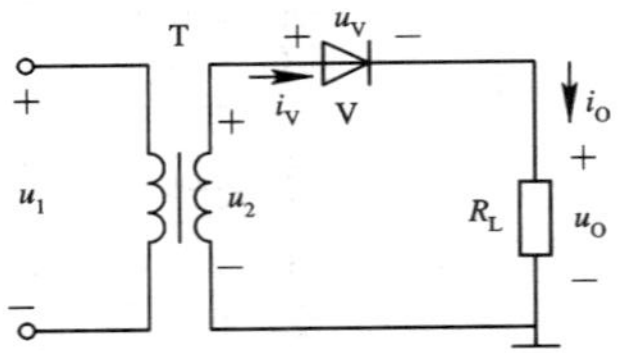	$U_O=0.45U_2$ $I_O=\frac{0.45U_2}{R_L}$ $I_V=\frac{0.45U_2}{R_L}=I_O$ $U_{RM}=\sqrt{2}U_2$	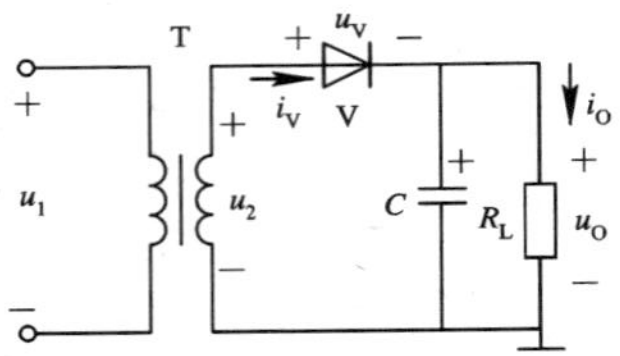	$U_O=U_2$ $I_O=\frac{U_2}{R_L}$ $I_V=\frac{1}{2}I_O$ $U_{RM}=2\sqrt{2}U_2$ $C\geqslant(3\sim5)\frac{T}{R_L}$
全波	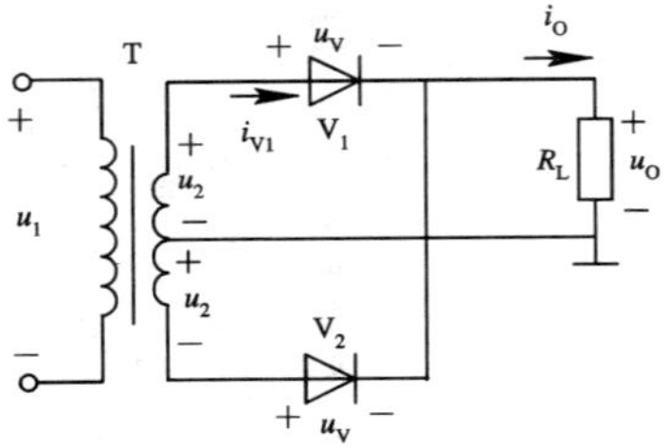	$U_O=0.9U_2$ $I_O=\frac{0.9U_2}{R_L}$ $I_V=\frac{1}{2}I_O=\frac{0.45U_2}{R_L}$ $U_{RM}=2\sqrt{2}U_2$	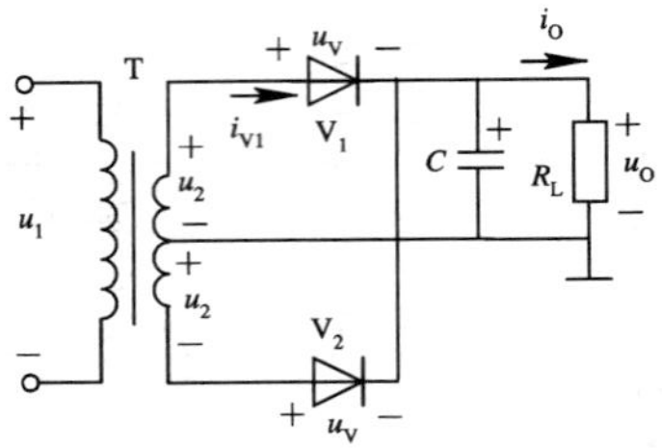	$U_O=1.2U_2$ $I_O=\frac{1.2U_2}{R_L}$ $I_V=\frac{1}{2}I_O$ $U_{RM}=2\sqrt{2}U_2$ $C\geqslant(3\sim5)\frac{T}{2R_L}$
桥式	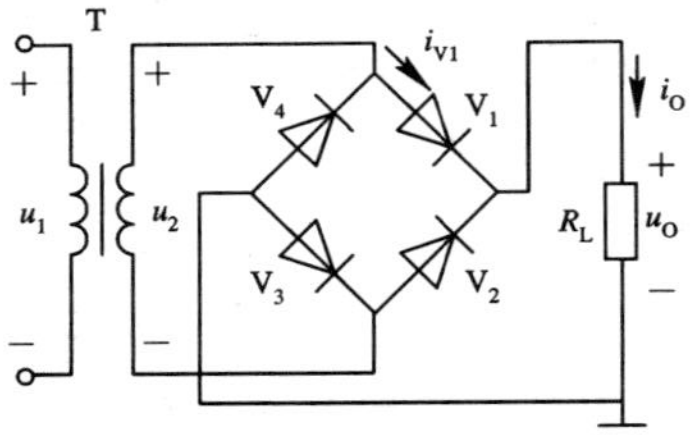	$U_O=0.9U_2$ $I_O=\frac{0.9U_2}{R_L}$ $I_V=\frac{1}{2}I_O=\frac{0.45U_2}{R_L}$ $U_{RM}=\sqrt{2}U_2$	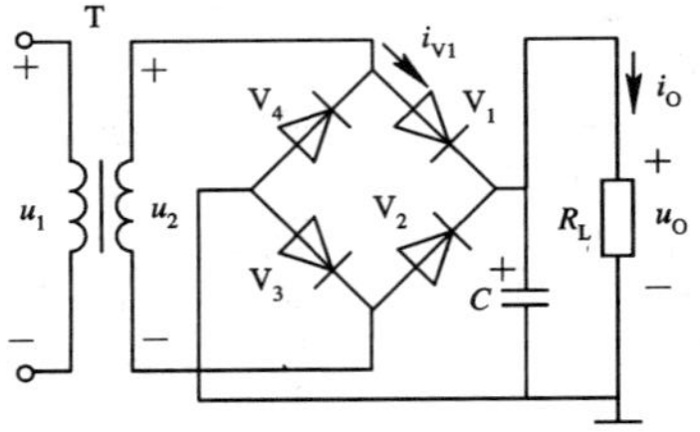	$U_O=1.2U_2$ $I_O=\frac{1.2U_2}{R_L}$ $I_V=\frac{1}{2}I_O$ $U_{RM}=\sqrt{2}U_2$ $C\geqslant(3\sim5)\frac{T}{2R_L}$

表 9.3　几种滤波电路

形式	电　路	优　点	缺　点	使用场合
电容滤波	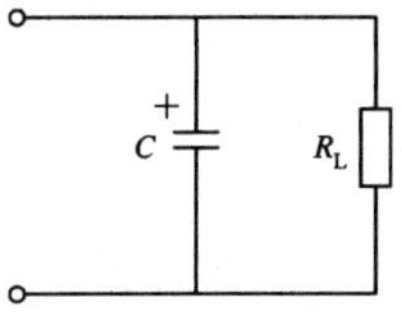	1. 输出电压高； 2. 在小电流时滤波效果较好	1. 负载能力差； 2. 电源接通瞬间因充电电流很大，整流管要承受很大的正向浪涌电流	适宜于负载电流较小的场合
电感滤波	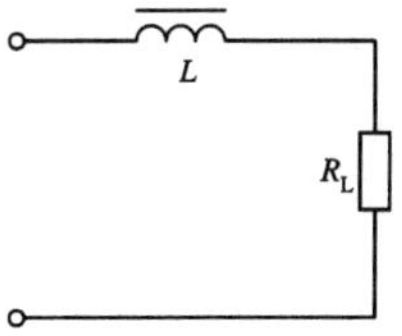	1. 负载能力较好； 2. 对变动的负载滤波效果较好； 3. 整流管不会受到浪涌电流的损害	1. 负载电流大时扼流圈铁芯要很大，才能有较好的滤波作用； 2. 输出电压较低； 3. 变动的电流使电感的反电势可能击穿半导体器件	适宜于负载变动大、负载电流大的场合。在可控整流电路中用得较多
倒L形滤波	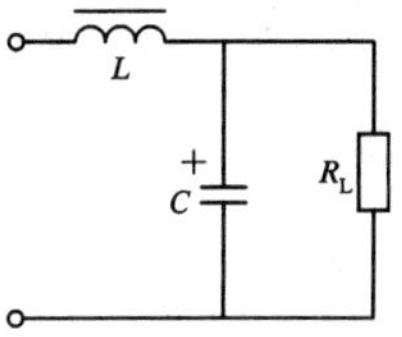	1. 输出电流较大； 2. 负载能力较好； 3. 滤波效果好	电感线圈体积大、成本高	适宜于负载变动大、负载电流较大的场合
Π形LC滤波	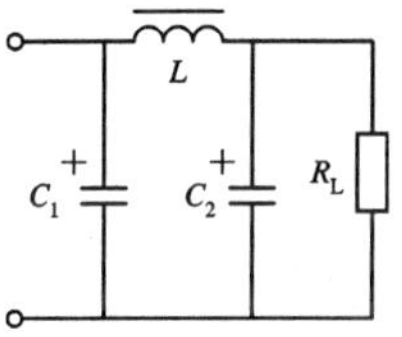	1. 输出电压高； 2. 滤波效果好	1. 输出电流较小； 2. 负载能力差	适宜于负载电流较小、要求稳定的场合
Π形RC滤波	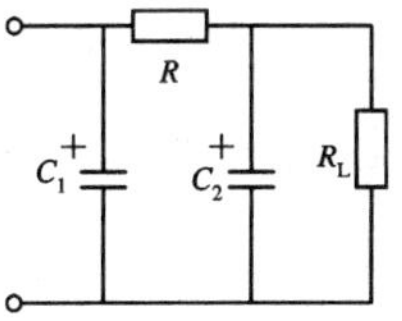	1. 滤波效果较好； 2. 结构简单经济； 3. 能兼起降压限流作用	1. 输出电流较小； 2. 负载能力差	适宜于负载电流小的场合

知识点

1. 整流电路
2. 滤波电路

技能点

1. 整流电路组成的分析及电路图的识记
2. 整流电路工作原理的分析
3. 整流电路负载上直流电压的估算

4. 整流电路二极管参数的选择

5. 电容滤波电路工作原理的分析、负载上直流电压的估算、电容值的选择

6. 电感滤波电路工作原理的分析、负载上直流电压的估算

思考题

1. 说明半波整流、桥式整流和全波整流电路的区别。

2. 滤波电容容量大小能否随意选取？为什么？

3. 在电容滤波的整流电路中，二极管的导通时间为什么变小？

4. 在桥式整流电路中，如果其中有一个二极管的极性接反，试分析电路会出现什么情况。

9.3　硅稳压管稳压电路

1. 电路组成

稳压管稳压电路如图 9.9 所示。由于稳压管 V 和负载 R_L 并联，故称并联型稳压电路。R 为限流电阻，V 工作在反向击穿区。由图 9.9 可知，$U_O=U_I-I_RR=U_Z$，输出电压 U_O 就是稳压管两端的电压 U_Z。

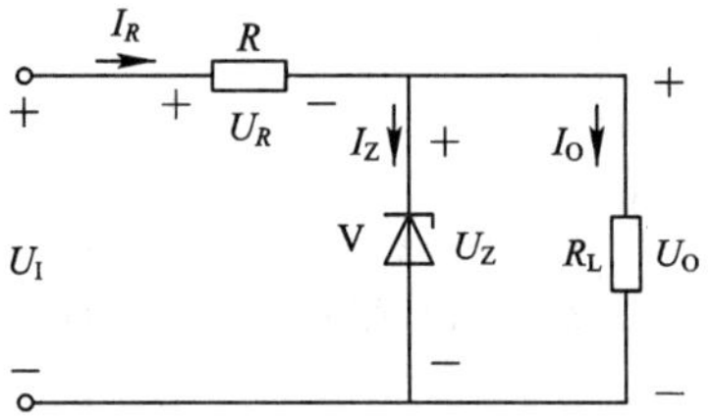

图 9.9　稳压管稳压电路

2. 工作原理

(1) 当稳压电路的输入电压 U_I 保持不变，负载电阻 R_L 增大时，输出电压 U_O 将升高，稳压管两端的电压 U_Z 上升，电流 I_Z 将迅速增大，流过 R 的电流 I_R 也增大，导致 R 上的压降 U_R 上升，从而使输出电压 U_O 下降。

上述工作过程可简单表述如下：

$$R_L\uparrow \longrightarrow U_O\uparrow \longrightarrow I_Z\uparrow \longrightarrow I_R\uparrow \longrightarrow U_R\uparrow$$

$$U_O\downarrow \longleftarrow$$

如果负载 R_L 减小，其工作过程与上述相反，输出电压 U_O 仍保持基本不变。

(2) 当负载电阻 R_L 保持不变，电网电压下降导致 U_I 下降时，输出电压 U_O 也将随之下降，但此时稳压管的电流 I_Z 急剧减小，则在电阻 R 上的压降减小，以此来补偿 U_I 的下降，使输出电压基本保持不变。上述过程可简单表述如下：

$$U_I\downarrow \longrightarrow U_O\downarrow \longrightarrow I_Z\downarrow \longrightarrow I_R\downarrow \longrightarrow U_R\downarrow$$

$$U_O\uparrow \longleftarrow$$

如果输入电压 U_I 升高，R 上压降增大，其工作过程与上述相反，输出电压 U_O 仍保持

基本不变。

由以上分析可知，硅稳压管的稳压原理是利用稳压管两端电压 U_Z 的微小变化，引起电流 I_Z 的较大变化，通过电阻 R 起电压调整作用，保证输出电压基本恒定，从而达到稳压作用。

硅稳压管稳压电路所使用的元器件少，线路简单，但稳压性能差，输出电压受稳压管稳压值限制，而且不能任意调节，输出功率小，一般适用于电压固定、负载电流较小的场合，常用作基准电压源。

3. 元件选择

稳压管稳压电路的设计首先选定输入电压和稳压二极管，然后确定限流电阻 R。

(1) 输入电压 U_I 的确定。考虑电网电压的变化，U_I 可按下式选择：

$$U_I = (2 \sim 3)U_O \tag{9.13}$$

(2) 稳压管的选取。稳压管的参数可按下式选取：

$$U_Z = U_O \tag{9.14}$$

$$I_{Zmax} = (2 \sim 3)I_{Omax} \tag{9.15}$$

(3) 限流电阻的确定。当输入电压 U_I 上升 10%，且负载电流为零(即 R_L 开路)时，流过稳压管的电流不超过稳压管的最大允许电流 I_{Zmax}，即

$$\frac{U_{Imax} - U_O}{R} < I_{Zmax}, \qquad R > \frac{U_{Imax} - U_O}{I_{Zmax}} = \frac{1.1U_I - U_O}{I_{Zmax}} \tag{9.16}$$

当输入电压下降 10%，且负载电流最大时，流过稳压管的电流不允许小于稳压管稳定电流的最小值 I_{Zmin}，即

$$\frac{U_{Imin} - U_O}{R} - I_{Omax} > I_{Zmin}, \quad R < \frac{U_{Imin} - U_O}{I_{Zmin} + I_{Omax}} = \frac{0.9U_I - U_O}{I_{Zmin} + I_{Omax}} \tag{9.17}$$

故限流电阻的选择应按下式确定：

$$\frac{U_{Imax} - U_O}{I_{Zmax}} < R < \frac{U_{Imin} - U_O}{I_{Zmin} + I_{Omax}} \tag{9.18}$$

限流电阻额定功率为

$$P_R \geqslant \frac{(U_{Imax} - U_O)^2}{R} \tag{9.19}$$

知识点

硅稳压管稳压电路

技能点

1. 硅稳压管稳压电路组成的分析及电路图的识记
2. 硅稳压管稳压电路工作原理的分析
3. 硅稳压管稳压电路元件的选择

思考题

设计一硅稳压管并联稳压电路，具体参数为：U_Z=12 V，电网电压变化为±10%，最大负载电流 I_{Omax}=20 mA，最大允许耗散功率为 250 mW，负载电阻 R_L 由开路变到 2 kΩ。

9.4　串联型线性稳压电路

在上节硅稳压管稳压电路中，调整管(硅稳压管)是与负载并联的，我们称之为并联型稳压电路。如果把起电压调整作用的元件与负载串联，而且让调整管工作在线性状态下，就构成了串联型线性直流稳压电源。线性稳压电源具有噪声纹波小、输出稳定、瞬态响应好等优点。

1. 电路组成

串联型线性稳压电路如图 9.10 所示，元件作用如下。

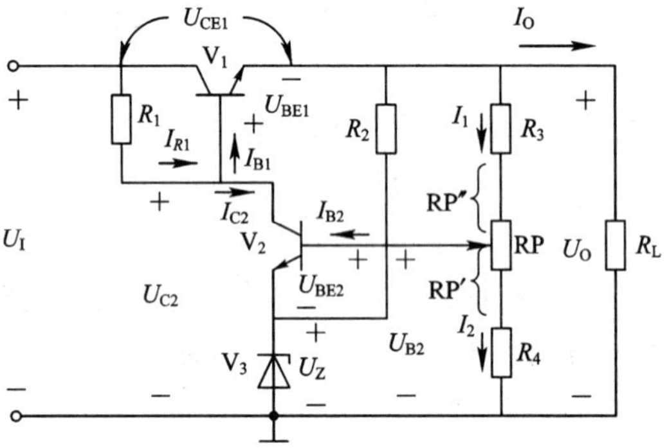

图 9.10　串联型线性稳压电路

R_3、RP 和 R_4 组成取样电路，当输出电压变化时，取样电阻将其变化量的一部分送到比较放大管的基极。基极电压能反映输出电压的变化，称为取样电压。取样电阻不宜太大，也不宜太小，若太大，控制的灵敏度下降，若太小，带负载能力减弱。

R_2、V_3 为基准电路，给 V_2 发射极提供一个基准电压，R_2 为限流电阻，用以保证 V_3 有一个合适的工作电流。

V_2 是比较放大管，R_1 既是 V_2 的集电极负载电阻。又是 V_1 的基极偏置电阻。比较放大管的作用是将输出电压的变化量先放大，然后加到调整管的基极，控制调整管工作，提高控制的灵敏度和输出电压的稳定性。

V_1 是调整管，它与负载串联，故称此电路为串联型线性稳压电路。调整管 V_1 受比较放大管的控制，工作在放大状态，集、射间相当于一个可变电阻，用来抵消输出电压的波动。

综上所述，串联型线性稳压电源一般由四部分组成，即取样电路、基准电路、比较放大电路和调整元件，电路组成框图如图 9.11 所示。

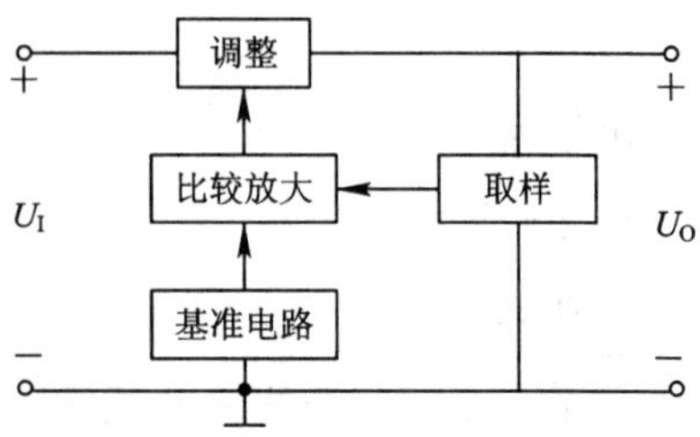

图 9.11　串联型稳压电源框图

2. 工作原理

(1) 当负载 R_L 不变，输入电压 U_I 减小时，输出电压 U_O 有下降趋势，通过取样电阻的分压使比较放大管的基极电位 U_{B2} 下降，而比较放大管的发射极电压不变($U_{E2}=U_Z$)，因此 U_{BE2} 也下降，于是比较放大管导通能力减弱，U_{C2} 升高，调整管导通能力增强，调整管 V_1

集、射之间的电阻 R_{CE1} 减小，管压降 U_{CE1} 下降，使输出电压 U_O 上升，保证了 U_O 基本不变。上述稳压过程表示如下：

$$U_I\downarrow \to U_O\downarrow(\text{下降趋势})\to U_{B2}\downarrow \xrightarrow{U_{E2}\text{不变}} U_{BE2}\downarrow \to U_{C2}\uparrow(U_{B1}\uparrow)\to R_{CE1}\downarrow \to U_{CE1}\downarrow$$

$$\xrightarrow{U_O=U_I-U_{CE1}} U_O\uparrow$$

当输入电压增大时，稳压过程与上述过程相反。

(2) 当输入电压 U_I 不变，负载 R_L 增大时，输出电压 U_O 有增长趋势，则电路将产生下列调整过程：

$$R_L\uparrow \to U_O\uparrow \to U_{BE2}\uparrow \to U_{C2}\downarrow(U_{B1}\downarrow)\to R_{CE1}\uparrow \to U_{CE1}\uparrow$$

$$\xrightarrow{U_O=U_I-U_{CE1}} U_O\downarrow$$

当负载 R_L 减小时，稳压过程与上述过程相反。

由此看出，稳压的过程实质上是通过负反馈使输出电压维持稳定的过程。

3. 输出电压计算

图 9.10 所示稳压电路中有一个电位器 RP 串接在 R_3 和 R_4 之间，可以通过调节 RP 来改变输出电压 U_O。设计这种电路时要满足 $I_2 \gg I_{B2}$，因此，可以忽略 I_{B2}，$I_1 \approx I_2$，则

$$U_{B2} = U_O \cdot \frac{R_4 + R_{RP'}}{R_3 + R_{RP} + R_4}$$

$$U_O = U_{B2} \cdot \frac{R_3 + R_{RP} + R_4}{R_4 + R_{RP'}} = (U_Z + U_{BE2}) \cdot \frac{R_3 + R_{RP} + R_4}{R_4 + R_{RP'}} \tag{9.20}$$

式中，U_Z 为稳压管的稳压值，U_{BE2} 为 V_2 发射结电压，$R_{RP'}$ 为图 9.10 中电位器滑动触点下半部分的电阻值。

当 RP 调到最上端时，输出电压为最小值，即

$$U_{Omin} = (U_Z + U_{BE2}) \cdot \frac{R_3 + R_{RP} + R_4}{R_{RP} + R_4} \tag{9.21}$$

当 RP 调到最下端时，输出电压为最大值，即

$$U_{Omax} = (U_Z + U_{BE2}) \cdot \frac{R_3 + R_{RP} + R_4}{R_4} = \left(1 + \frac{R_3 + R_{RP}}{R_4}\right)(U_Z + U_{BE2}) \tag{9.22}$$

例 9.3　如图 9.10 所示，已知 $R_3 = 560\ \Omega$，$R_{RP} = 680\ \Omega$，$R_4 = 1000\ \Omega$，$U_Z = 7\ \text{V}$，$U_{BE2} = 0.6\ \text{V}$，求输出电压调整范围。

解　由式(9.21)得

$$U_{Omin} = (7 + 0.6) \times \frac{560 + 680 + 1000}{680 + 1000} = 7.6 \times \frac{2240}{1680} \approx 10\ \text{V}$$

由式(9.22)得

$$U_{Omax} = (7 + 0.6) \times \left(1 + \frac{560 + 680}{1000}\right) = 7.6 + 7.6 \times \frac{124}{100} \approx 17\ \text{V}$$

知识点

串联型线性稳压电源

技能点

1. 串联型线性稳压电源电路组成的分析

2. 串联型线性稳压电源工作原理的分析

3. 串联型线性稳压电源输出电压的计算

思考题

1. 图 9.10 中 V_3 稳压值对输出电压的影响如何？若 V_3 开路或短路，输出电压将如何变化？

2. 直流稳压电源有哪些质量指标？它们是如何定义的？

3. 画出串联型稳压电源框图，并说明各单元的作用。

9.5　三端集成稳压器

随着电子技术的发展，人们已经把调整电路、取样电路、基准电路、启动电路及保护电路集成在一块硅片上构成集成稳压电路。它完整的功能体系、健全的保护电路、安全可靠的工作性能，给稳压电源的制作带来了极大方便。使用者可根据电路要求，参阅相关资料即可正确地使用集成稳压器。

集成稳压器的种类繁多，按照输出电压是否可调，可分为固定式和可调式；按照输出电压的正、负极性，可分为正稳压器和负稳压器；按照引出端子，可分为三端和多端稳压器。

下面主要介绍几种三端集成稳压器。

9.5.1　三端固定式集成稳压器

1. 三端固定式集成稳压器的外形及引脚排列

三端固定式集成稳压器的外形及引脚排列如图 9.12 所示。由于它只有输入、输出和公共地端三个端子，故称为三端稳压器。

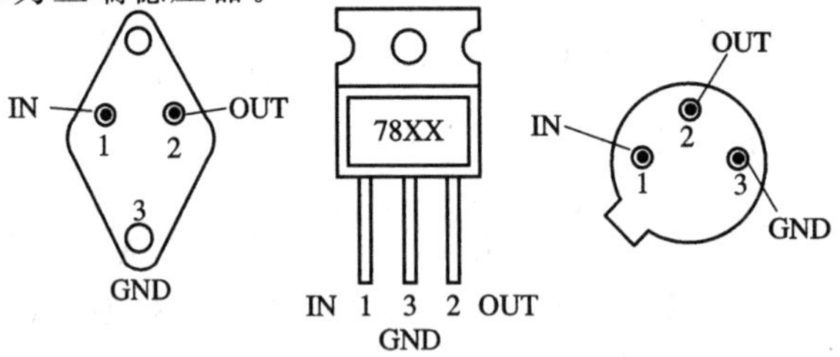

(*a*)

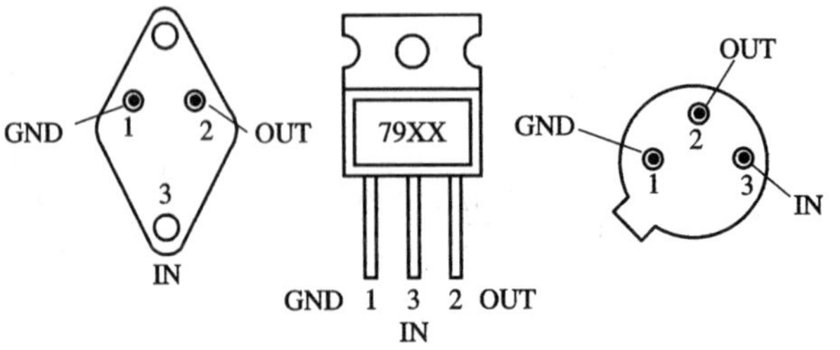

(*b*)

图 9.12　三端固定式集成稳压器的外形及引脚排列

(*a*) 78 系列；(*b*) 79 系列

2. 三端固定式集成稳压器的型号组成及其意义

三端固定式集成稳压器的型号组成及其意义见图 9.13。

具体参数见附录十四。

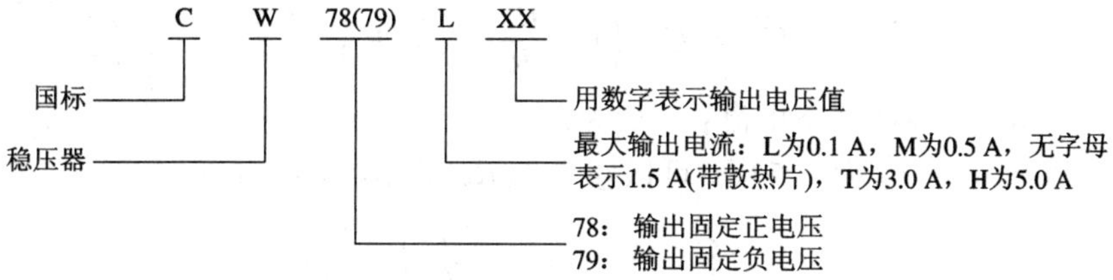

图 9.13　三端固定式集成稳压器的型号组成及其意义

国产的三端固定集成稳压器有 CW78XX 系列(正电压输出)和 CW79XX 系列(负电压输出)，其输出电压有±5 V、±6 V、±8 V、±9 V、±12 V、±15 V、±18 V、±24 V，最大输出电流有 0.1 A、0.5 A、1 A、1.5 A、2.0 A、3.0 A、5.0 A 等。

3. 三端固定式集成稳压器的应用

1) 固定输出稳压器

在实际中，可根据所需输出电压、电流，选用符合要求的 CW78XX 系列产品，如某型号电视机电源的正常工作电流为 0.8 A，工作电压为 12 V，根据附录十四，可选 CW7812。它的输出电流可达 1.5 A，最大输入电压允许为 36 V，最小输入电压允许为 14 V，输出电压为 12 V。

该电视机电源电路如图 9.14 所示。在图中，C_1 为滤波电容，C_2 的作用是旁路高频干扰信号，C_3 的作用是改善负载瞬态响应。

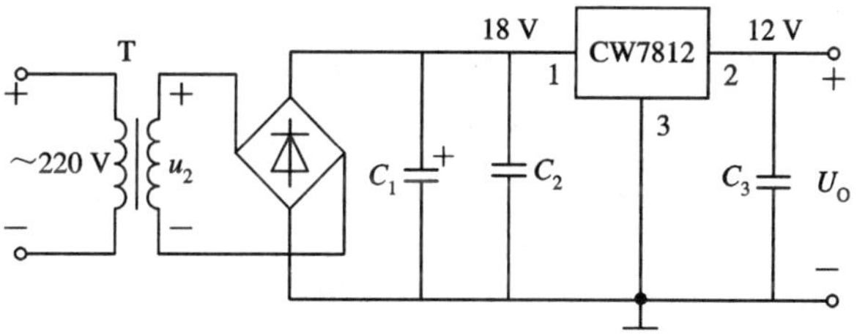

图 9.14　某型号电视机电源电路图

2) 用于提高输出电压

如果需要输出电压高于三端稳压器输出电压，可采用图 9.15 所示电路。

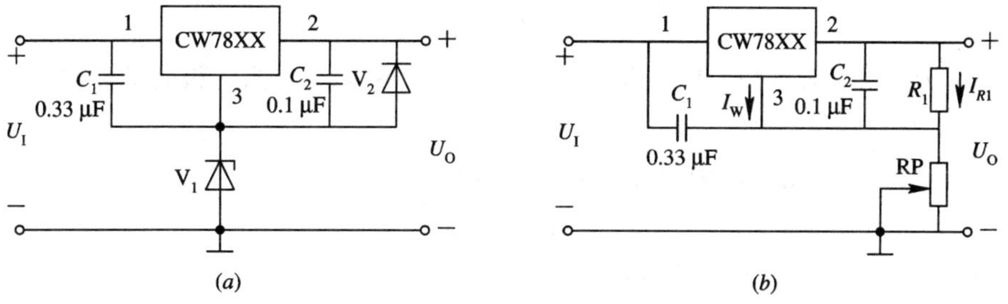

图 9.15　提高输出电压的接线图

由图 9.15(*a*)可知：

$$U_O = U_{XX} + U_Z \tag{9.23}$$

式中，U_{XX}为集成稳压器的输出电压；U_Z 为稳压管的稳压值。

由图 9.15(b)可知：

$$U_O = U_{XX}\left(1+\frac{R_{RP}}{R_1}\right)+I_W R_{RP}$$

式中，I_W 为三端稳压器的静态电流，一般为几毫安。

若流过 R_1 的电流 I_{R1}大于 $5I_W$，可以忽略 $I_W R_{RP}$的影响，则有

$$U_O \approx U_{XX}\left(1+\frac{R_{RP}}{R_1}\right) \tag{9.24}$$

通过调整 RP 可得到所需电压，但它的电压可调范围小。

3) 用于提高输出电流

当负载电流大于三端稳压器输出电流时，可采用图 9.16 所示电路。

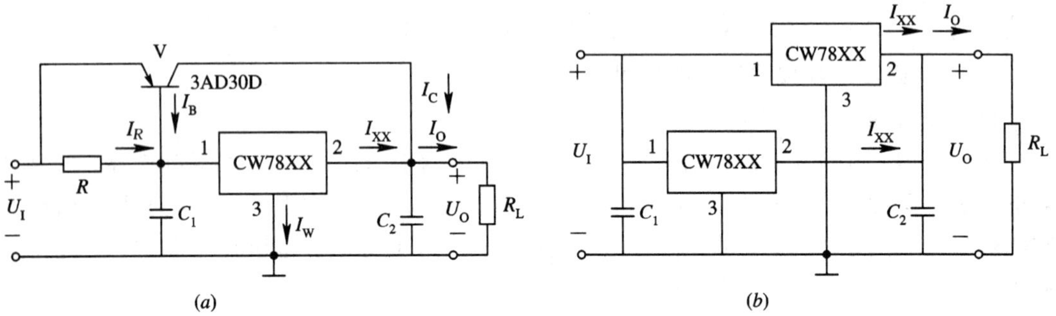

图 9.16　提高输出电流的电路

由图 9.16(a)可知：

$$I_O = I_{XX} + I_C$$

$$I_{XX} = I_R + I_B - I_W$$

$$I_O = I_R + I_B - I_W + I_C$$

$$= \frac{U_{EB}}{R} + \frac{1+\beta}{\beta}I_C - I_W \tag{9.25}$$

由于 $\beta \gg 1$，且 I_W 很小，可忽略不计，所以

$$I_O \approx \frac{U_{EB}}{R} + I_C$$

$$R \approx \frac{U_{EB}}{I_O - I_C} \tag{9.26}$$

式中，R 为 V 提供偏置电压，具体数据可由式(9.26)决定；U_{EB}为三极管的发射结压降，锗管为 0.3 V，硅管为 0.7 V。

图 9.16(b)中，输出电流为单片三端稳压器的两倍，即

$$I_O = 2I_{XX} \tag{9.27}$$

4) 具有正、负电压输出的稳压电源

图 9.17 所示为正、负对称的稳压电路。由图可知，电源变压器带有中心抽头并接地，输出端得到大小相等、极性相反的电压。

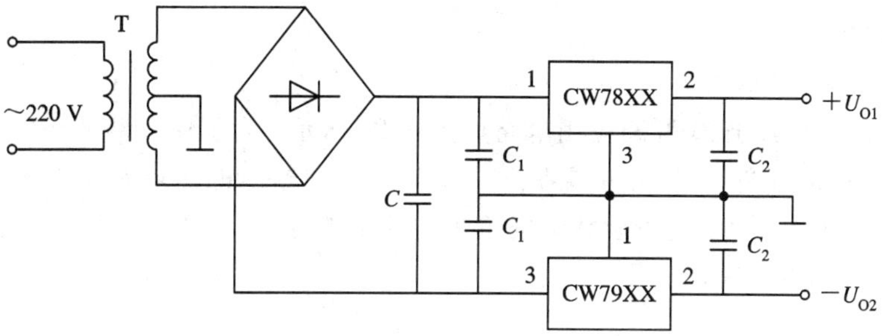

图 9.17　正、负对称的稳压电路

9.5.2　三端可调集成稳压器

为了得到可调输出电压值，在 CW78XX 系列和 CW79XX 系列固定输出式稳压器的基础上，现已研制、生产出输出电压可连续调整的三端稳压器。它克服了固定三端稳压器输出电压不可调的缺点，继承了三端固定式集成稳压器的诸多优点。

1. 可调集成稳压器的类型及型号意义

三端稳压器按输出电压可分为正电压输出 CW317(CW117、CW127)和负电压输出 CW337(CW137)两大类。按输出电流的大小，每个系列又分为 L 型、M 型等。其性能参数见附录十五。

三端可调集成稳压器的型号由五部分组成，其意义如图 9.18 所示。

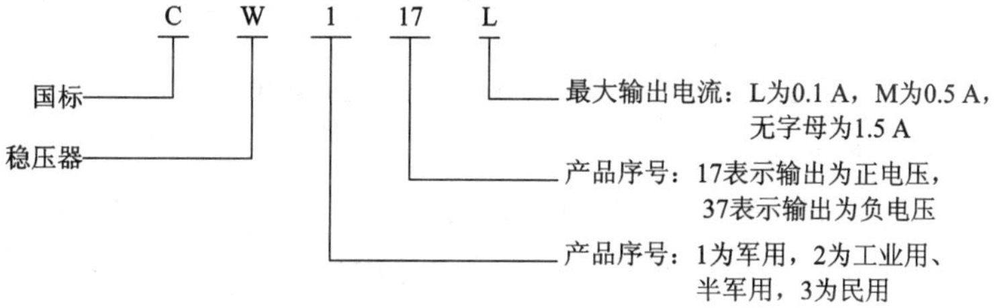

图 9.18　可调集成稳压器的型号组成及其意义

国外三端可调集成稳压器的型号只是将“CW”替换为其公司的代号，例如标号为“LM317”“LM337”等。

2. 外形及引脚的功用

三端可调集成稳压器 CW317(LM317)和 CW337(LM337)是一种悬浮式串联调整稳压器，它们的外形如图 9.19 所示。

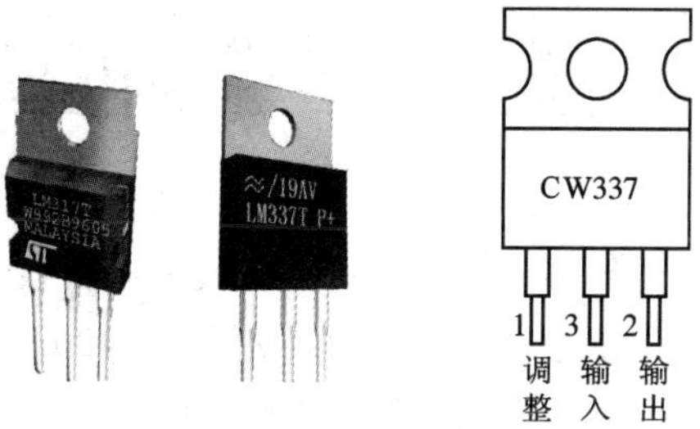

(a)　(b)

图 9.19　CW317 和 CW337 外形图

(a) 实物图；(b) 正面示意图及引脚功能

3. 典型应用

1）连续可调式应用电路

CW317 和 CW337 连续可调应用电路如图 9.20 所示。为了使电路能正常工作，一般输出电流不小于 5 mA。输入电压范围在 2～40 V 之间，输出电压可在 1.25～37 V 之间调整，负载电流可达 1.5 A。由于调整端的输出电流非常小(50 μA)且恒定，故可将其忽略，那么输出电压可用下式表示：

$$U_O \approx \left(1+\frac{R_{RP}}{R_1}\right)\times 1.25\ \text{V} \tag{9.28}$$

式中：1.25 V 是集成稳压器输出端与调整端之间的固定参考电压 U_{REF}，R_1 一般取值 120～240 Ω(此值保证稳压器在空载时也能正常工作)，调节 RP 可改变输出电压的大小(RP 的取值视 R_L 和输出电压的大小而定)。

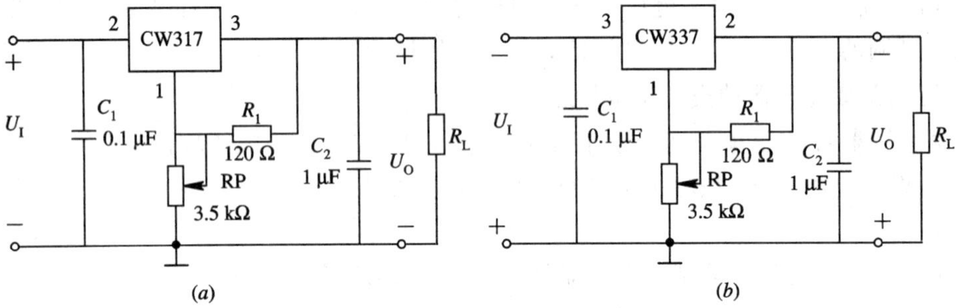

图 9.20　CW317 和 CW337 连续可调应用电路

2）分段可调式应用电路

在电子电路中，常用的直流电压系列值有 1.5 V/3 V/5 V/6 V/9 V/12 V 等。为了使用方便，可以将 CW317/337 可调式稳压器连接为分段可调式稳压电路，其电路如图 9.21 所示。

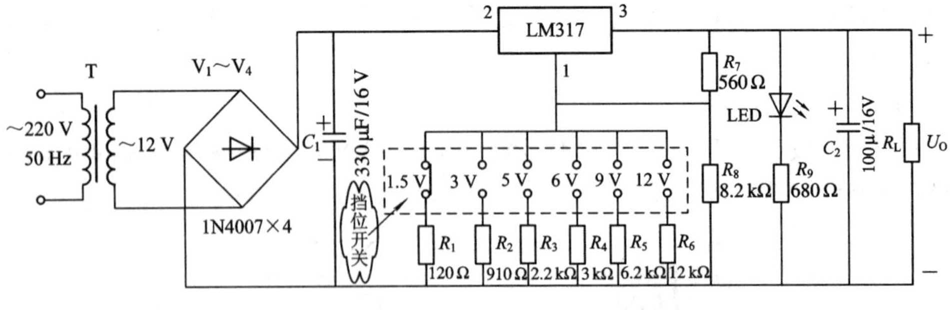

图 9.21　W317 分段可调式应用电路

在图 9.21 中，T 为电源变压器，它将 220 V 交流电压变换为所需要的 12 V 交流电压；V_1～V_4 为四个整流二极管，在该电路中，采用了四个 1N4007 组成桥式整流电路，完成将交流电变换为直流电的任务；C_1 是用来进行滤波的；LM317 是该电路中的核心元件，用来进行稳压；R_7 用来保证稳压器在空载时也能正常工作；挡位开关选用的是能够实现六个挡位转换的波段开关，可以分别接通 $R_1/R_2/R_3/R_4/R_5/R_6$，从而实现 1.5 V/3 V/5 V/6 V/9

V/12 V输出电压的转换；R_8 用来防止转换过程中挡位开关在输出端产生瞬间高压；C_2 主要用来为负载提供瞬间电流（当负载变化时），从而保证输出电压更加平稳；LED 和 R_9 是输出电压显示电路，当该电路输出电压正常工作时，LED 发光（说明：该电路在输出 1.5 V 时，LED 只能发出微弱的光甚至不发光，电路是否正常工作，需用万用表来检测）；R_L 为接在输出端的负载电阻。

在图 9.21 电路中，若将 LM317 更换为 LM337，四个整流二极管、C_1、C_2、LED 的正负极分别调换位置，该电路就变成可以输出负电压的电路了。

9.5.3　三端集成稳压器的使用注意事项

三端集成稳压器的使用注意事项包括：

（1）三端集成稳压器的输入、输出和接地端绝不能接错，不然容易烧坏。

（2）一般三端集成稳压器的最小输入、输出电压差约为 2 V，否则不能输出稳定的电压。一般应使电压差保持在 4～5 V，即经变压器变压、二极管整流、电容器滤波后的电压应比稳压值高一些。

（3）在实际应用中，应在三端集成稳压电路上安装足够大的散热器（当然小功率的条件下不用），这是因为当稳压器温度过高时，稳压性能将变差，甚至损坏。

（4）当需要一个能输出 1.5 A 以上电流的稳压电源时，通常将多块三端稳压电路并联起来，使其最大输出电流为 N 个 1.5 A。但应用时需注意，并联使用的集成稳压电路应采用同一厂家、同一批号的产品，以保证参数的一致性。另外，在输出电流上应留有一定的裕量，以避免个别集成稳压电路失效时导致其他电路连带被烧毁。

知识点

1. 三端集成稳压器
2. 三端固定式集成稳压器
3. 三端可调式集成稳压器

技能点

1. 三端固定式集成稳压器应用电路的分析及输出电压的计算
2. 三端可调式集成稳压器应用电路的分析及输出电压的计算
3. 根据型号区分三端集成稳压器的类型
4. 常用三端集成稳压器外形及引脚的识记

思考题

1. 说明提高 CW78XX 系列集成稳压器输出电压的具体方法。
2. 由 CW78XX 参数表分析稳压器最小输入电压与输出电压的大小，得出最小输入、输出电压差值。
3. 为什么在图 9.21 中，当挡位开关在 1.5 V 时，LED 只会发出微弱的光甚至不发光？
4. 试列举生活中你见过的稳压器。

9.6　开关稳压电源

由上节分析可知，串联型稳压电源的调整管工作在线性放大区，通常集射极电压大于

3 V以上，因此管耗大($P_{CM}=U_{CE}I_C$)，电源效率较低(40%～60%)。为了克服上述缺点和提高输出电压范围，可采用开关稳压电源，使调整管工作在开关状态，即调整管工作在饱和和截止两种状态。饱和时U_{CE}趋近于0 V，截止时I_C趋近于0 A，故管耗很小，电源效率可提高到80%～90%，同时还可以省去电源变压器，因而使整个电源体积更小，重量更轻，更易于加各种保护电路。目前开关稳压电源已广泛应用在计算机、通信及音像设备中。

1. 开关稳压电源结构框图

开关稳压电源结构框图如图9.22所示。它由六部分组成，其中，取样电路、比较放大电路、基准电路，在组成及功能上都与普通的串联型稳压电路相同；不同的是增加了开关时间控制器、开关调整管和滤波器等电路。

新增部分的功能如下。

(1) 开关调整管：在开关脉冲的作用下，使调整管工作在饱和或截止状态，输出断续的脉冲电压，如图9.23所示。开关调整管采用大功率管。

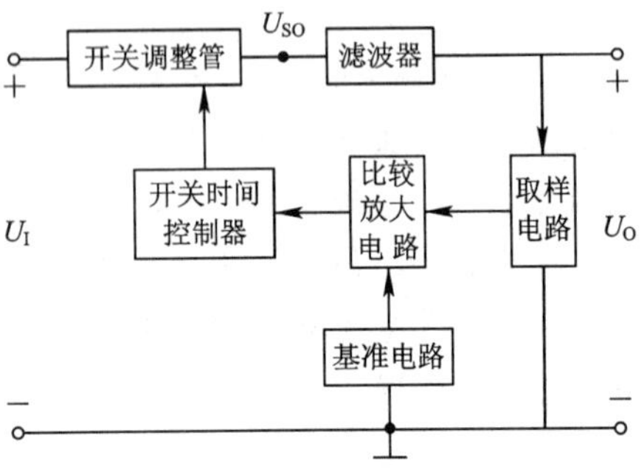

图9.22　开关稳压电源结构框图

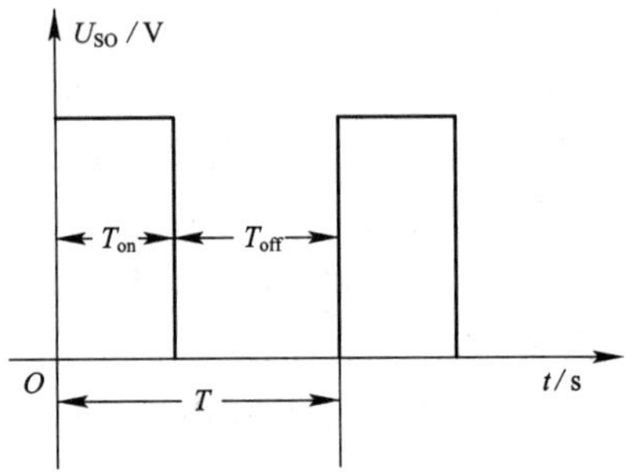

图9.23　脉冲电压U_{SO}波形

设闭合时间为T_{on}，断开时间为T_{off}，则工作周期为$T=T_{on}+T_{off}$。负载上得到的电压为

$$U_O=\frac{U_I\times T_{on}+0\times T_{off}}{T_{on}+T_{off}}=\frac{T_{on}}{T}\times U_I \tag{9.29}$$

式中，T_{on}/T称为占空比，用δ表示，即在一个通断周期T内，脉冲持续导通时间T_{on}与周期T之比值。改变占空比的大小就可改变输出电压U_O的大小。

(2) 滤波器：把矩形脉冲变成连续的平滑直流电压U_O。

(3) 开关时间控制器：控制开关管导通时间长短，从而改变输出电压高低。

开关稳压电源有多种形式。按负载与储能电感的连接方式划分，有串联式和并联式开关电路；按不同的控制方式划分，有固定频率调宽式和固定脉宽调频式开关电路；按不同激励方式划分，有自激和它激式开关电路。下面仅介绍串联型开关稳压电路。

2. 串联型开关稳压电路的工作原理

串联型开关稳压电路如图9.24所示。

串联型开关稳压电路由开关管V_1、滤波储能电路(包括电感L、电容C和续流二极管V_2)、取样电路(包括R_1、R_2)、基准电压、比较器A_2、三角波发生器及脉冲调宽电压比较器A_1组成。三角波发生器及脉冲调宽电压比较器构成开关时间控制器。

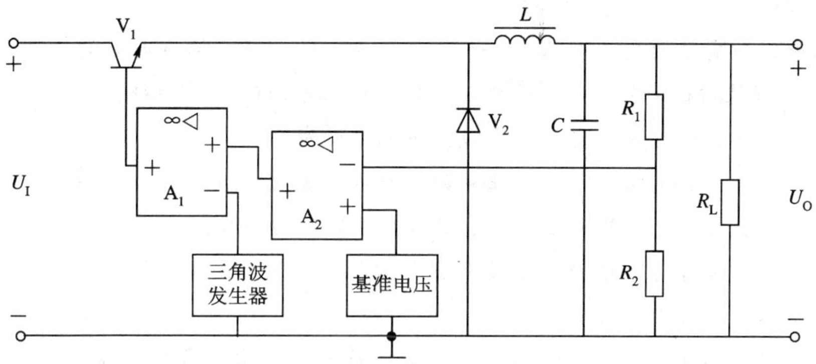

图 9.24 串联型开关稳压电路

1）滤波储能电路的工作过程

当 V_1 饱和导通时，由于电感 L 的存在，流过 V_1 的电流线性增加，线性增加的电流给负载 R_L 供电的同时也给 L 储能(L 上产生左“正”右“负”的感应电动势)，V_2 截止。

当 V_1 截止时，由于电感 L 中的电流不能突变(L 中产生左“负”右“正”的感应电动势)，V_2 导通，于是储存在电感上的能量逐渐释放并提供给负载，使负载继续有电流通过，因而 V_2 称为续流二极管。电容 C 起滤波作用，当电感 L 中的电流增大或减小时，电容储存过剩电荷或补充负载中缺少的电荷，从而减小输出电压 U_O 的纹波。

2）电路的稳压工作过程

当输入直流电压或负载电流变化而引起输出电压发生变化时，取样电路将输出电压变化量的一部分送到比较放大电路，与基准电压进行比较并将两者的差值放大后送到脉冲调制电路，使脉冲的占空比 δ 发生变化。此脉冲信号作为开关调整管的输入信号，使调整管导通和截止时间的比例随之发生变化，从而使滤波以后输出电压的平均值基本保持不变。

知识点

1. 开关稳压电源的组成框图
2. 开关稳压电源的工作原理

技能点

1. 开关稳压电源的组成框图的识记
2. 开关稳压电源工作原理的分析

思考题

1. 什么叫占空比？占空比的大小对输出电压有什么影响？
2. 试比较开关稳压电源与串联型稳压电源的异同点。

本 章 小 结

稳压电源的种类很多。它们一般由变压器、整流器、滤波器和稳压电路等四部分组成。稳压电源的输出电压不受电网、负载及温度变化的影响，为各种精密电子仪表和家用电器正常工作提供能源保证。

(1) 无论何种类型的稳压电源，都必须输出稳定的电压。稳压电源的主要技术指标包括特性指标和质量指标，它们从不同角度反映了稳压电源的工作特征。

(2) 整流滤波电路可以将交流电变成平滑的直流电。

(3) 硅稳压管稳压电路利用硅稳压管的稳压特性来实现负载两端电压稳定。这种电路只适用于输出电流较小、输出电压固定、稳压要求不高的场合。

(4) 晶体管串联型稳压电源由于带有负反馈放大环节，故输出电压稳定且可在一定范围内调整，输出电流较大，但效率不高。

(5) 三端稳压器既有固定式和可调式，又有正电压输出和负电压输出，使用方便，性能稳定。

(6) 开关电源的调整管工作在开关状态。它具有体积小、效率高、稳压范围宽等优点。但它的高频泄漏较大，对周围电路有影响。

习　题

9.1　填空题。

(1) 直流稳压电源一般由________、________、________和________组成。

(2) 稳压电源的主要技术指标包括__________和__________。

(3) 纹波电压是指________________________。

(4) 图 9.10 中 RP 的作用是________，R_2 的作用是________，V_3 的作用是________。

(5) 串联型稳压电源输出电压调整范围表达式是________。

(6) W78XX 系列三端稳压器各引脚功能是：① 脚________；②脚________；③脚________。

(7) 占空比是指____________________。

(8) 开关电源的类型按不同的控制方式划分为________和________。

9.2　选择正确答案填空。

(1) 整流滤波得到的电压在负载变化时，是________的。

A. 稳定　　B. 不稳定　　C. 不一定

(2) 稳压电路就是当电网电压波动、负载和温度发生变化时，使输出电压__________的电路。

A. 恒定　　B. 基本不变

(3) 并联型稳压电路指稳压元件与负载____________。

A. 串联　　B. 并联

(4) 稳压电源的主要技术指标是________________。

A. 特性与质量指标　　B. 输出电流与电压　　C. 稳压和温度系数

(5) W78XX 系列和 W79XX 系列引脚对应关系应为________。

A. 一致

B. ①脚与③脚对调，②脚不变

C. ①、②脚对调

（6）三端稳压电源输出负电压并可调的是__________。

A. CW79XX 系列　　B. CW337 系列　　C. CW317 系列

（7）串联型开关稳压电源中，______________。

A. 开关管截止时，续流二极管提供的电流方向和开关管导通时一样

B. 开关管和续流二极管同时导通

C. 开关管间断导通，续流二极管持续导通

9.3　列表说明 CW78XX 系列、CW79XX 系列、CW337 及 CW317 三端稳压器的各引脚功能。

9.4　找一张家用电器电路图，分析其电源部分工作原理。

9.5　试设计一个桥式整流电容滤波的硅稳压管并联稳压电源，具体参数指标为：输出电压 U_O=6 V，电网电压波动范围为±10%，负载电阻 R_L 由 1 kΩ 到∞。如何选定稳压管及限流电阻？

9.6　题 9.6 图所示为串联型直流稳压电源，已知 2CW13 的稳压值 U_Z=6 V，各晶体管的 U_{BE} 取 0.3 V。

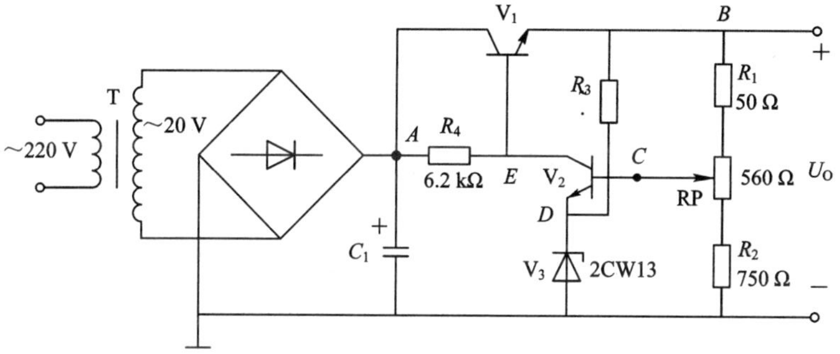

题 9.6 图

（1）求输出电压的调节范围；

（2）当电位器调到中间位置时，估算 A、B、C、D、E 各点电压值；

（3）当电网电压升高或降低时，试说明上列各点电位的变化趋势和稳压原理。

9.7　220 V、50 Hz 的交流电压经降压变压器给桥式整流电容滤波电路供电，要求输出直流电压为 24 V，电流为 400 mA。试选择整流二极管的型号、变压器次级电压的有效值及滤波电容器的规格。

9.8　电路如图 9.7(*a*)所示，已知变压器次级电压的有效值 U_2=18 V，R_L=50 Ω，C=1000 μF，现用直流电压表测量输出电压 U_O，问：出现下列几种情况时，其 U_O 各为多大？

（1）正常工作时，U_O=(　　　) V；

（2）C 断开时，U_O=(　　　) V；

（3）V_1 断开时，U_O=(　　　) V；

（4）V_1 及 C 断开时，U_O=(　　　) V；

(5) 负载电阻 R_L 断开时，U_O=(　　　) V。

9.9　某手机充电器电源电路如题 9.9 图所示，在该电路中的参数参考值为 $U_2=15$ V，$C_1=47$ μF，$C_2=22$ μF，$C_3=47$ μF。请分析：

(1) 该电路的组成部分及各元件的作用；

(2) U_1=(　　　)V；

(3) U_O=(　　　)V。

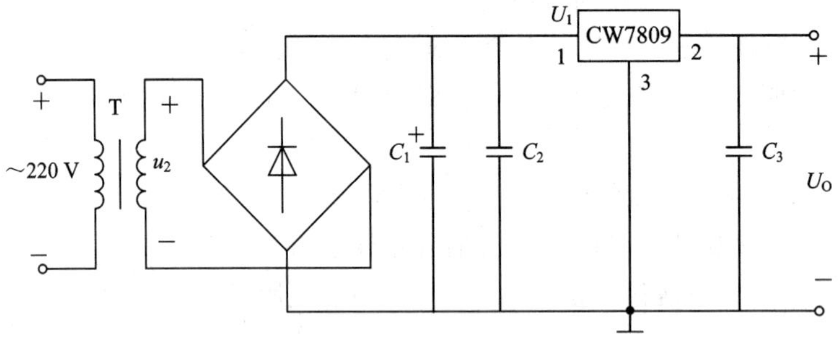

题 9.9 图　某手机充电器电源电路图

第 10 章

晶闸管及其应用电路

晶闸管也称晶闸管整流器(简称晶闸管)，它是一种大功率半导体器件，具有耐压高、容量大、效率高、控制灵敏等优点。晶闸管既有单向导电的整流作用，又有可以控制的开关作用，具有弱电控制强电的特点。它在可控整流、可控开关、交直流电动机调速系统、调光、调压、温控与时控等方面获得了广泛的应用。

晶闸管的种类很多，有单向型、双向型、可关断型、光控型、温控型、快速型、逆导型等。限于篇幅，本章重点介绍单向及双向晶闸管的工作原理、特性、参数及其基本应用。

10.1 单向晶闸管

10.1.1 单向晶闸管的实物图及其性能演示

1. 外形及其符号

单向晶闸管从外形上分，主要有螺栓式、平板式和塑封式等几种，见图 10.1，它们都有三个电极，阳极 a(或 A)，阴极 k(或 K)和控制极 g(或 G)。螺栓式晶闸管的阳极是一个

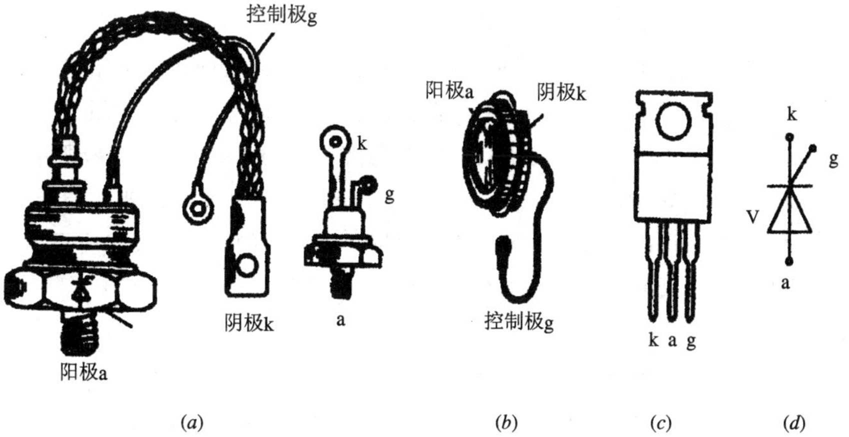

图 10.1　单向晶闸管的外形及其符号
(*a*) 螺栓式；(*b*) 平板式；(*c*) 塑封式；(*d*) 符号

螺栓，使用时把它紧拧在散热器上，另一端有两根引线，其中较粗的一根叫阴极，较细的一根叫控制极。平板式晶闸管的中间金属环是控制极，上面是阴极，区分的方法是阴极距控制极比阳极距控制极近。晶闸管的电路符号见图 10.1(*d*)，文字符号常用 SCR、V 表示，本书用 V 表示。

2. 类型

晶闸管按其容量有大、中、小功率管之分，一般认为电流容量大于 50 A 的为大功率管，5 A 以下的则为小功率管。小功率晶闸管触发电压为 1 V 左右，触发电流为零点几到几毫安。中功率以上晶闸管的触发电压为几伏到几十伏，电流几十到几百毫安。按其控制特性，有单向晶闸管和双向晶闸管之分。

3. 演示电路及操作过程

1) 演示电路

电路的连接如图 10.2 所示。

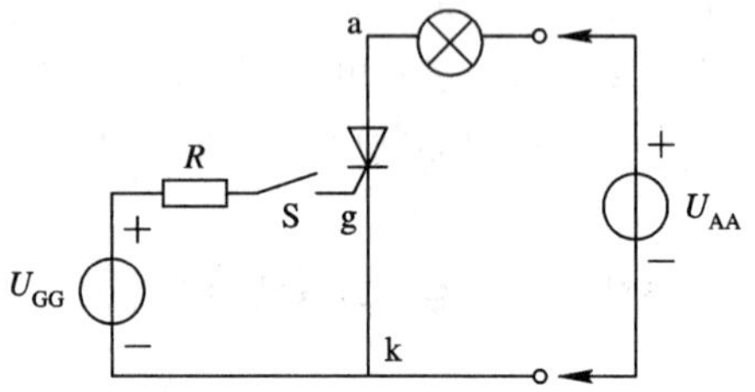

图 10.2　单向晶闸管连接图

(1) 阳极与阴极之间通过灯泡接电源 U_{AA}。

(2) 控制极与阴极之间通过电阻 R 及开关 S 接控制电源(触发信号)U_{GG}。

2) 操作过程及现象

(1) S 断开，$U_{gk}=0$，U_{AA}为正向，灯泡不亮，称之为正向阻断，如图 10.3(*a*)所示。

(2) S 断开，$U_{gk}=0$，U_{AA}为反向，灯泡不亮，如图 10.3(*b*)所示。

(3) S 合上，U_{gk}为正向，U_{AA}为反向，灯泡不亮，称之为反向阻断，如图 10.3(*c*)所示。

(4) S 合上，U_{gk}为正向，U_{AA}为正向，灯泡亮，称之为触发导通，如图 10.3(*d*)所示。

(5) 在(4)基础上，断开 S，灯泡仍亮，称之为维持导通，如图 10.3(*e*)所示。

(6) 在(5)基础上，逐渐减小 U_{AA}，灯泡亮度变暗，直到熄灭，如图 10.3(*f*)所示。

(7) U_{GG}反向，U_{AA}正向，灯泡不亮，称之为反向触发，如图 10.3(*g*)所示。

(8) U_{GG}反向，U_{AA}反向，灯泡仍不亮，如图 10.3(*h*)所示。

3) 现象分析及结论

(1) 由图 10.3(*c*)、(*d*)得出，晶闸管具有单向导电性。

(2) 由图 10.3(*a*)、(*b*)、(*d*) 、(*g*)、(*h*)得出，只有在控制极加上正向电压的前提下，晶闸管的单向导电性才得以实现。

(3) 由图 10.3(*e*)得出，导通的晶闸管即使去掉控制极电压，仍维持导通状态。

(4) 由图 10.3(*f*)得出，要使导通的晶闸管关断，必须把正向阳极电压降低到一定值。

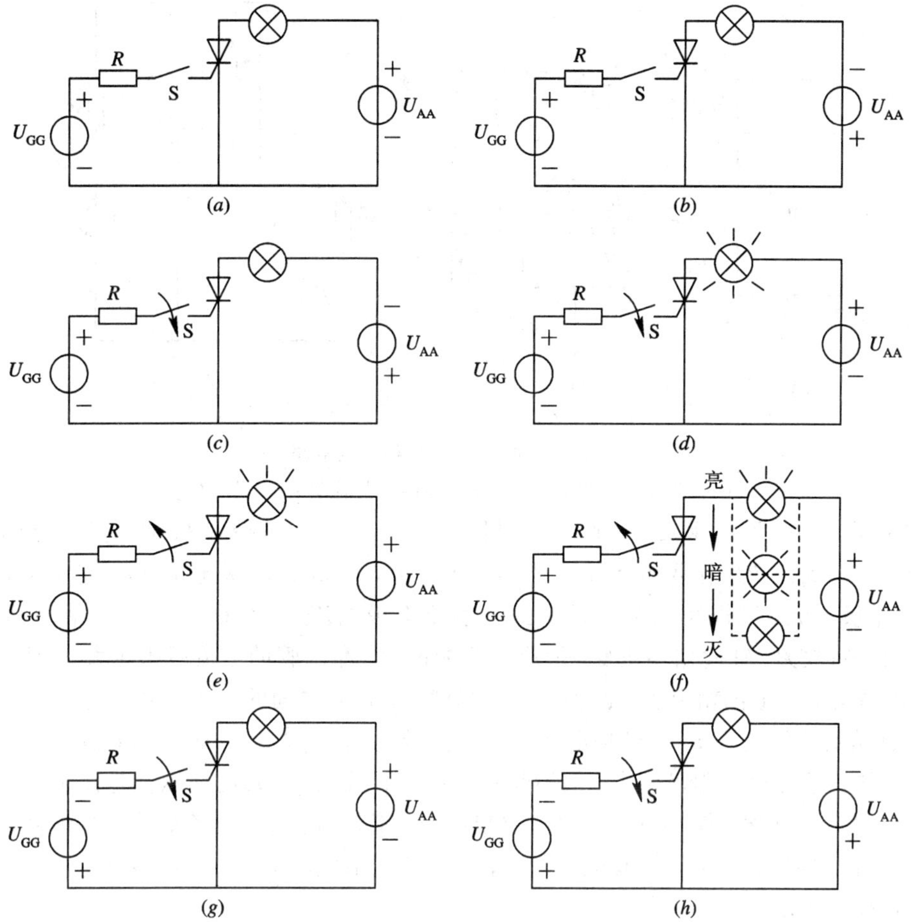

图 10.3　单向晶闸管工作示意图

10.1.2　单向晶闸管的内部结构及工作原理

1. 内部结构

单向晶闸管的内部结构如图 10.4(*a*)所示。由图可知，它由 PNPN 四层半导体构成，中间形成三个 PN 结：J_1、J_2、J_3，由最外层的 P_1、N_2 分别引出两个电极称为阳极 a 和阴极 k，由中间的 P_2 引出控制极 g。

2. 工作原理

为了说明晶闸管的工作原理，可把四层 PNPN 半导体分成两部分，如图 10.4(*b*)所示。P_1、N_1、P_2 组成 PNP 型管，N_2、P_2、N_1 组成 NPN 型管，这样，晶闸管就好像是由一对互补复合的三极管构成的，其等效电路如图 10.4(*c*)所示。

如果控制极不加电压，无论在阳极与阴极之间加上何种极性的电压，管内的三个 PN 结中都至少有一个结是反偏的，因而阳极没有电流产生，当然就出现了图 10.3(*a*)、(*b*)所示灯泡不亮的现象。

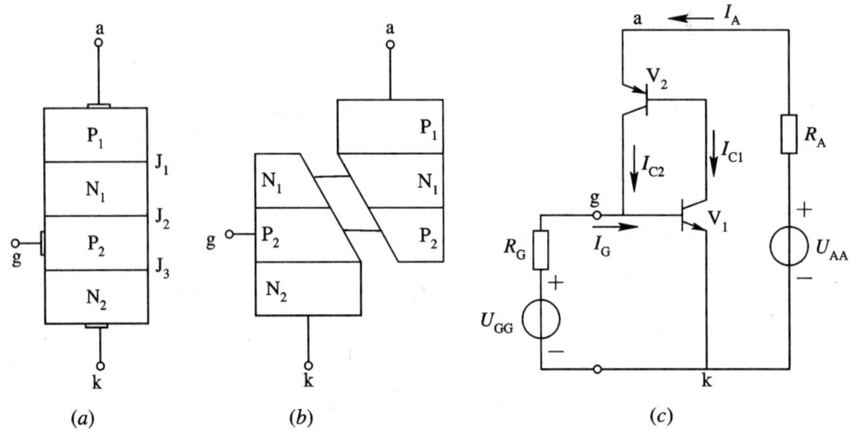

图 10.4　内部结构及其等效电路

(a) 内部结构示意图；(b) 分解为两个晶体管；(c) 等效电路

如果在晶闸管 a、k 之间接入正向阳极电压 U_{AA}，在控制极加入正向控制电压 U_{GG}，V_1 管基极便产生输入电流 I_G，经 V_1 管放大，形成集电极电流 $I_{C1}=\beta_1 I_G$，I_{C1} 又是 V_2 管的基极电流，同样经过 V_2 的放大，产生集电极电流 $I_{C2}=\beta_1\beta_2 I_G$，$I_{C2}$ 又作为 V_1 的基极电流再进行放大。如此循环往复，形成正反馈过程，晶闸管的电流越来越大，内阻急剧下降，管压降减小，直至晶闸管完全导通。这时晶闸管 a、k 之间的正向压降约为 0.6～1.2 V。因此流过晶闸管的电流 I_A 由外加电源 U_{AA} 和负载电阻 R_A 决定，即 $I_A\approx U_{AA}/R_A$。管内的正反馈，使管子导通过程极短，一般不超过几微秒。图 10.3(*d*)的演示就是证明。

晶闸管一旦导通，控制极就不再起控制作用，不管 U_{GG} 存在与否，晶闸管仍将导通。

若要导通的管子关断，只有减小 U_{AA}，直至切断阳极电流，使之不能维持正反馈过程，如图 10.3(*f*)所示。

在反向阳极电压作用下，两只三极管均被加反向电压，不能放大输入信号，所以晶闸管不导通。

10.1.3　单向晶闸管的伏安特性曲线及其主要参数

晶闸管的工作原理也可以用伏安特性曲线来描述。

1. 单向晶闸管的伏安特性

晶闸管的伏安特性如图 10.5 所示。以下分别讨论其正向特性和反向特性。

1) 正向特性

(1) 正向阻断状态。若控制极不加信号，即 $I_G=0$，阳极加正向电压 U_{AA}，晶闸管呈现很大电阻，处于正向阻断状态，即图 10.5 中 *OA* 段。

(2) 负阻状态。当正向阳极电压进一步增加到某一值后，J_2 结发生击穿，正向导通电压迅速下降，出现负阻特性，见曲线 *AB* 段。此时的正向阳极电压称为正向转折电压，用 U_{BO} 表示。这种不是由控制极控制的导通称为误导通，使用中应避免。在晶闸管阳极与阴极之间加上正向电压的同时，控制极所加正向触发电流 I_G 越大，晶闸管由阻断状态转为导通所需的正向转折电压就越小，伏安特性曲线向左移。

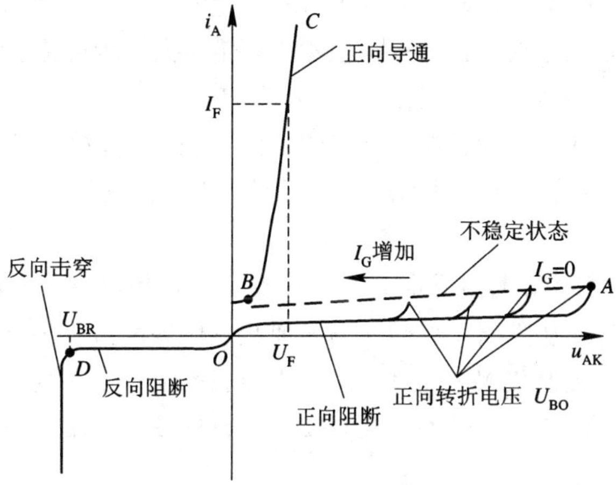

图 10.5　单向晶闸管的伏安特性

（3）触发导通状态。晶闸管导通后的正向特性如图中 *BC* 段所示，与二极管的正向特性相似，即通过晶闸管的电流很大，而导通压降却很小，约为 1 V 左右。

2）反向特性

（1）反向阻断状态。晶闸管加反向电压后，处于反向阻断状态，如图中 *OD* 段所示，与二极管的反向特性相似。

（2）反向击穿状态。当反向电压增加到 U_{BR}时，PN 结被击穿，反向电流急剧增加，造成永久性损坏。

2. 单向晶闸管的主要参数

1）电压定额

（1）正向转折电压 U_{BO}。在额定结温(100 A 以上为 115 ℃，50 A 以下为 100 ℃)和控制极断开的条件下，阳极、阴极间加正弦半波正向电压，使器件由阻断状态发生正向转折，变成导通状态所对应的电压峰值，称为正向转折电压，用 U_{BO}表示。

（2）正向阻断重复峰值电压 U_{VM}。在额定结温及控制极开路的条件下，允许管子每秒正向阻断 50 次，每次持续时间不大于 10 ms，重复施加于晶闸管 ak 上的最大的正向峰值电压，称为正向阻断重复峰值电压 U_{VM}，其值 $U_{VM}=0.8U_{BO}$。

（3）反向阻断重复峰值电压 U_{RM}。在额定结温及控制极开路条件下，允许管子每秒反向阻断 50 次，每次持续时间不大于 10 ms，重复施加于晶闸管 ak 上的最大的反向峰值电压，称为反向阻断重复峰值电压。其值 $U_{RM}=0.8U_{BR}$。

（4）通态平均电压 U_F。在规定条件下，晶闸管正向通以额定的通态平均电流时，阳极与阴极两端压降的平均值叫作通态平均电压，又称管压降，一般在 0.4～1.2 V 范围内。这个电压越小，晶闸管导通时的功耗就越小。

（5）额定电压 U_D。取 U_{VM}和 U_{RM}中数值最大者作为晶闸管的额定电压。为了安全，使用中一般取额定电压为正常工作时峰值电压的 2～3 倍。

2）电流定额

(1) 额定正向平均电流 I_F。在规定的环境温度(+40 ℃)和标准散热条件下，允许通过电阻性负载单相工频正弦半波电流的平均值称为额定正向平均电流。为了在使用中不使管子过热，一般取 I_F 是正常工作平均电流的 1.5～2 倍。

(2) 维持电流 I_H。在室温和控制极开路的条件下，晶闸管被触发导通后维持导通所必需的最小电流叫作维持电流。维持电流小的晶闸管，工作比较稳定。

3）控制极定额

(1) 控制极触发电压 U_G 和触发电流 I_G。在规定的环境温度下，在阳极与阴极间加一定的正向电压，使晶闸管从阻断状态转变为导通状态所需的最小控制极直流电压、最小控制极直流电流分别称为控制极触发电压、触发电流。控制电压小的晶闸管，灵敏度高，便于控制。一般 U_G 约为 1～5 V，I_G 约为几毫安至几百毫安。为保证可靠触发，实际值应大于额定值。

(2) 控制极反向电压 U_{GR}。在规定结温条件下，控制极与阴极之间所能加的最大反向电压峰值叫作控制极反向电压。U_{GR}一般不超过 10 V。

除此以外，还有反映晶闸管动态特性的性能参数，如导通时间 t_{on}、关断时间 t_{off}、通态电流上升率 di/dt、断态电压上升率 du/dt 等。

10.1.4 晶闸管的型号

国产晶闸管的型号有两种表示方法，即 KP 系列和 3CT 系列。

额定通态平均电流的系列为 1、5、10、20、30、50、100、200、300、400、500、600、900、1000(A)等 14 种规格。

额定电压在 1000 V 以下的，每 100 V 为一级；1000～3000 V 范围内的每 200 V 为一级，用百位数或千位及百位数组合表示级数。

KP 系列表示参数的方式如图 10.6 所示。其通态平均电压分为 9 级，用字母 A～I 分别表示 0.4～1.2 V 的范围，每隔 0.1 V 为一级。

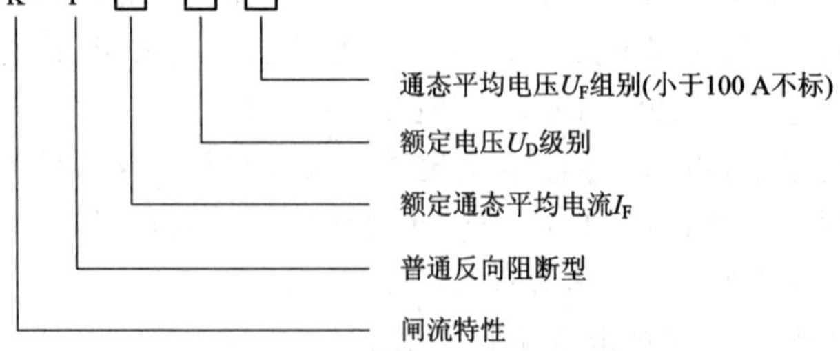

图 10.6　KP 系列参数表示方式

例如，型号为 KP200—10D，表示 I_F=200 A、U_D=1000 V、U_F=0.7 V 的普通型晶闸管。

3CT 系列表示参数的方式如图 10.7 所示。

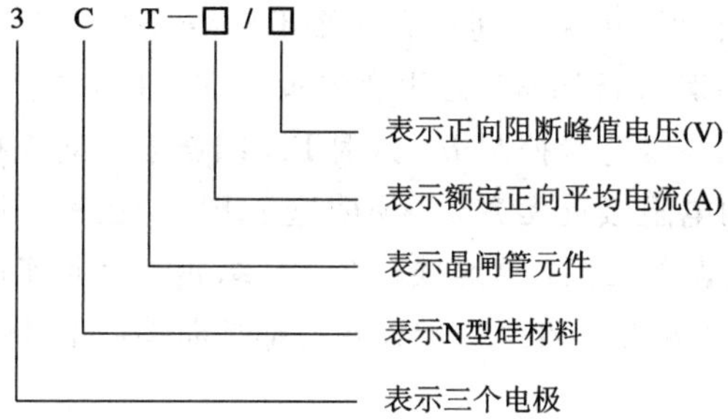

图 10.7 3CT 系列参数表示方式

10.1.5 单向晶闸管质量粗测

1. 测量单向晶闸管内部的 PN 结

我们知道，单向晶闸管的内部有三个 PN 结，这三个 PN 结的好坏直接影响单向晶闸管的质量。所以使用单向晶闸管之前，应该先对这三个 PN 结进行测量。测量方法如图 10.8 所示。

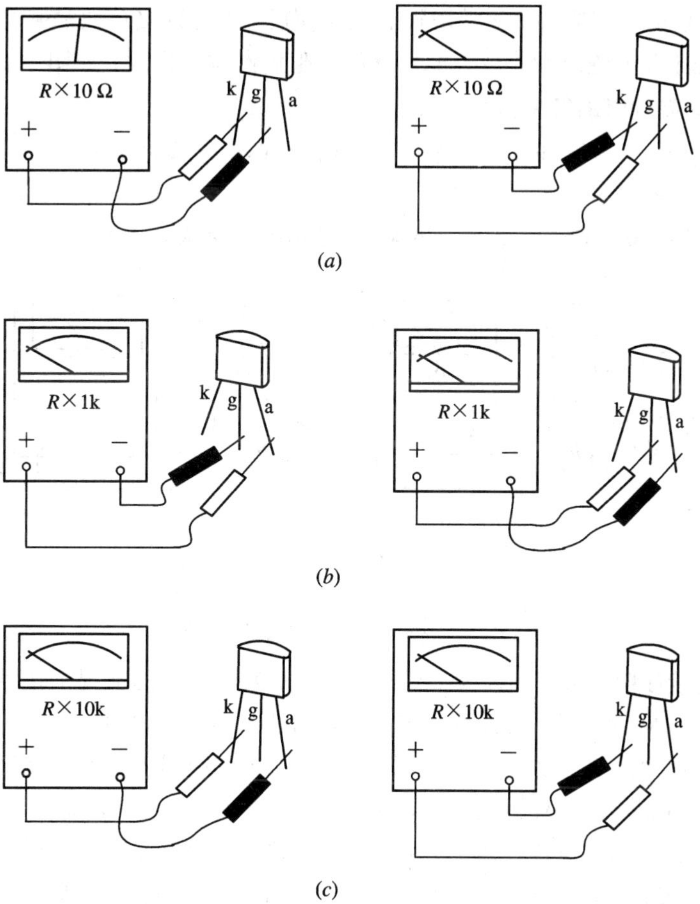

图 10.8 单向晶闸管的测量

(a) 测量控制极与阴极；(b) 测量阳极与控制极；(c) 测量阳极与阴极

单向晶闸管控制极 g 和阴极 k 之间只有一个 PN 结，利用 PN 结的单向导电特性，就可以用万用表的电阻挡对其进行测量。万用表先置于 $R\times100(\Omega)$或 $R\times10(\Omega)$挡，用红表笔接单向晶闸管的阴极，黑表笔接控制极，这时 PN 结属于正向连接，显示电阻比较小。如果表针几乎不动，显示的电阻接近无穷大，说明这个 PN 结已经断路，晶闸管损坏，不能使用。再把万用表的红、黑表笔交换，这时候这个 PN 结属于反向连接，测出电阻比较大。如图 10.8(*a*)所示。如果两次测量，表上的指针几乎都指向零，说明这个 PN 结已经被击穿短路，不能使用。

单向晶闸管的阳极 a 与控制极 g 之间有两个 PN 结，它们反向串联在一起，因此把万用表置于 $R\times10$ k 电阻挡后，无论用红表笔接阳极，黑表笔接控制极，或者红表笔接控制极，黑表笔接阳极，表上显示的电阻都应很大(指针基本不动)，如图 10.8(*b*)所示，否则说明单向晶闸管已经损坏。

2. 测量单向晶闸管的关断状态

单向晶闸管在反向连接时是不导通的，如果单向晶闸管正向连接，但是没有控制电压，它也是不导通的。在这两种情况下，单向晶闸管中间没有电流流过，属于关断状态。把万用表置于 $R\times1$ k(或 $R\times10$ k)挡，黑表笔接阳极 a，红表笔接阴极 k，单向晶闸管属于正向连接，表上显示的电阻应很大；把两根表笔对换后，再分别接单向晶闸管的阳极和阴极，使单向晶闸管处于反向连接状态，表上显示的电阻仍然应该很大，如图 10.8(*c*)所示。

3. 测量单向晶闸管的触发能力

对于工作电流为 5 A 以下的晶闸管，可采用图 10.9 所示的方法进行检测。万用表置于 $R\times1(\Omega)$挡。检测步骤如下：

(1) 黑表笔接阳极 a，红表笔接阴极 k，阻值应为无穷大，如图 10.9(*a*)所示。

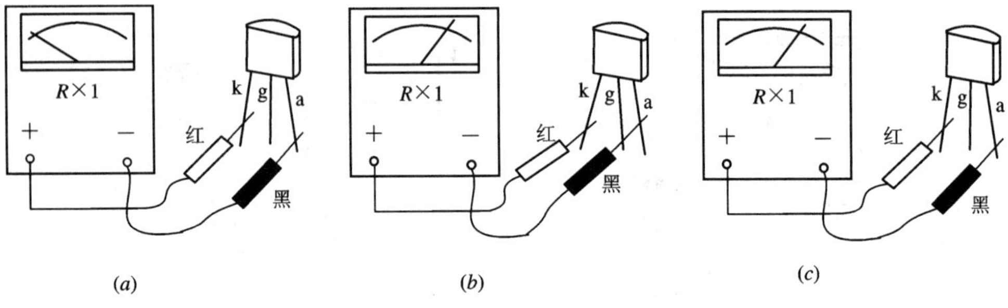

图 10.9　检测单向晶闸管的触发能力

(2) 红表笔接在阴极 k 保持不动，黑表笔在不脱离阳极 a 的前提下接触控制极 g，给控制极施加一个正的触发信号，使晶闸管导通，阻值明显减小，如图 10.9(*b*)所示。

(3) 红表笔依然保持不动，黑表笔在不脱离阳极 a 的前提下离开控制极 g，晶闸管仍维持导通状态，说明晶闸管具有触发能力，如图 10.9(*c*)所示。否则，说明晶闸管已经损坏。

对于大功率晶闸管，因其导通态压降较大，加之 $R\times1(\Omega)$挡提供的阳极电流低于维持电流 I_H，所以晶闸管不能完全导通，在开关断开时晶闸管会随之关断。此时，可采用双表法，把两只万用表的 $R\times1(\Omega)$挡串联起来使用，得到 3 V 电源电压。具体检测步骤同小功率晶闸管。

知识点

1. 晶闸管
2. 单向晶闸管
3. 单向晶闸管的工作原理
4. 单向晶闸管的伏安特性
5. 单向晶闸管的主要参数

技能点

1. 常用单向晶闸管的外形认识
2. 单向晶闸管的型号鉴别
3. 单向晶闸管的质量粗测

思考题

1. 晶闸管具有什么特性？其导通的条件是什么？
2. 怎样才能使导通的晶闸管关断？
3. 晶闸管的正向伏安特性可以划分为哪几个部分？
4. 现有一不知引脚名称的普通型晶闸管，你能否根据对晶闸管的 PN 结的质量检查方法，用万用表判断出各电极来？

10.2　单相可控整流电路

由于晶闸管具有和半导体二极管相似的单向导电性，因此晶闸管也具有整流作用。但是晶闸管与二极管相比有一个明显的区别，就是通过改变加在控制极上电压的时间，能够对晶闸管进行控制，达到调节输出电压的目的，从而实现可控整流。

10.2.1　单相半波可控整流电路

1. 电路组成

用晶闸管替代单相半波整流电路中的二极管就构成了单相半波可控整流电路，如图 10.10(*a*)所示。

2. 工作原理

设 $u_2=\sqrt{2}U_2\ \sin\omega t$。电路各点的波形如图 10.10(*b*)所示。

在 u_2 正半周，晶闸管承受正向电压，但在 $0\sim\omega t_1$ 期间，因控制极未加触发脉冲，故不导通，负载 R_L 没有电流流过，负载两端电压 $u_O=0$，晶闸管承受 u_2 全部电压。

在 $\omega t_1=\alpha$ 时刻，触发脉冲加到控制极，晶闸管导通，由于晶闸管导通后的管压降很小，约 1 V 左右，与 u_2 的大小相比可忽略不计，因此在 $\omega t_1\sim\pi$ 期间，负载两端电压与 u_2 相似，并有相应的电流流过。

当交流电压 u_2 过零值时，流过晶闸管的电流小于维持电流，晶闸管便自行关断，输出电压为零。

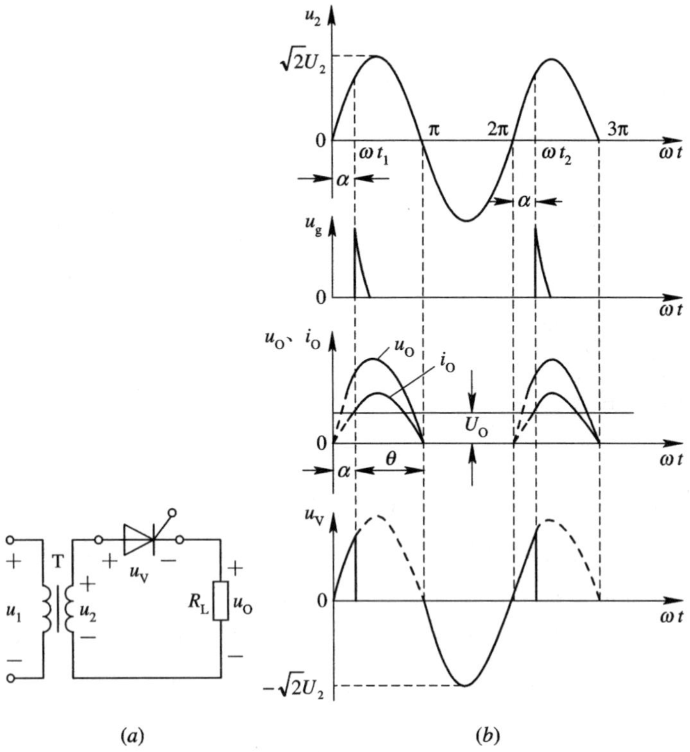

图 10.10 单相半波可控整流电路及波形

当交流电压 u_2 进入负半周时，晶闸管承受反向电压，无论控制极加不加触发电压，晶闸管均不会导通，呈反向阻断状态，输出电压为零。当下一个周期来临时，电路将重复上述过程。

加入控制极电压 u_g 使晶闸管开始导通的角度 α 称为控制角，$\theta=\pi-\alpha$ 称为导通角，如图 10.10(b)所示。显然，控制角 α 越小，导通角 θ 就越大，当 $\alpha=0$ 时，导通角 $\theta=\pi$，称为全导通。α 的变化范围为 $0\sim\pi$。

由此可见，改变触发脉冲加入时刻就可以控制晶闸管的导通角，负载上电压的平均值也随之改变，α 增大，输出电压减小，反之，α 减小，输出电压增大，从而达到可控整流的目的。

3. 输出直流电压和电流

由图 10.10(b)可知，负载电压 u_O 是正弦半波的一部分，在一个周期内的平均值用 U_O 表示，其大小可用下式求出：

$$
\begin{aligned}
U_O &= \frac{1}{2\pi}\int_{\alpha}^{\pi}\sqrt{2}U_2\ \sin\omega t\ \mathrm{d}(\omega t) \\
&= \frac{\sqrt{2}}{2\pi}U_2(1+\cos\alpha) \\
&= 0.45U_2\ \frac{1+\cos\alpha}{2} \qquad (10.1)
\end{aligned}
$$

当 $\alpha=0$，$\theta=\pi$ 时，晶闸管全导通，相当于二极管单相半波整流电路，输出电压平均值

最大可至 $0.45U_2$，当 $\alpha=\pi$，$\theta=0$ 时，晶闸管全阻断，$U_O=0$。

负载电流的平均值为

$$I_O=\frac{U_O}{R_L}=0.45U_2\frac{1+\cos\alpha}{2R_L} \tag{10.2}$$

4. 晶闸管上的电压和电流

由图 10.10(*b*)可以看出，晶闸管上所承受的最高正向电压为

$$U_{VM}=\sqrt{2}U_2 \tag{10.3}$$

晶闸管上承受的最高反向电压为

$$U_{RM}=\sqrt{2}U_2 \tag{10.4}$$

据 10.1.3 节中额定电压的取值要求，晶闸管的额定电压应取其峰值电压的2～3 倍。如果输入交流电压为 220 V，则

$$U_{VM}=U_{RM}=\sqrt{2}U_2=311\ \text{V}$$

应选额定电压为 600 V 以上的晶闸管。

流过晶闸管的平均电流为

$$I_V=I_O \tag{10.5a}$$

额定电流为

$$I_F\geqslant(1.5\sim2)I_V \tag{10.5b}$$

例 10.1　电路如图 10.10(*a*)所示，u_2 为正弦交流电，其有效值 $U_2=100$ V，$R_L=10\ \Omega$，控制角 α 的调节范围为 30°～180°，试求：

(1) 输出电压的调节范围；

(2) 晶闸管两端的最大反向电压；

(3) 流过晶闸管的最大平均电流。

解　(1) $\alpha=30°$时，有

$$U_O=0.45U_2\frac{1+\cos\alpha}{2}=0.45\times100\frac{1+\cos30°}{2}\approx42\ \text{V}$$

$$\alpha=180°\ \text{时},\quad U_O=0\ \text{V}$$

所以，输出电压的调节范围为 0～42 V。

(2)
$$U_{RM}=\sqrt{2}U_2=141.4\ \text{V}$$

(3)
$$I_O=\frac{U_O}{R_L}=\frac{42}{10}\ \text{A}=4.2\ \text{A}$$

$$I_V=I_O=4.2\ \text{A}$$

半波整流电路主要的优点是电路简单，所使用的元器件少，缺点是输出电压低，脉动大，变压器利用率低，因此除了在要求不高、负载电流较小的场合下应用外，很少采用。

10.2.2　单相半控桥式整流电路

1. 阻性负载

1) 电路组成

将二极管桥式整流电路中的两个二极管用两个晶闸管替换，就构成了半控桥式整流电

路，如图 10.11(*a*)所示。

2) 工作原理

设 $u_2=\sqrt{2}U_2\sin\omega t$，电路各点的波形如图 10.11(*b*)所示。

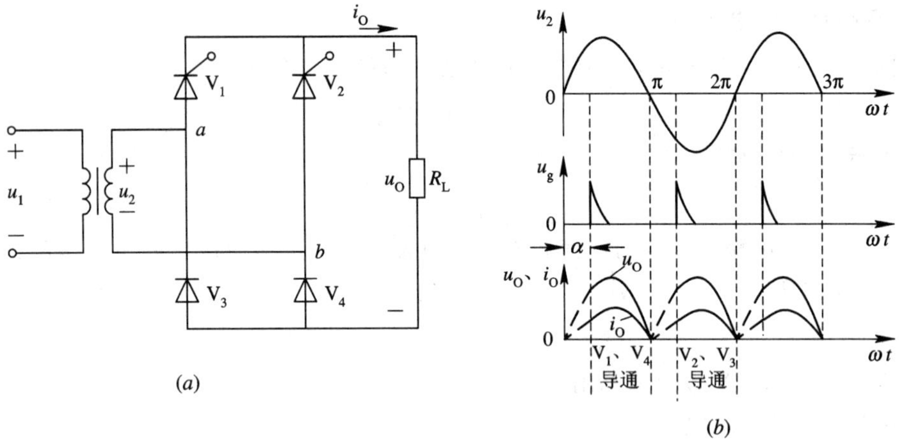

图 10.11 单相半控桥式整流电路及波形

在 u_2 的正半周，*a* 端为正，*b* 端为负时，V_1 和 V_4 承受正向电压，在 $\omega t=\alpha$ 时刻触发晶闸管 V_1，使之导通，其电流回路为：电源 *a* 端→V_1→R_L→V_4→电源 *b* 端。若忽略 V_1、V_4 的正向压降，输出电压 u_O 与 u_2 相等，极性为上正下负，这时 V_2、V_3 均承受反向电压而阻断。电源电压 u_2 过零时，V_1 阻断，电流为零。

在 u_2 的负半周，*a* 点为负，*b* 点为正，V_2 和 V_3 承受正向电压，在 $\omega t=\pi+\alpha$ 时触发 V_2，使之导通，其电流回路为：电源 *b* 端→V_2→R_L→V_3→电源 *a* 端，负载电压大小和极性与 u_2 在正半周时相同，这时 V_1 和 V_4 均承受反向电压而阻断。当 u_2 由负值过零时，V_3 阻断，电流为零。

在 u_2 的第二个周期内，电路将重复第一个周期的变化。如此重复下去，以至无穷。

3) 输出电压和电流

由图 10.11(*b*)可见，半控桥式与半波可控整流电路相比，其输出电压的平均值要大 1 倍，即

$$U_O = 0.9U_2\,\frac{1+\cos\alpha}{2} \tag{10.6}$$

输出电流的平均值为

$$I_O = \frac{U_O}{R_L} \tag{10.7}$$

4) 晶闸管上的电压和电流

由工作原理分析可知，晶闸管和二极管承受的最高反向工作电压以及晶闸管可能承受的最大正向电压均等于电源电压的最大值，即

$$U_{VM} = \sqrt{2}U_2 \tag{10.8}$$

$$U_{RM} = \sqrt{2}U_2 \tag{10.9}$$

流过每个晶闸管和二极管电流的平均值等于负载电流的一半，即

$$I_V = \frac{1}{2} I_O \tag{10.10}$$

2. 感性负载

在以上讨论的电路中，负载都是纯电阻性的，但实际上有些负载(如电机绕组)呈电感性。由于感性负载上电流的变化落后于电压的变化，这就有可能在电源正半周结束时，阳极电流仍大于维持电流，使晶闸管不能及时关断。现以单相半控桥式整流电路为例，讨论感性负载对整流电路的影响。

1) 感性负载半控桥式整流电路

图 10.12(a)是具有电感性负载的单相桥式半控整流电路。如前所述，在纯电阻负载的情况下，负载中的电流是断续的，当输入电压 u_2 为零时，负载中的电流也减小为零，如图 10.11(b)所示。但对于感性负载，情况就会发生变化。在 u_2 的正半周内，由于 u_{g1} 的触发作用，晶闸管 V_1 与二极管 V_4 同时导通。此时 L 的作用表现为减小晶闸管 V_1 导通电流 i_{a1} 的变化，如图 10.12(b)中 i_O 波形的 1～2 段，波形幅度减小，比较平坦。

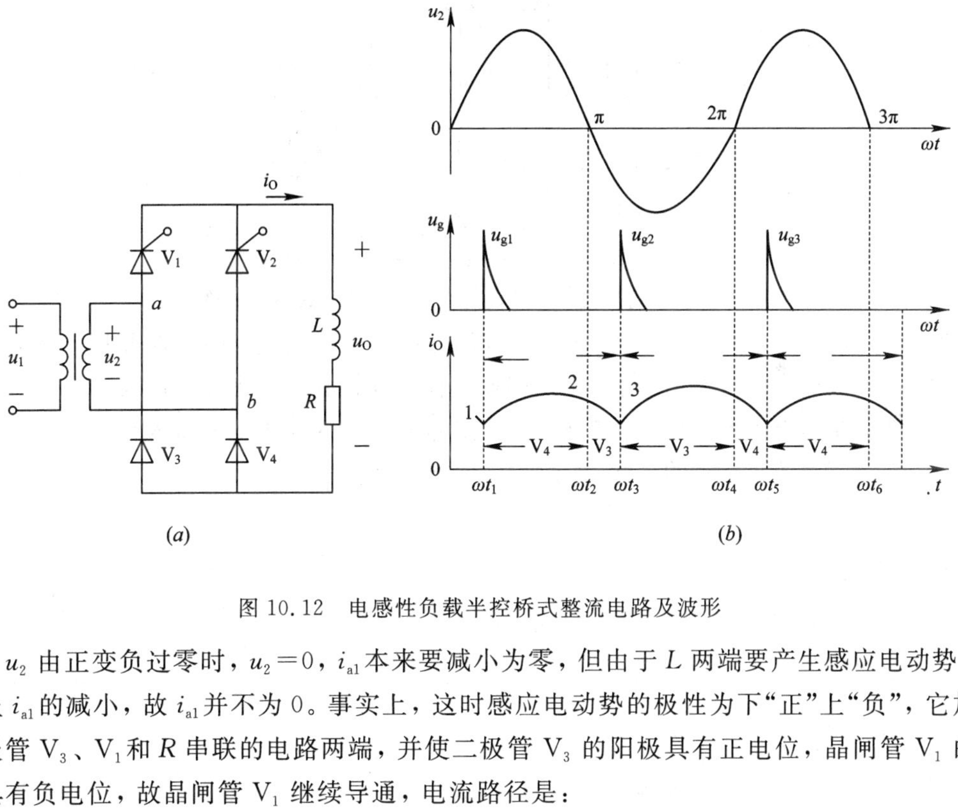

图 10.12　电感性负载半控桥式整流电路及波形

u_2 由正变负过零时，$u_2=0$，i_{a1} 本来要减小为零，但由于 L 两端要产生感应电动势，以阻止 i_{a1} 的减小，故 i_{a1} 并不为 0。事实上，这时感应电动势的极性为下“正”上“负”，它加在二极管 V_3、V_1 和 R 串联的电路两端，并使二极管 V_3 的阳极具有正电位，晶闸管 V_1 的阴极具有负电位，故晶闸管 V_1 继续导通，电流路径是：

L 下“正”→ R → 二极管 V_3→ 晶闸管 V_1→ L 上“负”

必须强调，在这种情况下，二极管 V_3 代替了 V_4，并和晶闸管 V_1 一起组成导通电路。因此，i_{a1} 继续流过负载，波形如图 10.12(b)中 i_O 波形的 2～3 段所示。

在 u_2 负半周，u_{g2} 接入，使得晶闸管 V_2 触发导通，晶闸管 V_1 才因承受反向电压而关断。于是负载电流转换成晶闸管 V_2 的导通电流 i_{a2}，以后的过程与前相似。

由图 10.12(b)可以看出，二极管在电源电压过零时换相，晶闸管在触发时换相，输出电流是连续不断的，出现晶闸管在感性负载时的导通时间比阻性负载时的导通时间长的状况。对于这种情况，一般来说，整流器仍能正常工作，但输出电压从零开始则不易调整，对控制角有严格限制的整流器也不易调整。

2) 加有续流二极管的半控桥式整流电路

由以上分析可知，产生失控现象的原因是流过晶闸管的电流 i_{a1}(或 i_{a2})减小时，L 两端产生下正上负的感应电动势。因此，要消除失控现象，就必须设法减小感应电动势。方法是在整个负载上并联一个二极管 V_5，它的正极接在感性负载的下端，负极接在其上端，如图 10.13 所示。一旦流过 V_1 的电流 i_{a1}减小，使得 L 产生下正上负的电动势时，二极管 V_5 立即导通，将 V_1 与 V_3 串联电路短接，使晶闸管 V_1 的阳极电压降为零，于是 V_1 立即关断。由于 V_5 为感性负载提供了一个放电回路，因而避免了感性负载的电流持续通过晶闸管，故 V_5 称为续流二极管。

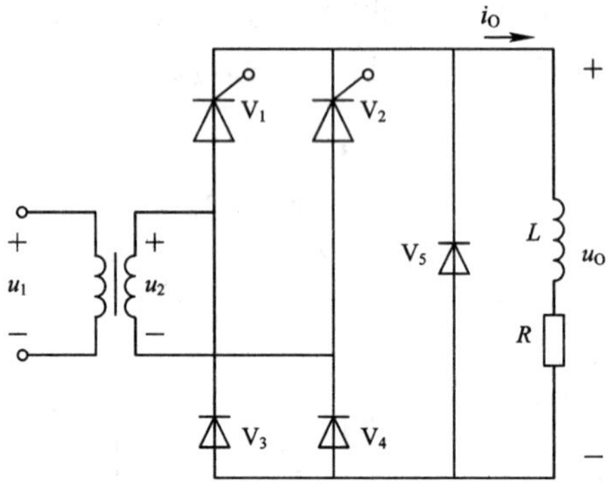

图 10.13 有续流二极管的感性负载半控桥式整流电路

加续流二极管后，其感性负载的输出电压 u_O 的波形与纯电阻负载时相同，计算公式也一样，但负载电流的波形不同了。电感阻碍电流变化的作用，使流过负载的电流不但可以连续，而且基本上维持不变；电感越大，电流 i_O 的波形越接近于一条水平线。

必须注意，续流二极管的极性不能接错，否则会造成短路。

知识点

1. 单相可控整流
2. 单相半波可控整流电路
(1) 电路组成
(2) 工作原理
(3) 输出直流电压和电流
(4) 晶闸管上的电压和电流
3. 单相半控桥式整流电路
(1) 阻性负载时的电路组成、工作原理、输出直流电压和电流、晶闸管上的电压和电流
(2) 感性负载时的电路组成及工作原理

技能点

1. 可控整流电路图的识记
2. 可控整流电路工作原理的分析

思考题

1. 什么是控制角？什么是导通角？控制角的范围有多大？
2. 感性负载对整流电路有什么影响？
3. 续流二极管的作用是什么？在电路中如何连接续流二极管？

10.3　单结晶体管触发电路

在晶闸管整流电路中，除了阳、阴极之间需加正向电压外，其控制极需加触发脉冲信号才能使其导通。下面介绍一种能提供触发信号的器件及其电路。

10.3.1　单结晶体管的结构及其性能

1. 外形及符号

图 10.14(*a*)所示为单结晶体管(简称单结管)的外形图。可以看出，它有三个电极，但不是三极管，而是具有三个电极的二极管，管内只有一个 PN 结，所以称之为单结晶体管。三个电极中，一个是发射极，两个是基极，所以也称为双基极二极管。

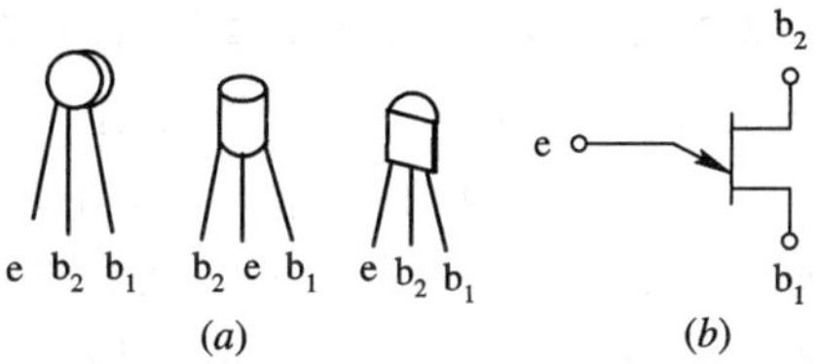

图 10.14　单结管的外形、符号图

双基极二极管的电路符号如图 10.14(*b*)所示，文字符号用 V 表示。其中，有箭头的表示发射极 e；箭头所指方向对应的基极为第一基极 b_1，表示经 PN 结的电流只流向 b_1 极；第二基极用 b_2 表示。

2. 单结管的结构

单结管的结构如图 10.15(*a*)所示。它在一块电阻率比较高的 N 型硅片两头制作两个接触电极，分别叫第一基极 b_1 和第二基极 b_2。在靠近第二基极 b_2 的一侧中间，用合金或扩散法掺入 P 型杂质，形成一个 PN 结，引出电极，称为发射极 e。单结管的等效电路如图 10.15(*b*)所示。发射极对基极呈现出 PN 结，同时两个基极 b_1 与 b_2 之间呈电阻性，称为基极电阻 R_{bb}，$R_{bb}=R_{b1}+R_{b2}$，阻值范围为 3～12 kΩ，具有正的温度系数，其中R_{b1}为 b_1 与 e 间的电阻，阻值随发射极电流 i_E 而变化，R_{b2}为 b_2 与 e 间的电阻，阻值维持不变。

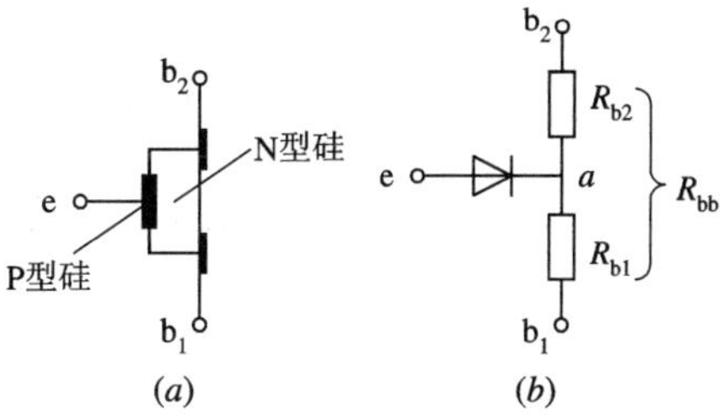

图 10.15　单结管结构及等效电路

3. 单结管的伏安特性

用实验方法可以得出单结管的伏安特性，如图 10.16 所示。在图 10.16(*a*)中，两个基

极 b_1 与 b_2 之间加一个电压 U_{BB}(b_1 接负，b_2 接正)，则此电压在 $b_1 \sim a$ 与 $b_2 \sim a$ 之间按一定比例 η 分配，$b_1 \sim a$ 之间电压用 U_A 表示为

$$U_A = \frac{R_{b1}}{R_{b1}+R_{b2}}U_{BB} = \eta U_{BB}$$

式中

$$\eta = \frac{R_{b1}}{R_{b1}+R_{b2}}$$

叫分压比，不同的单结管有不同的分压比，其数值与管子的几何形状有关，约在 0.3～0.9 之间，它是单结管的重要参数。

再在发射极 e 与基极 b_1 间加一个电压 U_{EE}，将可调直流电源 U_{EE} 通过限流电阻 R_e 接到 e 和 b_1 之间，当外加电压 $u_{EB1} < U_A + U_J$ 时，PN 结上承受了反向电压，发射极上只有很小的反向电流通过，单结管处于截止状态，这段特性区称为截止区，如图 10.16(b)中的 $O'P$ 段。U_J 为单结管正向压降。

当 $u_{EB1} > U_A + U_J$ 时，PN 结正偏，i_E 猛增，R_{b1} 急剧下降，η 下降，u_A 也下降，PN 结正偏电压增大，i_E 更大。这一正反馈过程使 u_{EB1} 反而减小，呈现负阻效应，如图 10.16(b)中的 PV 段曲线。这一段伏安特性称为负阻区；P 点处的电压 U_P 称为峰点电压，相对应的电流称为峰点电流。峰点电压是单结管的一个很重要的参数，它表示单结管未导通前最大发射极电压，当 u_{EB1} 稍大于 U_P 或者近似等于 U_P 时，单结管电流增大，电阻下降，呈现负阻特性，所以习惯上认为达到峰点电压 U_P 时，单结管就导通。峰点电压 $U_P = \eta U_{BB} + U_J$。

当 u_{EB1} 降低到谷点以后，i_E 增大，u_{EB1} 也有所增大，器件进入饱和区，如图 10.16(b)所示的 VB 段曲线。其动态电阻为正值。负阻区与饱和区的分界点 V 称为谷点，该点的电压称为谷点电压 U_V。谷点电压 U_V 是单结管导通的最小发射极电压，在 $u_{EB1} < U_V$ 时，器件重新截止。

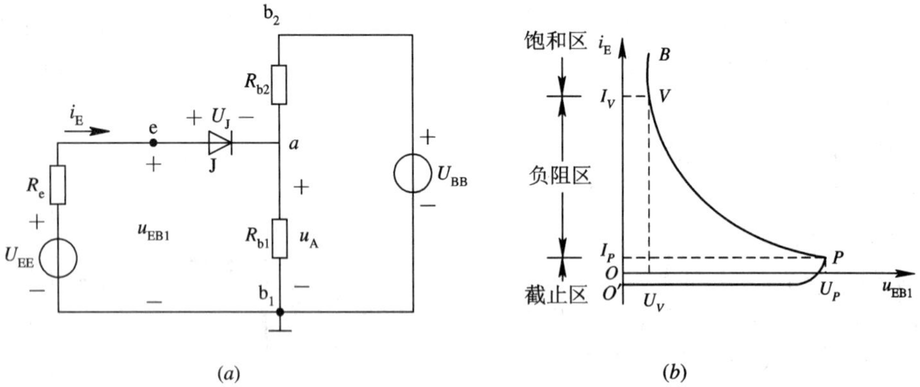

图 10.16　单结晶体管的特性

4. 单结管的型号及使用常识

1) 型号

单结管的型号有 BT31、BT32、BT33、BT35 等，型号组成部分各符号所代表的意义如图 10.17 所示。

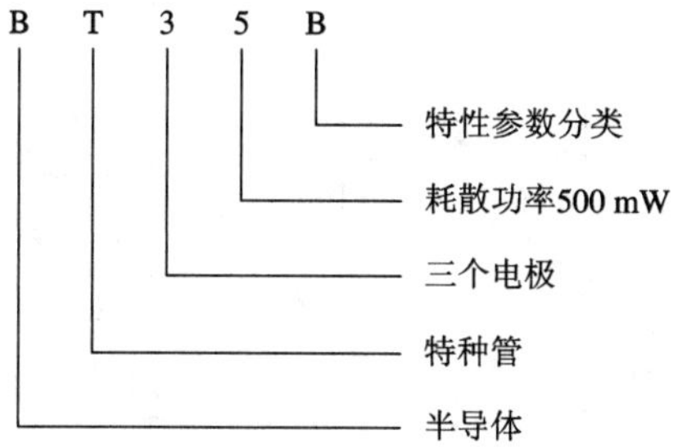

图 10.17　单结管型号的各符号意义

2）引脚的判别方法

对于金属管壳的管子，引脚对着自己，以凸口为起始点，顺时针方向数，依次是 e、b_1、b_2。对于环氧封装半球状的管子，平面对着自己，管脚向下，从左向右，依次为 e、b_2、b_1。国外的塑料封装管的引脚排列，一般也和国产环氧封装管的引脚排列相同，如图 10.14 所示。

3）怎样用万用表识别单结晶体管的三个电极

用万用表 $R\times100$ 或 $R\times1$ k 电阻挡分别测试 e、b_1 和 b_2 之间的电阻值，可以判断管子结构的好坏，识别三个引脚。其示意图如图 10.18 所示。

e 对 b_1：测正反向电阻；

e 对 b_2：测正反向电阻。

b_1 对 b_2 相当于一个固定电阻，表笔正、反向测得电阻值不变。不同的管子，此阻值是不同的，一般在 3～12 kΩ 之间。利用以上测量结果，可找出发射极来。

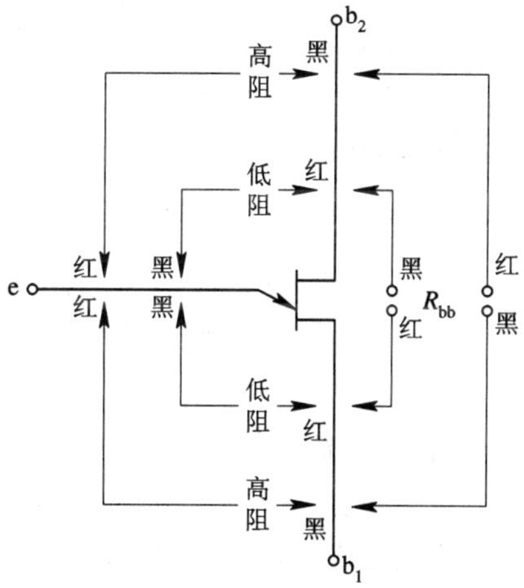

图 10.18　单结管引脚识别示意图

由于 e 靠近 b_2，故 e 对 b_1 的正向电阻比 e 对 b_2 的正向电阻稍大一些，用这种方法可区别第一基极 b_1 和第二基极 b_2。实际应用中，如果 b_1、b_2 接反了，也不会损坏元件，只是不能输出脉冲，或输出的脉冲很小罢了。

10.3.2　单结晶体管张弛振荡器

利用单结晶体管的负阻特性可构成自激振荡电路，产生控制脉冲，用以触发晶闸管，如图 10.19(a)所示。

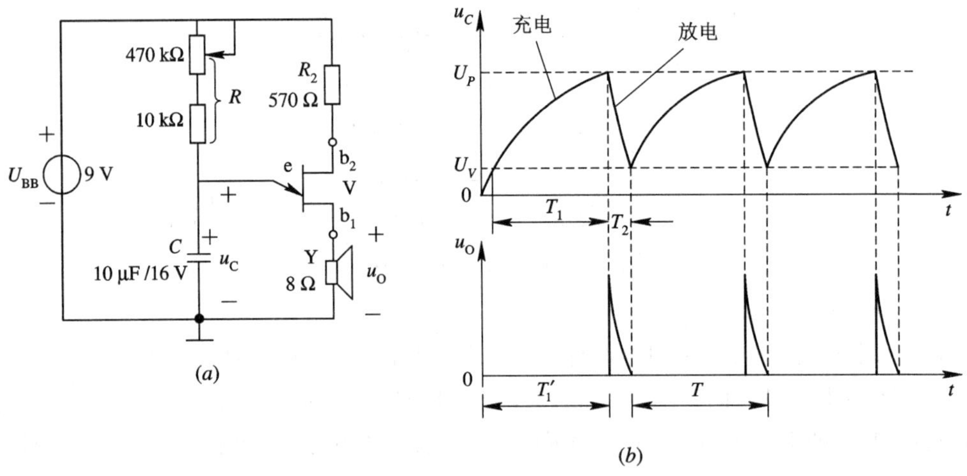

图 10.19　张弛振荡器电路图及波形图

(a) 电路图；(b) 波形图

当电源接通后，电路立即出现两路电流，一路流经 R_2、$R_{b_2b_1}$ 和 Y；另一路经 R 向电容 C 充电，使电容两端电压逐渐升高。当 C 两端电压上升到能使 PN 结导通的峰点电压时，单结管的发射极电流突然增大，电容 C 通过发射极、第一基极以及扬声器 Y 迅速放电，C 两端电压随之下降，降至谷点电压时，单结管重新处于截止状态。接着电源又重新开始对 C 充电，再重复上述过程，一张一弛，在电容 C 两端获得锯齿波电压，而在扬声器两端获得尖脉冲电压，其波形如图 10.19(b)所示。

10.3.3　单结晶体管同步触发电路

如果要将单结晶体管张弛振荡器产生的脉冲信号用于对晶闸管整流电路的输出进行有效而准确的控制，则要求触发脉冲总是在电源周期的同一特定时刻加到晶闸管的控制极上，这种协调配合的关系称为同步。这样的电路称为单结晶体管同步触发电路。

1. 电路组成及工作原理

电路如图 10.20(a)所示，图中下半部分为主回路，是一单相半控桥式整流电路。上半部分为单结晶体管触发电路。T 为同步变压器，它的初级线圈与可控桥路均接在 220 V 交流电源上，次级线圈得到同频率的交流电压，经单相桥式整流，变成脉动直流电压 U_{AD}，再经稳压管削波变成梯形波电压 U_{BD}。此电压为单结管触发电路的工作电压。加削波环节的目的首先是起到稳压作用，使单结管输出的脉冲幅值不受交流电源波动的影响，提高脉冲的稳定性；其次，经过削波后，可提高交流同步电压的幅值，增加梯形波的陡度，扩大移相范围。由于主、触回路接在同一交流电源上，起到了很好的同步作用，当电源电压过零时，振荡自动停止，故电容每次充电时，总是从电压的零点开始，这样就保证了脉冲与主电路晶闸管阳极电压同步。

每个周期内的第一个脉冲为触发脉冲，其余的脉冲没有作用。调整电位器 RP，可使触发脉冲移相，改变控制角 α。电路中各点波形如图 10.20(b)所示。

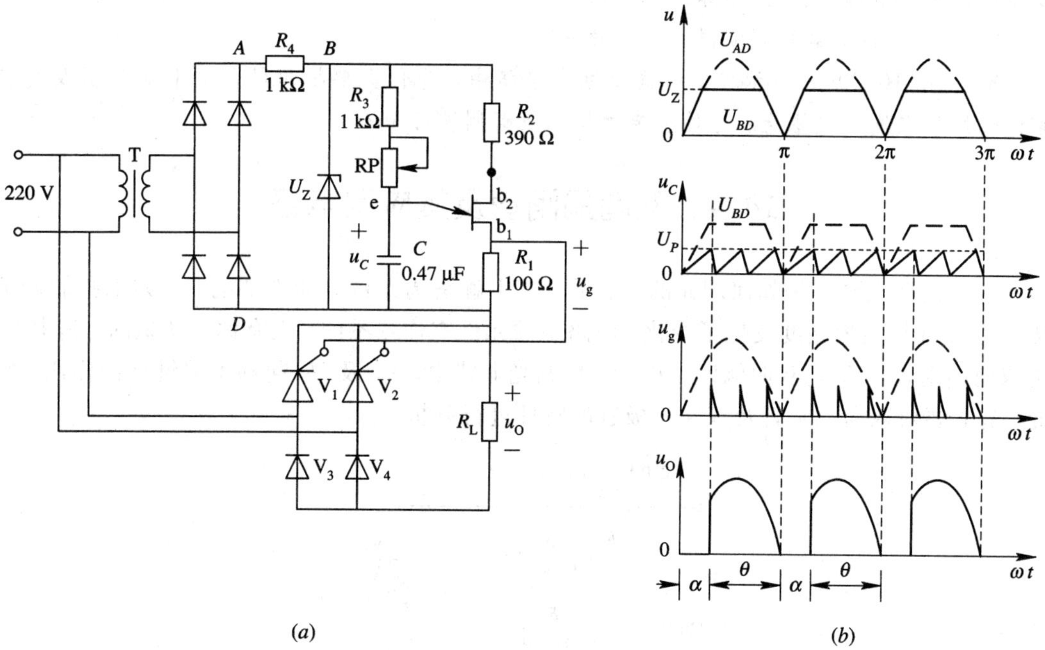

图 10.20　单结晶体管同步触发电路

(a) 电路；(b) 波形

2. 对触发电路的要求

为了保证能可靠触发，对触发电路的要求是：

(1) 触发脉冲上升沿要陡，以保证触发时刻的准确；

(2) 触发脉冲电压幅度必须满足要求，一般为 4～10 V；

(3) 触发脉冲要有足够的宽度，以保证可靠触发；

(4) 为避免误导通，不触发时，触发输出的漏电压小于 0.2 V；

(5) 触发脉冲必须与主电路的交流电源同步，以保证晶闸管在每个周期的同一时刻触发。

知识点

1. 单结晶体管
2. 单结管的伏安特性
3. 单结管的型号
4. 单结晶体管张弛振荡器的电路组成及工作原理
5. 单结晶体管同步触发电路

技能点

1. 单结晶体管引脚的识别
2. 单结晶体管同步触发电路图的识读

思考题

1. 根据半导体的基本知识及 PN 结正反向电阻的不同，你能用万用表的欧姆挡判断出单结管的三个电极吗?(请实际做一下。)

2. 怎样调整单结管振荡器的振荡频率?

3. 在图 10.20(a)所示单结管同步触发电路中，为什么要把单结晶体管振荡器及可控整流电路接在同一电源上?为什么要加接稳压管削波环节?

10.4　双向晶闸管及其应用电路

你知道调光台灯是如何调光的吗?图 10.21 就是调光台灯的内部电路。如果我们调节 RP，会发现灯泡的亮度发生了变化。电路中的元件有你熟悉的，也有你不认识的。其中 V_1 是双向晶闸管，V_2 是双向触发二极管。在调光电路中，V_1 及 V_2 起到了关键性的作用。因此，有必要对双向晶闸管及双向二极管的特性进行分析。

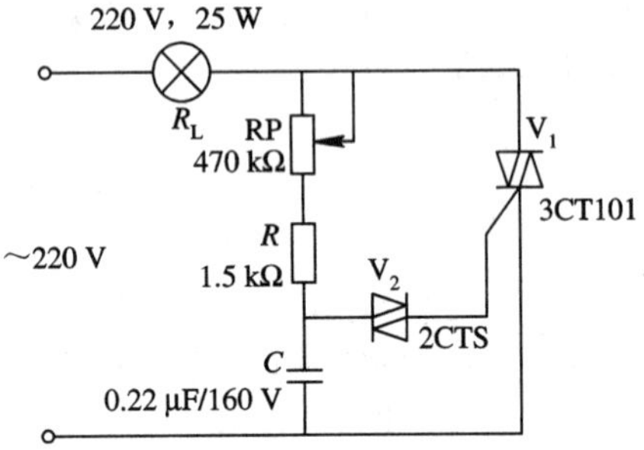

图 10.21　交流调光演示电路

10.4.1　双向晶闸管

1. 结构与特性

单向晶闸管实质上属于直流器件，要控制交流负载，必须将两只晶闸管反极性并联，让每只晶闸管控制一个半波，为此需用配套独立的电路，使用极不方便。

双向晶闸管是在单向晶闸管的基础上发展起来的，它不仅能代替两只反极性并联的晶闸管，而且仅用到一个触发电路，是目前比较理想的交流开关器件。小功率双向晶闸管一般用塑料封装，有的还带小散热板，外形如图 10.22 所示。典型产品有 BCM1AM(1A/600V)、BCM3AM(3A/600V)、2N6075(4A/600V)、MAC218－10(8A/800V)等。双向晶闸管广泛用于工业、交通、家电领域，可实现交流调压、交流调速、交流开关、舞台调光、台灯调光等多种功能。此外，它还被用在固态继电器和固态接触器电路中。

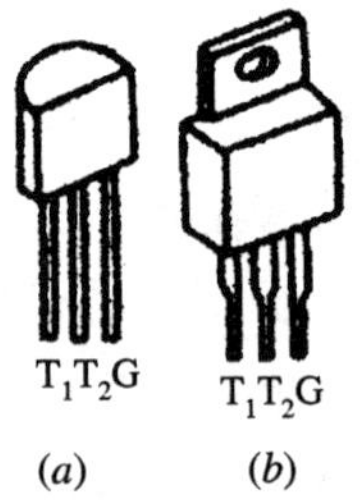

图 10.22　小功率双向晶闸管外形
(a) BCM1AM；(b) BCM3AM

双向晶闸管的结构如图 10.23(a)所示。由图可知，它是由 NPNPN 五层半导体构成的，对外引出三个电极，分别是 T_1、T_2、G。因该器件可以双向导通，故控制极 G 以外的两个电极统称为主端子，用 T_1、T_2 表示，不再划分成阳极和阴极。其特点是，当 G 极和

T_2 极相对于 T_1 的电压均为正时，T_2 是阳极，T_1 是阴极。反之，当 G 极和 T_2 极相对于 T_1 的电压均为负时，T_1 变为阳极，T_2 变为阴极。双向晶闸管的电路符号如图 10.23(*b*)所示，文字符号常用 SCR、KS、V 等表示，本书用 V 表示。

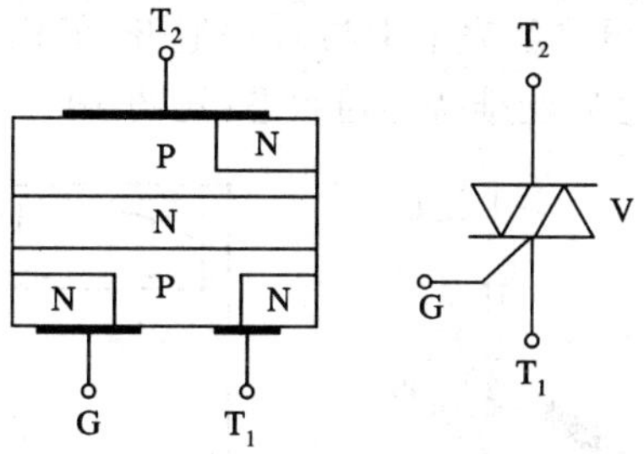

图 10.23　双向晶闸管的结构与符号

(*a*) 结构；(*b*) 符号

图 10.24 是它的伏安特性。显然，它具有比较对称的正反向伏安特性。第一象限的曲线表明，T_2 极电压高于 T_1 极电压，我们称为正向电压，用 U_{21} 表示。若控制极加正极性触发信号($I_G>0$)，则晶闸管被触发导通，电流方向是从 T_2 流向 T_1；第三象限的曲线表明，T_1 极的电压高于 T_2 极电压，我们称为反向电压，用 U_{12} 表示。若控制极加负极性触发信号($I_G<0$)，则晶闸管也被触发，电流方向是从 T_1 流向 T_2。由此可见，双向晶闸管只用一个控制极，就可以控制它的正向导通和反向导通了。对于双向晶闸管，不管其控制极电压极性如何，它都可能被触发导通，这个特点是单向晶闸管所没有的。

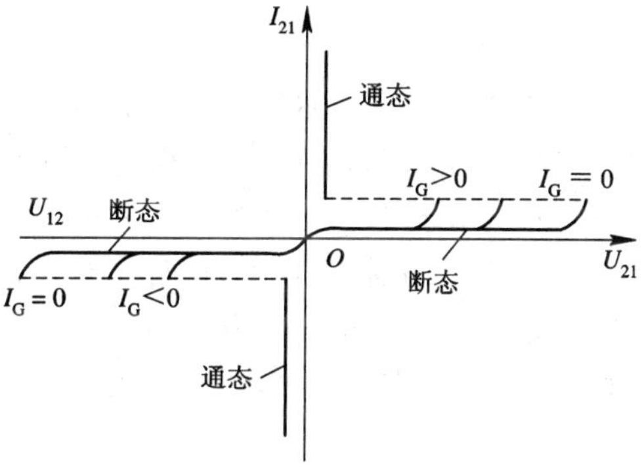

图 10.24　双向晶闸管的伏安特性

2. 用万用表检测双向晶闸管电极与触发能力

1) 判定 T_2 极

由图 10.23(*a*)可见，G 极与 T_1 极靠近，距 T_2 极较远。因此，G、T_1 极之间的正、反向电阻很小。在用 $R\times1$ 挡测任意两脚之间的电阻时，只有 G、T_1 极之间显现低阻，正、反电阻仅为几十欧。而 T_2、G 极和 T_2、T_1 极之间的正、反向电阻均为无穷大。这表明，如果测出某脚和其他两脚都不通，这肯定是 T_2 极。

2) 区分 G 极与 T_1 极

找出 T_2 极之后，首先假定剩下两脚中某一脚为 T_1 极，另一脚为 G 极。测试两引脚之间的正反向电阻，读数相对较小的那次测量的黑表笔所接的引脚为 T_1，红表笔所接引脚为 G。

3）测试触发能力

(1) 把黑表笔接 T_1 极，红表笔接 T_2 极，电阻为无穷大。接着用红表笔尖把 T_2 极与 G 极短路并给 G 极加上负触发信号，电阻值应为 10 Ω 左右(见图 10.25(*a*))，证明管子已经导通，导通方向为 $T_1 \to T_2$。再将红表笔尖与 G 极脱开(但仍接 T_2 极)，如果临时性阻值保持不变，这表明管子在触发之后能维持导通状态(见图 10.25(*b*))。

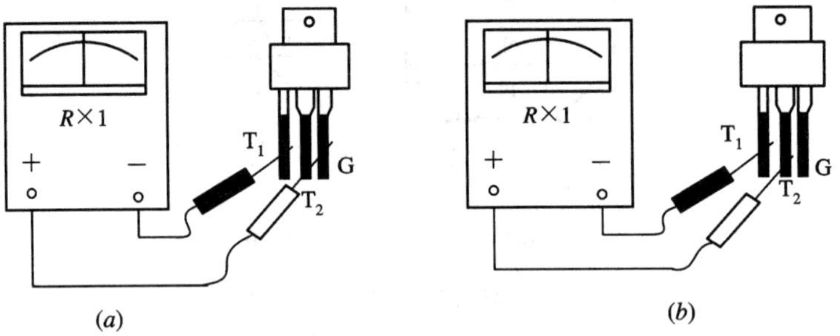

图 10.25　区分 G 极和 T_1 极的方法

(2) 把红表笔接 T_1 极，黑表笔接 T_2 极，然后使 T_2 极与 G 极短路，给 G 极加上正触发信号，电阻值仍为 10 Ω 左右，与 G 极脱开后若阻值不变，则说明管子经触发后，在 $T_2 \to T_1$ 方向上也能维持导通状态，因此具有双向触发性质。由此证明上述假定正确。否则证明假定与实际不符，需重新作出假定，重复以上测量。显然，在识别 G、T_1 极的过程中，也就检查了双向晶闸管的触发能力。

10.4.2　触发二极管

触发二极管是双向触发二极管的简称，亦称二端交流器件，它与双向晶闸管同时问世。它结构简单，价格低廉，常用来触发双向晶闸管，构成过电压保护电路、定时器等。

双向触发二极管如图 10.26 所示。图(*a*)是实物图，图(*b*)是内部结构图。由图可以看出，双向触发二极管是由 NPN 三层半导体构成的，且两端具有对称性。图(*c*)是双向触发二极管的电路符号，文字符号用 V 表示。图(*d*)是伏安特性，由图可以看出，它的正、反向伏安特性与双向晶闸管的相似，由于没有控制极，所以工作在图 10.24 中 $I_G=0$ 的那条特

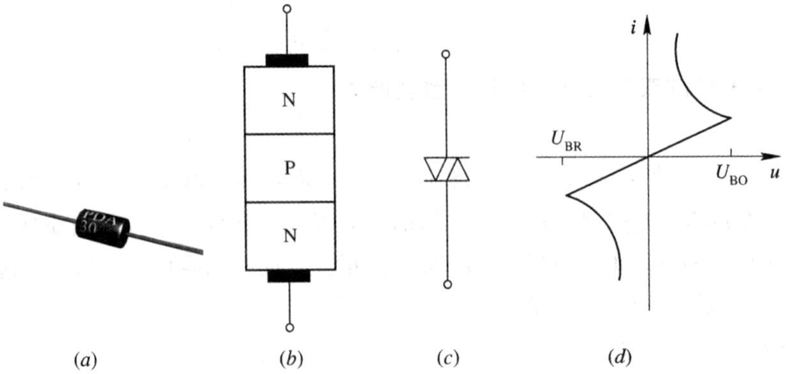

图 10.26　双向触发二极管

性曲线上。当器件两端的电压 u 小于正向转折电压 U_{BO}时，管子呈高阻态；当 $u>U_{BO}$时，管子进入负阻区，当 u 超过反向转折电压 U_{BR}时，管子也能进入负阻区。双向触发二极管的耐压值 U_{BO}大致分为三个等级：20～60 V、100～150 V、200～250 V。

10.4.3　双向晶闸管的应用电路

图 10.27 是采用双向晶闸管进行台灯调光的应用电路，图 10.28 为它的工作波形图。下面分析电路的工作原理。

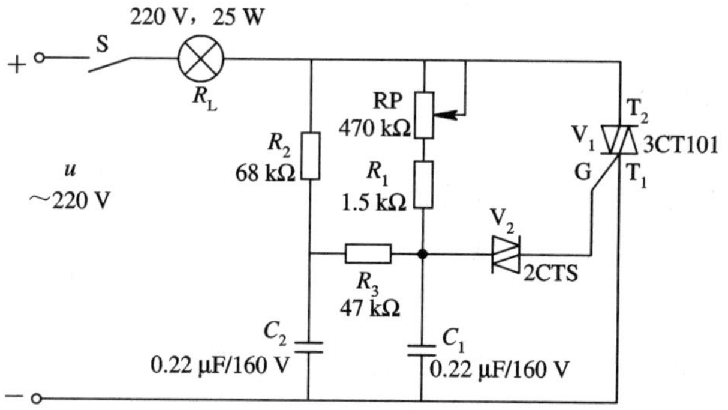

图 10.27　调光台灯应用电路

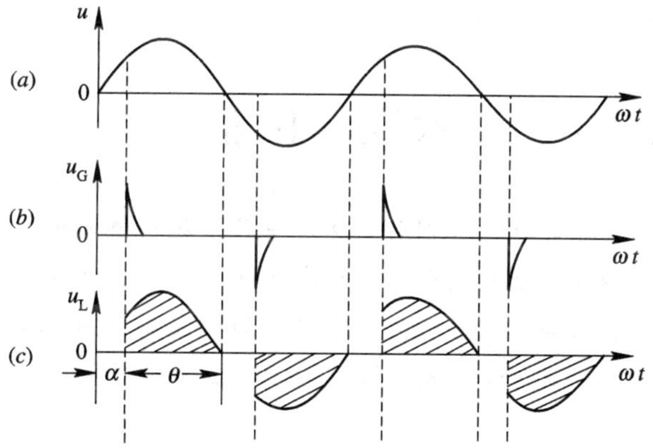

图 10.28　双向晶闸管交流调压波形图

触发电路由两节 RC 移相网络及双向二极管 V_2 组成。当电源电压 u 为上正下负时，电源电压通过 RP 和 R_1 向 C_1 充电，当电容 C_1 上的电压达到双向二极管 V_2 的正向转折电压时，V_2 突然转折导通，给双向晶闸管的控制极一个正向触发脉冲 u_G，V_1 由 T_2 极向 T_1 极方向导通，负载 R_L 上得到相应的正半波交流电压(见图 10.28(c))。在电源电压过零瞬间，晶闸管电流小于维持电流 I_H 而自动关断。当电源电压 u 为上负下正时，电源对 C_1 反向充电，C_1 上的电压为下正上负，当 C_1 上的电压达到双向二极管 V_1 的反向转折电压时，V_1 导通，给双向晶闸管的控制极一个反向触发脉冲 u_G，晶闸管由 T_1 极向 T_2 极方向导通，负载 R_L 上得到相应的负半波交流电压。

通过改变可变电阻 RP 的阻值，可达到改变电容 C_1 充电时间常数的目的，即改变触发脉冲出现的时刻，使双向晶闸管的导通角 θ(图 10.28(c))受到控制，达到交流调压的目的。

在图 10.27 中，还设置了 R_2C_2 移相网络，它与 RP、R_1、C_1 一起构成两节移相网络，这样移相范围可接近 180°，使负载电压可从零伏开始调起，即灯光可从全暗逐渐调亮。

知识点

1. 双向晶闸管
2. 双向晶闸管的伏安特性
3. 触发二极管
4. 触发二极管的伏安特性

技能点

1. 双向晶闸管电极与触发能力的检测
2. 双向晶闸管应用电路图的识读

思考题

1. 双向晶闸管与单向晶闸管的工作特性有什么不同?
2. 怎样用万用表区分双向晶闸管的电极?
3. 双向晶闸管主要有哪些应用?
4. 试说明调光台灯的电路组成及工作原理。
5. 双向触发二极管与双向晶闸管有什么不同?

本 章 小 结

(1) 晶闸管是一种大功率半导体器件，也是一种可控整流元件，既具有二极管的单向导电的整流作用，又具有可控的开关作用，具有弱电控制强电的特点。

(2) 单向晶闸管的工作条件是：阳极与阴极之间加正向电压，控制极与阴极之间加正向控制电压。单向晶闸管导通后，控制极就失去作用。要使单向晶闸管关断，必须使阳极电流小于维持电流 I_H。

(3) 将二极管整流电路中的二极管用单向晶闸管替换，就组成了可控整流电路，它具有输出电流大、反向耐压高、输出电压可调等优点。通过触发脉冲的移相，可调节输出电压的大小。对于感性负载，为防止感应电动势引起的输出电压的下降及单向晶闸管不能及时关断等问题，须在感性负载两端并联续流二极管。

(4) 单结晶体管的基本特性是负阻特性，利用该特性可以组成张弛振荡器，为单向晶闸管提供触发脉冲。

(5) 双向晶闸管具有对称的正、反向伏安特性，不管它的控制极电压极性如何，它都可能被触发导通，是理想的交流开关器件。

(6) 双向触发二极管具有双向负阻特性，可以为双向晶闸管提供双向的触发脉冲。

习　题

10.1　在图 10.10(a)所示的单相半波可控整流电路中，$U_2=100$ V，$R_L=10$ Ω，控制角 $\alpha=60°$，试求：

(1) 输出电压的平均值；

(2) 晶闸管两端的最高反向工作电压；

(3) 流过晶闸管的平均电流。

10.2　在图 10.13 所示的有续流二极管的感性负载半控桥式整流电路中，设输入电压为正弦交流电，控制角 α 约为 30°，试：

(1) 画出输出电压波形图；

(2) 画出输出电流波形图；

(3) 写出输出电压平均值的表达式。

10.3　某电热设备(电阻性负载)，要求直流电压 $U_o=75$ V，电流为 7.5 A，采用单相半波可控整流电路，直接由 220 V 交流电网供电，试：

(1) 画出主电路图；

(2) 计算导通角 θ；

(3) 画出有关电压、电流的波形图。

10.4　负载同上题，主电路改为单相桥式可控整流电路，试计算晶闸管的导通角 θ，画出有关电压、电流波形。

10.5　题 10.5 图所示电路为多音调门铃电路，它能发出多种不同声音的信号，可以安装在家中前后门上，有客来时，只要根据不同的音调，就可知道客人在哪个门口。请分析该电路的工作原理，并实际安装试试。

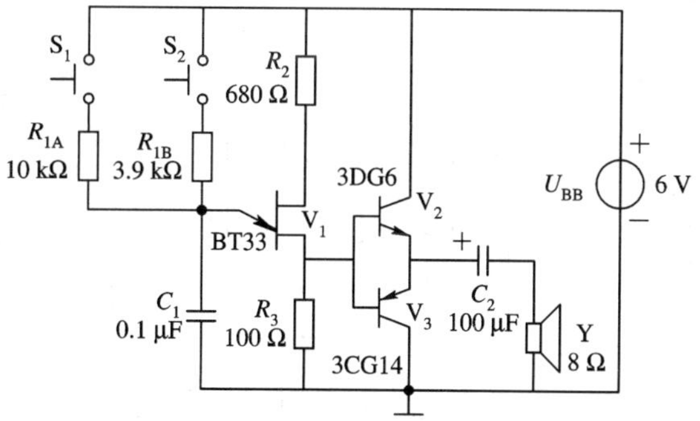

题 10.5 图

10.6　型号为 BT33 的单结晶体管，各字母表示的意义是什么？

10.7　如何用万用表判别某三引脚的管子是单结晶体管还是双极型三极管？

附　　录

附录一　国产硅半导体整流二极管选录

部标型号	旧型号	额定正向整流电流 I_F/A	正向压降(平均值) U_F/V	反向电流 $I_R/\mu A$ 125 °C	反向电流 $I_R/\mu A$ 140 °C	反向电流 $I_R/\mu A$ 50 °C	不重复正向浪涌电流 I_{SVR}/A	工作频率 f/kHz	最高结温 T_{jM}/°C	散热器规格或面积
2CZ50		0.03	≤1.2	80		5	0.6	3	150	
2CZ51		0.05					1			
2CZ52A～H	2CP10～20	0.10	≤1.0	100			2			
2CZ53C～K	2CP21～28	0.30					6			
2CZ54B～G	2CP33A～I	0.50				10	10			
2CZ55C～M	2CZ11A～J	1	≤0.8				20			60 mm×60 mm×1.5 mm 铝板
2CZ56C～K	2CZ12A～H	3			1000	20	65		140	80 mm×80 mm×1.5 mm 铝板
2CZ57C～M	2CZ13B～K	5					105			100 cm^2
2CZ58	2CZ10	10			1500	30	210			200 cm^2
2CZ59	2CZ20	20			2000	40	420			400 cm^2
2CZ60	2CZ50	50			4000	50	900			600 cm^2

注：部标硅半导体整流二极管最高反向工作电压 U_{RM} 规定：

分挡标志	A	B	C	D	E	F	G	H	J	K	I	M	N	P	Q	R	S	T	U	V	W	X
U_{RM}/V	25	50	100	200	300	400	500	600	700	800	900	1000	1200	1400	1600	1800	2000	2200	2400	2600	2800	3000

附录二　半导体器件型号组成部分的符号及其意义

半导体分立器件型号的五个组成部分的基本意义如下：

第一部分　第二部分　第三部分　第四部分　第五部分

- 第五部分：用汉语拼音字母表示规格号
- 第四部分：用阿拉伯数字表示登记顺序号
- 第三部分：用汉语拼音字母表示类别
- 第二部分：用汉语拼音字母表示器件的材料和极性
- 第一部分：用阿拉伯数字表示电极数目

一些半导体分立器件的型号由第一～第五部分组成，另一些半导体分立器件的型号仅由第三～五部分组成。

第一部分		第二部分		第三部分				第四部分	第五部分
用数字表示电极数目		用字母表示材料和极性		用字母表示类型				用数字表示序号	用字母表示规格号
符号	意义	符号	意义	符号	意义	符号	意义		
2	二极管	A	N型、锗材料	P	普通管	B	雪崩管		
		B	P型、锗材料	V	微波管	J	阶跃恢复管		
		C	N型、硅材料	W	稳压管	CS	场效应管		
		D	P型、硅材料	C	参量管	BT	半导体特殊器件		
				Z	整流管	FH	复合管		
3	三极管	A	PNP型、锗材料	L	整流堆	PIN	PIN型号		
		B	NPN型、锗材料	S	隧道管	JG	激光器件		
		C	PNP型、硅材料	N	阻尼管	ZL	整流管阵列		
		D	NPN型、硅材料	U	光电器件	QL	硅桥式整流器		
		E	化合物材料	K	开关管	SX	双向三极管		
				X	低频小功率管（$f_\alpha<3$ MHz，$P_C<1$W）	DH	电流调整管		
				G	高频小功率管（$f_\alpha>3$ MHz，$P_C<1$ W）	SY	瞬时抑制二极管		
				D	低频大功率管（$f_\alpha<3$ MHz，$P_C\geq1$ W）	GS	光电子显示器		
				A	高频大功率管（$f_\alpha>3$ MHz，$P_C\geq1$ W）	GF	发光二极管		
				T	可控整流器	GR	红外发射二极管		
				Y	体效应管	GD	光敏二极管		
						GT	光敏晶体管		
						GH	光耦合器		
						GK	光开关管		

附录三　1N 系列、1S 系列低频整流二极管的主要参数及与国产二极管的型号代用

型　号	最高反向工作电压/V	额定整流电流/A	最大正向压降/V	反向电流/μA	代用型号
1N4001/A	50	1	≤1	≤10	2CZ11K
1N4002/A	100	1	≤1	≤10	2CZ11A
1N4003/A	200	1	≤1	≤10	2CZ11B
1N4004/A	400	1	≤1	≤10	2CZ11D
1N4005	600	1	≤1	≤10	2CZ11F
1N4006	800	1	≤1	≤10	2CZ11H
1N4007	1000	1	≤1	≤10	2CZ1H
1N5391	50	1.5	≤1	≤10	2CZ86B
1N5392	100	1.5	≤1	≤10	2CZ86C
1N5393	200	1.5	≤1	≤10	2CZ86D
1N5394	300	1.5	≤1	≤10	2CZ86E
1N5395	400	1.5	≤1	≤10	2CZ86F
1N5396	500	1.5	≤1	≤10	2CZ86G
1N5397	600	1.5	≤1	≤10	2CZ86H
1N5398	800	1.5	≤1	≤10	2CZ86J
1N5399	1000	1.5	≤1	≤10	2CZ86K
1N5400	50	3	≤1.2	≤10	2CZ12、2CZ56B
1N5401	100	3	≤1.2	≤10	2CZ12A、2CZ56C
1N5402	200	3	≤1.2	≤10	2CZ12C、2CZ56D
1N5403	300	3	≤1.2	≤10	2CZ12D、2CZ56E
1N5404	400	3	≤1.2	≤10	2CZ12E、2CZ56F
1N5405	500	3	≤1.2	≤10	2CZ12F、2CZ56G
1N5406	600	3	≤1.2	≤10	2CZ12G、2CZ56H
1N5407	800	3	≤1.2	≤10	2CZ12H、2CZ56J
1N5408	1000	3	≤1.2	≤10	2CZ12I、2CZ56K
1S1553	70	0.1	≤1.4	≤5	2CZ82C
1S555	35	0.1	≤1.4	≤5	2CZ82B
1S1886	200	1	≤1.2	≤10	1N4003～1N4007
1S1886A	200	0.2	≤1	≤10	2CZ83D
1S1887	400	1	≤1.2	≤10	1N4005～1N4007
1SR35～100A	100	1	≤1.1	≤10	1N4002～1N4007
1SR35～200A	200	1	≤1.1	≤10	1N4003～1N4007
1SR35～400A	400	1	≤1.1	≤10	1N4004～1N4007

附录四 国产某些硅稳压管的主要参数

部标型号	旧型号	最大耗散功率 P_{ZM}/mW	最大工作电流 I_{Zmax}/mA	最高结温 T_{jM}/°C	稳定工作电压 U_Z/V	电压温度系数 C_{TU}/(10^{-4}/°C)	动态电阻 r_{Z1}/Ω	动态电阻 I_{Z1}/mA	动态电阻 r_{Z2}/Ω	动态电阻 I_{Z2}/mA
2CW50	2CW9	250	83	150	1.0～2.8	≥－9	300	1	50	10
51	2CW7，2CW10		71		2.5～3.5		400		60	
52	WCW7A，2CW11		55		3.2～4.5	≥－8	550		70	
53	2CW7B，2CW12		41		4.0～5.8	－6～4			50	
54	2CW7C，2CW13		38		5.5～6.5	－3～5	500		30	
55	2CW7D，2CW4		33		6.2～7.5	≤6	400		15	
56	2CW7E，2CW15 2CW6A	250	27	150	7.0～8.8	≤7	400	1	15	5
57	2CW6B，2CW7F		26		8.5～9.5	≤8			20	
58	2CW16 2CW7G，2CW17 2CW6C		23		9.2～10.5				25	
59	2CW6B		20		10.0～11.8	≤9			30	
60	2CW6E，2CW19		19		11.5～12.5				40	
2CW72	2CW1	250	29	150	7.0～8.8	≤7	12	1	6	5
73	2CW2		25		8.5～9.5	≤8	18		10	
74	2CW3		23		9.2～10.5	≤9	25		12	
75	2CW4		21		10～11.8		30		15	
76	2CW5		20		11.5～12.5		35		18	
77	2CW5		18		12.2～14	≤9.5			18	
78	2CW6		14		13.5～17		45		21	

附录五　国产某些半导体三极管的主要参数

1. 低频小功率三极管选录

新型号	原型号	最大集电极电流 I_{CM}/mA	集电极最大耗散功率 P_{CM} /mW	集—射反向击穿电压 $U_{CE(BR)}$/V	电流放大系数 β	集—基反向饱和电流 I_{CBO}/μA
3AX51A	3AX17	100	100	12	40～150	≤12
3AX51B	3AX31			12	40～150	
3AX51C				18	30～100	
3AX51D				24	25～70	
3AX52A	3AX1～14	150	150	12	40～150	≤12
3AX52B	3AX18～23			12	40～150	
3AX52C	3AX34			18	30～100	
3AX52D				24	25～70	
3AX53A	3AX81	200	200	12	30～200	≤20
3AX53B	3AX45	300		18		
3AX53C		300		24		
3AX54A	3AX25	160	200	35	20～110	≤100
3AX54B				40		≤100
3AX54C				60		≤50
3AX54D				70		≤50
3AX55A	3AX61～63	500	500	20	30～150	≤80
3AX55B				30		
3AX55C				45		
	3BX31A	125	125	≥10	30～200	≤20
	3BX31B			≥15	50～150	≤15
	3BX31C			≥20		≤10
	3BX81A	200	200	10	30～250	≤30
	3BX81B			20	30～200	≤15
	3BX81C			10	30～250	≤30

2. 低频大功率三极管选录

新型号	原型号	最大集电极电流 I_{CM}/A	集电极最大耗散功率 P_{CM} /W	集一射反向击穿电压 $U_{CE(BR)}$/V	电流放大系数 β	集一基反向饱和电流 I_{CBO}/mA
3AD50A 3AD50B 3AD50C	3AD6A 3AD6B 3AD6C	3	10	≥18 ≥24 ≥30	20～140	≤0.3
3AD53A 3AD53B 3AD53C	3AD30A 3AD30B 3AD30C	6	20	≥12 ≥18 ≥24	20～140	≤0.5
3AD57A 3AD57B 3AD57C	3AD725 3AD725 3AD725	20	100	≥20	20～140	≤1.2
	3BD6A 3BD6B 3BD6C	2	10	12 24 30	12～150	≤0.4 ≤0.3 ≤0.3
3DD64A 3DD64B 3DD64C 3DD64D 3DD64E	3DD6A 3DD6B 3DD6C 3DD6D 3DD6E	5	50	≥30 ≥50 ≥80 ≥100 ≥150	≥10	≤0.5

注：大功率管需加相应的散热器。

附录六　部分进口晶体管 2N、2S 系列的主要参数

1. 部分进口中、低频小功率晶体管的主要参数

型　　号	材料与极性	耗散功率 P_{CM}/mW	最大集电极电流 I_{CM}/mA	最高反向电压 U_{CBO}/V	特征频率 f_T/MHz
2SA940	硅 PNP	1500	1500	150	4
2SC2073	硅 NPN	1500	1500	150	4
2SC1815	硅 NPN	400	150	60	8
2SC2462	硅 NPN	150	100	50	1
2SC2465	硅 NPN	200	20	20	0.55
2SC3544	硅 NPN	250	50	30	2
2SB134、2SB135	锗 PNP	100	50	30	0.8
2N2944、2N2946	硅 PNP	400	100	15	5～15
2N2970、2N2971	硅 PNP	150	50	20	8

2. 部分进口中、低频大功率晶体管的主要参数

型　　号	材料与极性	耗散功率 P_{CM}/W	最大集电极电流 I_{CM}/A	最高反向电压 U_{CBO}/V	特征频率 f_T/MHz	电流放大系数 β
2SA670	硅 PNP	25	3	50	15	35～220
2SA1304A	硅 PNP	25	1.5	150	4	40～200
2SB337	锗 PNP	12	7	40	0.3	50～165
2SB407	锗 PNP	30	7	30	0.35	80
2SB556K	硅 PNP	40	4	70	7	60～200
2SB686	硅 PNP	60	6	100	10	60～200
2SD553Y	硅 NPN	40	7	70	10	20～150
2SD880	硅 NPN	30	3	60	3	20～150
2SD1133	硅 NPN	40	4	70	7	100
2SD1266	硅 NPN	30	3	50	3	20～150
2SD1585	硅 NPN	15	3	60	16	20～150

说明：(1) 2S 系列型号意义。

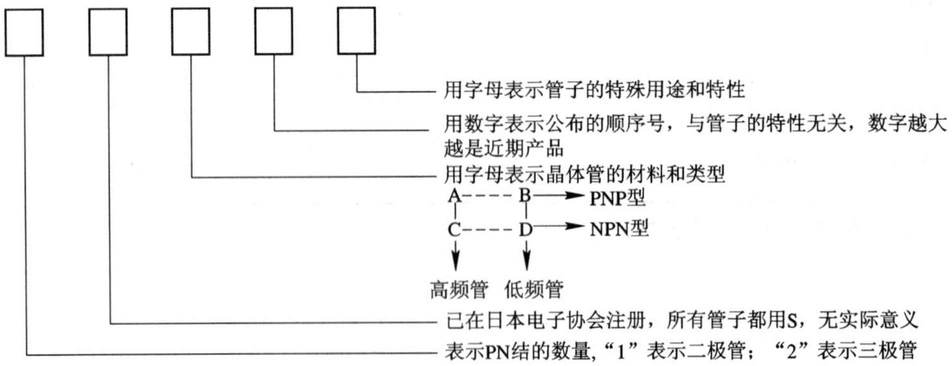

(2) 2N 系列型号意义。

2N 系列型号意义与 2S 系列型号意义大致相同，只是用数字和 N 分别表示 PN 结数和在美国电子协会已注册，后面的数字也是注册的顺序号。这与 2S 系列注册号不同，也就是说，相同注册号的管子性能不一样，2N 系列型号命名的方法不区分 NPN、PNP 和场效应管等，一律以 2NXXXX 表示，例如左表中的 2N2944、2N2970 等。

附录七　90XX 系列高频小功率管的主要参数

<table>
<tr><th rowspan="2">型　号</th><th colspan="3">极限参数</th><th colspan="3">直流参数</th><th colspan="2">交流参数</th><th rowspan="2">类型</th></tr>
<tr><th>P_{CM} /mW</th><th>I_{CM} /mA</th><th>$U_{(BR)CEO}$ /V</th><th>I_{CEO} /μA</th><th>$U_{CE(sat)}$ /V</th><th>β</th><th>f_T /MHz</th><th>C_{ob} /pF</th></tr>
<tr><td>CS9011</td><td rowspan="6">300</td><td rowspan="6">100</td><td rowspan="6">18</td><td rowspan="6">0.05</td><td rowspan="6">0.3</td><td>28</td><td rowspan="6">150</td><td rowspan="6">3.5</td><td rowspan="6">NPN</td></tr>
<tr><td>E</td><td>39</td></tr>
<tr><td>F</td><td>54</td></tr>
<tr><td>G</td><td>72</td></tr>
<tr><td>H</td><td>97</td></tr>
<tr><td>I</td><td>132</td></tr>
<tr><td>CS9012</td><td rowspan="5">600</td><td rowspan="5">500</td><td rowspan="5">25</td><td rowspan="5">0.5</td><td rowspan="5">0.6</td><td>64</td><td rowspan="5">150</td><td rowspan="5"></td><td rowspan="5">PNP</td></tr>
<tr><td>E</td><td>78</td></tr>
<tr><td>F</td><td>96</td></tr>
<tr><td>G</td><td>118</td></tr>
<tr><td>H</td><td>144</td></tr>
<tr><td>CS9013</td><td rowspan="5">400</td><td rowspan="5">500</td><td rowspan="5">25</td><td rowspan="5">0.5</td><td rowspan="5">0.6</td><td>64</td><td rowspan="5">150</td><td rowspan="5"></td><td rowspan="5">NPN</td></tr>
<tr><td>E</td><td>78</td></tr>
<tr><td>F</td><td>96</td></tr>
<tr><td>G</td><td>118</td></tr>
<tr><td>H</td><td>144</td></tr>
<tr><td>CS9014</td><td rowspan="5">300</td><td rowspan="5">100</td><td rowspan="5">18</td><td rowspan="5">0.05</td><td rowspan="5">0.3</td><td>60</td><td rowspan="5">150</td><td rowspan="5"></td><td rowspan="5">NPN</td></tr>
<tr><td>A</td><td>60</td></tr>
<tr><td>B</td><td>100</td></tr>
<tr><td>C</td><td>200</td></tr>
<tr><td>D</td><td>400</td></tr>
<tr><td>CS9015</td><td rowspan="5">310
600</td><td rowspan="5">100</td><td rowspan="5">18</td><td rowspan="5">0.05</td><td>0.5</td><td>60</td><td>50</td><td>6</td><td rowspan="5">PNP</td></tr>
<tr><td>A</td><td rowspan="4">0.7</td><td>60</td><td rowspan="4">100</td><td rowspan="4"></td></tr>
<tr><td>B</td><td>100</td></tr>
<tr><td>C</td><td>200</td></tr>
<tr><td>D</td><td>400</td></tr>
<tr><td>CS9016</td><td>310</td><td>25</td><td>20</td><td>0.05</td><td>0.3</td><td>28～97</td><td>500</td><td></td><td>NPN</td></tr>
<tr><td>CS9017</td><td>310</td><td>100</td><td>12</td><td>0.05</td><td>0.5</td><td>28～72</td><td>600</td><td>2</td><td>NPN</td></tr>
<tr><td>CS9018</td><td>310</td><td>100</td><td>12</td><td>0.05</td><td>0.5</td><td>28～72</td><td>700</td><td></td><td>NPN</td></tr>
</table>

附录八　部分国产场效应管主要参数(环境温度 25 ℃)

参数名称	饱和漏极电流	夹断电压或开启电压	栅源直流输入电阻	共源小信号低频互导	极间电容		低频噪声	最高振荡频率	最大漏源电压	最大栅源电压	最大耗散功率	储藏温度	最大漏极电流	备注
参数符号	I_{DSS}	$U_{GS(off)}$ 或 $U_{GS(th)}$	R_{GS}	g_m	C_{gs}	C_{gd}	F_{NL}	f_M	$U_{(BR)DS}$	$U_{(BR)GS}$	P_{DM}	T_S	I_{DM}	
单位	mA	V	Ω	μS	pF	pF	dB	MHz	V	V	mW	℃	mA	
测试条件	$U_{DS}=10$ V $U_{GS}=0$ V	$U_{DS}=10$ V $I_D=50$ μA	$U_{DS}=0$ V $U_{GS}=10$ V	$U_{DS}=10$ V $I_D=3$ mA $f=1$ kHz	$U_{DS}=10$ V $f=500$ kHz	$U_{DS}=10$ V $f=500$ kHz	$U_{DS}=10$ V $I_D=0.5$ mA $R_g=10$ MΩ $f=1$ kHz	$U_{DS}=10$ V						
3DJ2	0.3～10	<|−9|	$\geqslant 10^7$	>2000	≤3	≤1	≤5	≥300	>20	>20	100	−55～+125	15	
3DJ4	15	|−9|	10^7	2000	3	1	1.5	300	20	20	100			低噪声管
3DJ8F	15	|−9|	10^7	6000	5	3	5	90	20	20	100			高互导管
3DO1	0.3～10	<|−9|	$\geqslant 10^9$	1000	<5	≤1.5	≤5	≥90	20	40	100	−55～+125	15	N沟道耗尽型MOS管
3DO6		2.5～5	$\geqslant 10^9$	>2000					20	20	100	−55～+125		N沟道增强型开关管
CS1	0.5～1.5	<9	10^8	>1000			<5	>60	20		100			CS1系列为P沟道耗尽型管

附录九　半导体集成电路型号各组成部分的符号及意义

第一部分		第二部分		第三部分	第四部分		第五部分	
用字母表示器件的出产地		用字母表示器件类型		用阿拉伯数字表示器件的系列和品种代号（一般四位）	用字母表示器件的工作温度范围		用字母表示器件的封装	
符号	意　义	符号	意　义	（与国际上品种保持一致）	符号	意　义	符号	意　义
C	中国制造	T	TTL		C	0～70 ℃	W	陶瓷扁平
		H	HTL		E	−40～85 ℃	B	塑料扁平
		E	ECL		R	−55～85 ℃	F	全密封扁平
		C	CMOS		M	−55～125 ℃	D	陶瓷双列直插
		F	放大器				P	塑料双列直插
		D	音响、电视电路器件				H	黑瓷低溶玻璃扁平
		W	稳压管				J	黑陶瓷双列直插
		J	接口器件				K	金属菱形
		B	非线性器件				T	金属圆形
		M	存储器					
		μ	微型计算机器件					

示例 1：

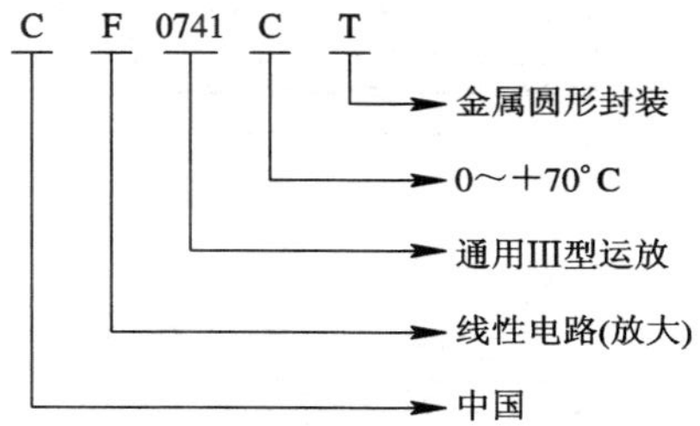

附录十　国内部分集成电路厂家模拟集成电路型号字头介绍

字头	厂名	字头	厂名
BG	北京东光电工厂(878厂)	E、ER	甘肃秦安天光电工厂
BGD	北京市半导体器件研究所	FC	上海八三三一厂(东方红)
BH	北京半导体器件三厂	FD	苏州半导体总厂
BSF(BW)	北京半导体器件五厂	FG	湖北襄樊仪表元件厂
CD	无锡江南无线电厂	FL	贵州都匀风光电工厂
CF	常州半导体厂	FS、F、FX	贵州都匀四四三三厂
CH	上海无线电十四厂	FS	上海无线电七厂
CL	苏州半导体总厂	FS	宜昌半导体厂
D	无锡江南无线电器材厂	FY、FZ	上海八三三一厂
D	甘肃秦安七四九厂	5G	上海元件五厂
D	风光电工厂	GD	上海电器电子元件厂
DG	北京东光电工厂	HF	杭州无线电元件二厂
DL	大连仪表元件厂	HG	华光电子器件厂
KD	北京半导体器件五厂	TBA	贵州都匀四四三三厂
LD、LJ	陕西骊山微电子公司	ULN	锦州七七七厂
LH	上海无线电十九厂	X	电子部二十四研究所
N	南京半导体器件总厂	X	南昌无线电二厂
NT	江苏南通晶体管厂	7XF	陕西商县卫光电工厂
QS	长春微电子工厂(8232厂)	XFC	延河无线电厂
SB	上海无线电十九厂	XFC	甘肃秦安永红电工厂(749厂)
SC	上海无线电七厂	XFC、XGF	成都四四三一厂
SD	北京半导体器件二厂	XG	四川新光电工厂
SF	上海无线电七厂	XG	长沙韶光电工厂
SG	长沙韶光电工厂(4435厂)	XGF	八七九厂
SL	上海半导体器件十六厂	XW	无锡半导体总厂
STS	上海无线电七厂、十九厂	YA	贵州凯里永光电工厂
TA	无锡七四二厂	YZ	江苏扬州晶体管厂
TB	天津半导体器件一厂	ZF	甘肃秦安永红电工厂
TBA	风光电工厂		

注：选自朱达斌等编《模拟集成电路的特性及应用》(航空工业出版社出版)。

附录十一　国外部分模拟集成电路型号的识别

前缀	公司代号	前缀	公司代号	前缀	公司代号
AD	AD	MH	Mitel	G	IMI
AM	AMD	MT	Mitel	HA	Harris
AY	GI	NE	SIC	KC	SONY
CA	RCA	RM	RTN	LC	GI
CDP	RCA	SAB	SIEG	μPC	NEC
CX	SONY	SL	PLSB	XR	Exar
EA	NEC-EA	TAA	Pro. E	MK	MOSTEK(MK)
HA	Hitachi	TL	TII	N	SIC
ICL	Intersil	LP	NSC	RC	RTN
LA	Sanyo	M	Mitsubishi	RSN	TII
LF	NSC	ADC	NSC	SH	FSC
LH	NSC	AN	Panasonic	TA	Toshiba
LG	GI	BA	东具(日)	TCA	ALGG
LM	NSC	CD	NSC	μA	FSC
MA	Mitel	CS	Cherry	UL	SPR
MC	MOTA	DAC	NSC		

注：选自朱达斌等编《模拟集成电路的特性及应用》(航空工业出版社出版)。

附录十二　部分常用集成运放的性能参数

型号	单运放	双运放	四运放	场效应管型	失调电压可调	外补偿	最小增益	总电源电压		电源电流	输入								转换速率	带宽	电源电压抑制比		共模抑制比		电压放大倍数		最大输出电流	最大差模输入电压
											电压				电流													
											失调		漂移		失调		偏置											
								最小 /V	最大 /V	/mA	典型 /mV	最大 /mV	典型 (μV/°C)	最大 /(μV/°C)	典型 /nA	最大 /nA	典型 /nA	最大 /nA	典型 /(V/μs)	典型 /MHz	最小 /dB	典型 /dB	最小 /dB	典型 /dB	最小 (×1000)	典型 (×1000)	/mA	/V
741型																												
741C	√			—	√	—	1	10	36	2.8	2	6	—	—	20	200	80	500	0.5	1.2	70	90	76	90	20	200	20	30
OP01E	√			—	√	—	1	10	44	3	1	2	3	10	1	5	20	50	18	2.5	80	100	80	100	50	100	6	30
OP02E	√			—	√	—	1	10	44	2	0.3	0.5	2	8	0.5	2	18	30	0.5	1.3	90	110	90	110	100	250	6	30
OP11E			√	—	—	—	5	10	44	6	0.3	0.5	2	10	8	20	180	300	1	2	110	120	90	110	100	650	6	30
349			√	—	—	—	5	10	36	4.5	1	6	—	—	4	50	30	200	2	4	70	90	77	96	25	160	15	36
AD5121	√			√	√	—	1	10	36	1.5	—	0.5	—	5	0.002	—	—	0.025	3	1	80	—	80	—	300	—	10	20
AD741L	√			—	√	—	1	10	44	2.8	0.2	0.5	2	5	2	5	30	50	0.5	1	90	110	96	106	50	200	15	30
748C	√			—	√	√	U	10	36	3.3	2	6		—	20	200	80	500	0.5	1.2	70	90	76	90	50	200	15	30
μA777	√			—	√	√	U	10	44	2.8	0.7	5	4	30	0.7	20	25	100	0.5	1	70	95	76	96	25	250	20	30
1458S		√		—	√	—	1	—	36	12	—	6		—	30	200	200	500	20	1	70	90	76	100	20	100	10	30
1741S	√			—	√	—	1	8	44	3.5	1	5	3	—	30	200	200	500	12	1	70	90	76	100	50	200	10	30
ULN2171	√			—	√	—	1	6	40	3.1	0.7	5	—	—	8	20	30	50	1.5	—	80	100	80	100	25	100	—	30
4131	√			—	√	—	1	7	36	1.9	1.5	5	5	20	3	20	70	150	2	4	70	100	70	100	25	160	10	30
HA4741			√	—	—	—	1	4	40	7	1	5	5	—	30	50	60	300	1.6	3.5	74	—	80	—	25	50	10	30
LF13741	√			√	√	—	1	10	36	4	5	15	10	—	0.01	0.05	0.05	0.2	0.5	1	70	90	77	96	25	100	15	30
4136型																												
4136C			√	—	—	—	1		36	11	0.5	6	—	—	5	200	40	500	1.0	3	70	90	76	90	20	300	20	30
1456	√			—	√	—	1	10	36	3	5	10	—	—	5	10	15	30	2.5	1	70	110	74	84	70	100	5	40
RC4156			√	—	—	—	1	6	40	7	1	5	5	—	30	50	60	300	1.6	3.5	80	—	80	—	25	100	20	30
RC4157			√	—	—	—	5	6	40	7	1	5	5	—	30	50	60	300	8	19	80	—	80	—	25	100	20	30
4558C		√		—	—	—	1		36	5.6	2	6	—	—	20	200	80	500	1.0	2.5	70	90	74	84	20	200	15	30
HA4605			√	—	—	—	1	10	40	6.5	0.5	3.5	2	—	30	100	130	300	4	8	80	—	80	—	75	250	10	7
HA4625			√	—	—	—	10	10	40	6.5	0.5	3.5	2	—	30	100	130	300	20	70	80	—	80	—	75	250	10	7
301型																					80							
301A	√			—	√	√	U	10	44	2.5	8	7.5	6	30	3	50	70	250	0.5	1	70	90	70	96	25	160	10	30
AD301AL	√			—	√	√	U	10	44	3	0.3	0.5	2	5	3	5	15	30	0.5	1	—	100	—	100	—	300	10	30
307	√			—	—	—	1	10	44	2.5	2	7.5	6	30	3	50	70	250	0.5	1	70	90	70	96	15	—	10	30
NE5534	√			—	√	√	3	6	44	8	0.5	4	—	—	20	300	500	1500	6	10	70	100	80	100	25	100	20	0.5

注：选自朱达斌等编《模拟集成电路的特性及应用》（航空工业出版社出版）。“√”表示选定；“—”表示不存在。

附录十三　集成功放一览表

型　号	输出功率	国外同型号
4E316	>0.25 W	
FS34	(0.3～0.4)W	
5G31(A,B)	(0.4～0.7)W	
8FY386(A,C,D)	(0.325～1)W	
XG4140	0.5 W	LA4140
XG4100/4101/4102	(0.2～2.1)W	
XG820	1.2 W	TBA820
XG810	(4.2～7.6)W	TBA810P, TBA8103, CA8100
8FG2002/2003	6 W	TDA2003, CA2003, MPC2003
XG2006	8 W	TDA2006
D4420	5.5 W	LA4420
D2283B	1.2 W	ULN2283BB
D4265	3.5 W	LA4265
XG404	(6～13)W	
XG7237	17 W	
XG2020D/2030D	45 W	
XG1260	(40～430)W	
XG4177/4178		LA4177/4178
XG1263	1.2 W	MPC1263C2
XG2004	(6.5～10)W	TDA2004
XG4508	8.5 W	
F3020/3020A	(0.5～1)W 宽带功放	

附录十四　W7800 系列三端集成稳压器的主要性能参数

电参数名　称	输出电压	输入直流电压	最大输入电压	最小输入电压	电压调整率	电流调整率①	输出电阻	最大输出电流	峰值输出电流	输出电压温漂	最大耗散功率②
符号	U_O	U_I	U_{Imax}	U_{Imin}	S_V	S_i	r_o	I_{OM}	I_{OP}	S_T	—
单位	V	V	V	V	%/V	%	mΩ	A	A	mV/ ℃	W
W7805A	5	10	35	7	0.1	0.1	17	1.5	3.5	1.1	15
W7806A	6	11	35	8	0.1	0.1	17	1.5	3.5	0.8	15
W7809A	9	14	35	11	0.1	0.1	17	1.5	3.5	1	15
W7812A	12	19	35	14.5	0.1	0.1	18	1.5	3.5	1	15
W7815A	15	23	35	17.5	0.1	0.1	19	1.5	3.5	1	15
W7818A	18	26	35	20.5	0.1	0.1	22	1.5	3.5	1	15
W7824A	24	33	40	27	0.1	0.1	28	1.5	3.5	1.5	15

注：① $S_i=\Delta U_L/U_L\times100\%$(电流由 $0\rightarrow I_{OM}$)。

② 加 200 mm×200 mm 的散热片。

附录十五　W117M/W117/W317M/W317 三端可调正压稳压器性能参数

参数名称	符号	测试条件	单位	W117M	W117	W317M	W317
电压调整率	S_U	$3\ V \leqslant U_I - U_O \leqslant 40\ V$	%	0.02	0.02	0.04	0.04
电流调整率	S_I	$10\ mA \leqslant I_O \leqslant I_{OM}$ $U_O = 5\ V$	%	0.3	0.3	0.5	0.5
调整端电流	I_W	—	μA	50	50	50	50
调整端电流变化	ΔI_W	$10\ mA \leqslant I_O \leqslant I_{OM}$ $2.5\ V \leqslant U_I - U_O \leqslant 40\ V$	μA	0.5	0.5	1	1
基准电压	U_{REF}	$3\ V \leqslant U_I - U_O \leqslant 40\ V$ $10\ mA \leqslant I_O \leqslant I_{OM}$	V	1.25	1.25	1.25	1.25
温度稳定性	—	$T_L \leqslant T_j \leqslant T_H$	%	0.7	0.7	0.7	0.7
最小负载电流	I_{Omin}	—	mA	5	5	5	5
电流限制	I_{OM}	$U_I - U_O \leqslant 15\ V$	A	0.7	2.2	0.7	2.2
		$U_I - U_O \leqslant 40\ V$		0.1	0.4	0.1	0.4
纹波抑制比	S_R	$U_O = 10\ V$, $f = 120\ Hz$；无电容 C_{ADi}	dB	65	65	65	65
		$U_O = 10\ V$, $f = 120\ Hz$；$C_{ADi} = 10\mu F$		80	80	80	80
输出噪声	N_F	10 Hz～10 kHz	%	0.003	0.003	0.003	0.003
长期稳定性	—	$T = 25\ °C$	%	0.3	0.3	1	1
热　阻 （结-外壳）	R_{jc}	塑料外壳、金属外壳	°C/W	5	3	5	3
				16	15	16	15

部分习题参考答案

第 1 章

1.3 (*a*) 导通 6 V (*b*) 导通 −3 V (*c*) 导通 0 V

(*d*) V_1 截止 V_2 导通 4V

1.4 (*a*) 16 V (*b*) 10 V (*c*) 6 V

第 2 章

2.6	(*a*) $I_{BQ}=0.6$ mA	$I_{CS}=24$ mA	$I_{BS}=0.48$ mA	$I_{BQ}>I_{BS}$	饱和区
	(*b*) $I_{CQ}=4$ mA	$I_{BQ}=50\ \mu A$	$U_{CEQ}=16$ V		放大区
	(*c*) $I_{EQ}=3$ mA	$I_{BQ}=30\ \mu A$	$U_{CEQ}=12$ V		放大区
	(*d*) $I_{EQ}=3$ mA	$I_{BQ}=30\ \mu A$	$I_{CS}\approx 4$ mA		
	$I_{BS}=40\ \mu A$	$I_{BQ}<I_{BS}$			放大区
2.10	$I_{BQ}=30\ \mu A$	$I_{CQ}=1.8$ mA	$U_{CEQ}=3$ V		
	(1) $R_b=360$ kΩ				
	(2) $R_b=600$ kΩ				
2.11	(1) $I_{BQ}=30\ \mu A$	$I_{CQ}=1.2$ mA	$U_{CEQ}=5.88$ V		
	(3) $A_u'\approx -170$	$r_i\approx 1.17$ kΩ	$r_o=5.1$ kΩ		
	(4) $A_u\approx -85$				
2.12	(1) $I_{BQ}=33\ \mu A$	$I_{CQ}=1.65$ mA	$U_{CEQ}=5.4$ V		
	(3) $A_u'\approx -92$	$r_i\approx 1$ kΩ	$r_o=2$ kΩ		
	(4) $A_u\approx -46$				
2.13	(1) $I_{BQ}=44\ \mu A$	$I_{CQ}\approx 2.2$ mA	$U_{CEQ}=8.78$ V		
	(3) $A_u\approx -3.8$	$r_i\approx 15$ kΩ	$r_o=3.3$ kΩ		
2.14	(1) $I_{BQ}\approx 30\ \mu A$	$I_{CQ}=3$ mA	$U_{CEQ}=6$ V		
	(3) $A_u\approx 0.99$	$r_i\approx 67.6$ kΩ	$r_o=21$ Ω		
2.15	(1) $I_{EQ1}=1$ mA	$I_{BQ1}=20\ \mu A$	$U_{CEQ1}=7.6$ V		
	$I_{EQ2}=1.5$ mA	$I_{BQ2}=30\ \mu A$	$U_{CEQ2}=6$ V		
	(3) $A_u=1949$				

(4) r_i=1.6 kΩ　　r_o=4 kΩ

第 3 章

3.2 (2) −10　3 MΩ　3 kΩ

3.3 1.4 MΩ　0.93 kΩ

第 4 章

4.1 (1) 差模信号

(2) $A_{ud} \approx -272.7$

(3) $K_{CMR} \to \infty$

4.2 (1) $I_{EQ1}=I_{EQ2}=0.5$ mA　$I_{BQ1}=I_{BQ2}=6.3$ μA　$U_{CEQ1}=U_{CEQ2}=7.7$ V

(2) $A_{ud2}=88.8$

4.3 $A_{ud}=-1098.9$

4.4 (1) C_2　(2) C_1

4.5 (1) −5 V

(2) 10 V

(3) −10 V

(4) 不能，因 $U_{IO}>U_{imax}=1$ mV

4.6 提示：I_{CQ_1} 及 I_{CQ_2} 分别为两三极管集电极的静态电流，i_{C1} 及 i_{C2} 分别为两三极管集电极交直流叠加的瞬时值。

4.7 (1) 均为 1 mV

(2) 150 mV

(3) u_{o1} 与 u_{id} 反相　u_{o2} 与 u_{id} 同相

第 5 章

5.1 (1) ×　(2) ×　(3) ×　(4) ×　(5) ×　(6) √

5.2 (*a*) 交直流负反馈　(*b*) 直流负反馈

(*c*) 交直流负反馈　(*d*) 交流负反馈

5.3 (*a*) 正反馈　(*b*) 负反馈

5.4 (*a*) 电流并联负反馈　(*b*) 电流串联负反馈

(*c*) 电流并联负反馈　(*d*) 电压并联负反馈

5.5 $1+AF=11$　$A_{uf}=9$

5.6 $1+AF=2 \quad F=\frac{1}{40}$

5.7 $A_{uf}=\frac{R_1+R_f+R_2}{R_1R_2}R_L$

第 6 章

6.1 (*a*) −0.4 V (*b*) 0.8 V (*c*) −0.8 V

6.2 5.4 V

6.3 −50 mV

6.4 $u_{o1}=20$ mV $u_{o2}=-20$ mV $u_o=40$ mV

6.5 6 V

6.8 $u_o=\frac{1}{2}(u_{i1}+u_{i2})$ $U_o=0.5$ V

6.9 A_1 工作于线性区 A_2 工作于非线性区 A_3 工作于线性区

6.12 保护作用

6.13 $u_i=2$ V 时 $u_o=-6$ V；$u_i=-2$ V 时 $u_o=+6$ V

6.14 提示：$U_{TH1}=5$ V $U_{TH2}=-1$ V

6.18 (1) c (2) a (3) d (4) b

第 7 章

7.1 (*a*) 不能 (*b*) 能 (*c*) 不能 (*d*) 能

7.2 (2) 1048～753 Hz

7.3 (*a*) 不能 (*b*) 不能 (*c*) 能 (*d*) 能 (*e*) 能 (*f*) 能 (各题原因略)

7.4 (*a*) 能 (*b*) 不能 (*c*) 能 (*d*) 不能

第 8 章

8.2 (1) −50 (2) 5 W (3) 1 W

8.3 (1) 8 W (2) 17 V (3) 6.25 W

第 9 章

9.5 硅稳压管 2CW54 限流电阻选 470 Ω(1/2)W

9.6 (1) 6.5～11.4 V (2) 24 V 8.3 V 6.3 V 6 V 8.6 V

9.7 2CZ54C 20 V 1000 μF/50 V

9.8 (1) 21.6 V (2) 16.2 V (3) 18 V (4) 8.1 V (5) 25.5 V

9.9 (2) 18 V　(3) 9 V

第 10 章

10.1 (1) 33.75 V　(2) 141.4 V　(3) 3.38 A

10.3 (2) $\cos\alpha=0.515$　导通角 $\theta=121^\circ$

10.4 $\theta=76^\circ$

参考文献

[1] 李德润，等. 电子技术基础. 北京：高等教育出版社，1998

[2] 章夔. 电视机维修技术(下册). 北京：高等教育出版社，1996

[3] 《家电维修》杂志社.《家电维修》杂志 1995 年合订本.《家电维修》杂志社，1995

[4] 沈任元，吴勇. 模拟电子技术基础. 北京：机械工业出版社，2000

[5] 康华光. 电子技术基础. 北京：高等教育出版社，1999

[6] 朱达斌，等. 模拟集成电路的特性及应用. 北京：航空工业出版社，1994

[7] 童诗白. 模拟电子技术基础. 北京：高等教育出版社，1980

[8] 谢沅清. 模拟电子线路(1). 成都：电子科技大学出版社，1994

[9] 任为民. 计算机电路基础(2). 北京：中央广播电视大学出版社，2001

[10] 苏文平. 新型电子电路应用实例精选. 北京：北京航空航天大学出版社，1999

[11] 薛文，柯节成. 模拟电子技术基础. 北京：高等教育出版社，1996

[12] 胡宴如. 电子技术基础(模拟部分). 北京：中国电力出版社，1999

[13] 沈伟慈. 高频电路. 西安：西安电子科技大学出版社，2000

[14] 陈梓城. 电子技术实训. 北京：机械工业出版社，1999

[15] 福建机电学校. 模拟电子技术基础. 北京：高等教育出版社，1994

[16] 金国砥. 电子线路图识读入门. 杭州：浙江科学技术出版社，2000

[17] 张永枫. 电子技术基本技能实训教程. 西安：西安电子科技大学出版社，2002

[18] 杜虎林. 用万用表检测电子元器件. 沈阳；辽宁科学技术出版社，2002

[19] 王水平，付敏江. 开关稳压电源. 西安：西安电子科技大学出版社，1999

[20] 张庆双，等. 电子元器件的选用与检测. 北京：机械工业出版社，2002

[21] 柯节成. 简明电子元器件手册. 北京：高等教育出版社，1996

[22] 江晓安，董秀峰. 模拟电子技术. 2 版. 西安：西安电子科技大学出版社，2002